NATURAL HISTORY
UNIVERSAL LIBRARY

西方博物学大系

主编：江晓原

ERPÉTOLOGIE GÉNÉRALE

OU

HISTOIRE NATURELLE COMPLÈTE DES REPTILES

爬行纲通志

[法] 安德烈·杜梅里 著

华东师范大学出版社

图书在版编目（CIP）数据

爬行纲通志 =：法文 /（法）安德烈·杜梅里（Andre Dumril）著. —
上海：华东师范大学出版社, 2018
（寰宇文献）
ISBN 978-7-5675-7994-1

Ⅰ.①爬… Ⅱ.①安… Ⅲ.①爬行纲–动物志–法文 Ⅳ.①Q959.608

中国版本图书馆CIP数据核字(2018)第156665号

爬行纲通志

Erpétologie Générale ou Histoire Naturelle Complète Des Reptiles
（法）安德烈·杜梅里（Andre Dumril）

特约策划　黄曙辉　徐　辰
责任编辑　庞　坚
特约编辑　许　倩
装帧设计　刘怡霖

出版发行　华东师范大学出版社
社　　址　上海市中山北路3663号　邮编 200062
网　　址　www.ecnupress.com.cn
电　　话　021-60821666　行政传真　021-62572105
客服电话　021-62865537
门市（邮购）电话　021-62869887
地　　址　上海市中山北路3663号华东师范大学校内先锋路口
网　　店　http://hdsdcbs.tmall.com/

印 刷 者　虎彩印艺股份有限公司
开　　本　787×1092　16开
印　　张　374.5
版　　次　2018年8月第1版
印　　次　2018年8月第1次
书　　号　ISBN 978-7-5675-7994-1
定　　价　6400.00元（精装全九册）

出 版 人　王　焰

（如发现本版图书有印订质量问题，请寄回本社客服中心调换或电话021-62865537联系）

总　目

卷一

《西方博物学大系总序》（江晓原）　　　　1

出版说明　　　　1

Erpétologie Générale ou Histoire Naturelle Complète

　　Des Reptiles VOL.I　　　　1

卷二

Erpétologie Générale ou Histoire Naturelle Complète

　　Des Reptiles VOL.II　　　　1

卷三

Erpétologie Générale ou Histoire Naturelle Complète

　　Des Reptiles VOL.III　　　　1

卷四

Erpétologie Générale ou Histoire Naturelle Complète

　　Des Reptiles VOL.IV　　　　1

卷五

Erpétologie Générale ou Histoire Naturelle Complète

　　Des Reptiles VOL.V　　　　1

卷六

Erpétologie Générale ou Histoire Naturelle Complète

　Des Reptiles VOL.VI　　　　　　　　　　1

卷七

Erpétologie Générale ou Histoire Naturelle Complète

　Des Reptiles VOL.VII　　　　　　　　　1

卷八

Erpétologie Générale ou Histoire Naturelle Complète

　Des Reptiles VOL.VIII　　　　　　　　1

卷九

Erpétologie Générale ou Histoire Naturelle Complète

　Des Reptiles VOL.IX　　　　　　　　　1

Erpétologie Générale ou Histoire Naturelle Complète

　Des Reptiles VOL.X　　　　　　　　　463

《西方博物学大系》总序

江晓原

《西方博物学大系》收录博物学著作超过一百种，时间跨度为 15 世纪至 1919 年，作者分布于 16 个国家，写作语种有英语、法语、拉丁语、德语、弗莱芒语等，涉及对象包括植物、昆虫、软体动物、两栖动物、爬行动物、哺乳动物、鸟类和人类等，西方博物学史上的经典著作大备于此编。

中西方"博物"传统及观念之异同

今天中文里的"博物学"一词，学者们认为对应的英语词汇是 Natural History，考其本义，在中国传统文化中并无现成对应词汇。在中国传统文化中原有"博物"一词，与"自然史"当然并不精确相同，甚至还有着相当大的区别，但是在"搜集自然界的物品"这种最原始的意义上，两者确实也大有相通之处，故以"博物学"对译 Natural History 一词，大体仍属可取，而且已被广泛接受。

已故科学史前辈刘祖慰教授尝言：古代中国人处理知识，如开中药铺，有数十上百小抽屉，将百药分门别类放入其中，即心安矣。刘教授言此，其辞若有憾焉——认为中国人不致力于寻求世界"所以然之理"，故不如西方之分析传统优越。然而古代中国人这种处理知识的风格，正与西方的博物学相通。

与此相对，西方的分析传统致力于探求各种现象和物体之间的相互关系，试图以此解释宇宙运行的原因。自古希腊开始，西方哲人即孜孜不倦建构各种几何模型，欲用以说明宇宙如何运行，其中最典型的代表，即为托勒密（Ptolemy）的宇宙体系。

比较两者，差别即在于：古代中国人主要关心外部世界"如何"运行，而以希腊为源头的西方知识传统（西方并非没有别的知识传统，只是未能光大而已）更关心世界"为何"如此运行。在线性发展无限进步的科学主义观念体系中，我们习惯于认为"为何"是在解决了"如何"之后的更高境界，故西方的分析传统比中国的传统更高明。

然而考之古代实际情形，如此简单的优劣结论未必能够成立。例如以天文学言之，古代东西方世界天文学的终极问题是共同的：给定任意地点和时刻，计算出太阳、月亮和五大行星（七政）的位置。古代中国人虽不致力于建立几何模型去解释七政"为何"如此运行，但他们用抽象的周期叠加（古代巴比伦也使用类似方法），同样能在足够高的精度上计算并预报任意给定地点和时刻的七政位置。而通过持续观察天象变化以统计、收集各种天象周期，同样可视之为富有博物学色彩的活动。

还有一点需要注意：虽然我们已经接受了用"博物学"来对译 Natural History，但中国的博物传统，确实和西方的博物学有一个重大差别——即中国的博物传统是可以容纳怪力乱神的，而西方的博物学基本上没有怪力乱神的位置。

古代中国人的博物传统不限于"多识于鸟兽草木之名"。体现此种传统的典型著作，首推晋代张华《博物志》一书。书名"博物"，其义尽显。此书从内容到分类，无不充分体现它作为中国博物传统的代表资格。

《博物志》中内容，大致可分为五类：一、山川地理知识；二、奇禽异兽描述；三、古代神话材料；四、历史人物传说；五、神仙方伎故事。这五大类，完全符合中国文化中的博物传统，深合中国古代博物传统之旨。第一类，其中涉及宇宙学说，甚至还有"地动"思想，故为科学史家所重视。第二类，其中甚至出现了中国古代长期流传的"守宫砂"传说的早期文献：相传守宫砂点在处女胳膊上，永不褪色，只有性交之后才会自动消失。第三类，古代神话传说，其中甚至包括可猜想为现代"连体人"的记载。第四类，各种著名历史人物，比如三位著名刺客的传说，此三名刺客及所刺对象，历史上皆实有其人。第五类，包括各种古代方术传说，比如中国古代房中养生学说，房中术史上的传说人物之一"青牛道士封君达"等等。前两类与西方的博物学较为接近，但每一类都会带怪力乱神色彩。

"所有的科学不是物理学就是集邮"

在许多人心目中，画画花草图案，做做昆虫标本，拍拍植物照片，这类博物学活动，和精密的数理科学，比如天文学、物理学等等，那是无法同日而语的。博物学显得那么的初级、简单，甚至幼稚。这种观念，实际上是将"数理程度"作为唯一的标尺，用来衡量一切知识。但凡能够使用数学工具来描述的，或能够进行物理实验的，那就是"硬"科学。使用的数学工具越高深越复杂，似乎就越"硬"；物理实验设备越庞大，花费的金钱越多，似乎就越"高端"、越"先进"……

这样的观念，当然带着浓厚的"物理学沙文主义"色彩，在很多情况下是不正确的。而实际上，即使我们暂且同意上述"物理学沙文主义"的观念，博物学的"科学地位"也仍然可以保住。作为一个学天体物理专业出身，因而经常徜徉在"物理学沙文主义"幻影之下的人，我很乐意指出这样一个事实：现代天文学家们的研究工作中，仍然有绘制星图，编制星表，以及为此进行的巡天观测等等活动，这些活动和博物学家"寻花问柳"，绘制植物或昆虫图谱，本质上是完全一致的。

这里我们不妨重温物理学家卢瑟福（Ernest Rutherford）的金句："所有的科学不是物理学就是集邮（All science is either physics or stamp collecting）。"卢瑟福的这个金句堪称"物理学沙文主义"的极致，连天文学也没被他放在眼里。不过，按照中国传统的"博物"理念，集邮毫无疑问应该是博物学的一部分——尽管古代并没有邮票。卢瑟福的金句也可以从另一个角度来解读：既然在卢瑟福眼里天文学和博物学都只是"集邮"，那岂不就可以将博物学和天文学相提并论了？

如果我们摆脱了科学主义的语境，则西方模式的优越性将进一步被消解。例如，按照霍金（Stephen Hawking）在《大设计》（*The Grand Design*）中的意见，他所认同的是一种"依赖模型的实在论（model-dependent realism）"，即"不存在与图像或理论无关的实在性概念（There is no picture- or theory-independent concept of reality）"。在这样的认识中，我们以前所坚信的外部世界的客观性，已经不复存在。既然几何模型只不过是对外部世界图像的人为建构，则古代中国人干脆放弃这种建构直奔应用（毕竟在实际应用中我们只需要知道七政"如何"运行），又有何不可？

传说中的"神农尝百草"故事，也可以在类似意义下得到新的解读："尝百草"当然是富有博物学色彩的活动，神农通过这一活动，得知哪些草能够治病，哪些不能，然而在这个传说中，神农显然没有致力于解释"为何"某些草能够治病而另一些则不能，更不会去建立"模型"以说明之。

"帝国科学"的原罪

今日学者有倡言"博物学复兴"者，用意可有多种，诸如缓解压力、亲近自然、保护环境、绿色生活、可持续发展、科学主义解毒剂等等，皆属美善。编印《西方博物学大系》也是意欲为"博物学复兴"添一助力。

然而，对于这些博物学著作，有一点似乎从未见学者指出过，而鄙意以为，当我们披阅把玩欣赏这些著作时，意识到这一点是必须的。

这百余种著作的时间跨度为 15 世纪至 1919 年，注意这个时间跨度，正是西方列强"帝国科学"大行其道的时代。遥想当年，帝国的科学家们乘上帝国的军舰——达尔文在皇家海军"小猎犬号"上就是这样的场景之一，前往那些已经成为帝国的殖民地或还未成为殖民地的"未开化"的遥远地方，通常都是踌躇满志、充满优越感的。

作为一个典型的例子，英国学者法拉在（Patricia Fara）《性、植物学与帝国：林奈与班克斯》（*Sex, Botany and Empire, The Story of Carl Linnaeus and Joseph Banks*）一书中讲述了英国植物学家班克斯（Joseph Banks）的故事。1768 年 8 月 15 日，班克斯告别未婚妻，登上了澳大利亚军舰"奋进号"。此次"奋进号"的远航是受英国海军部和皇家学会资助，目的是前往南太平洋的塔希提岛(Tahiti, 法属海外自治领，另一个常见的译名是"大溪地"）观测一次比较罕见的金星凌日。舰长库克（James Cook）是西方殖民史上最著名的舰长之一，多次远航探险，开拓海外殖民地。他还被认为是澳大利亚和夏威夷群岛的"发现"者，如今以他命名的群岛、海峡、山峰等不胜枚举。

当"奋进号"停靠塔希提岛时，班克斯一下就被当地美丽的土著女性迷昏了，他在她们的温柔乡里纵情狂欢，连库克舰长都看不下去了，"道德愤怒情绪偷偷溜进了他的日志当中，他发现自己根本不可能不去批评所见到的滥交行为"，而班克斯纵欲到了"连嫖妓都毫无激情"的地步——这是别人讽刺班克斯的说法，因为对于那时常年航行于茫茫大海上的男性来说，上岸嫖妓通常是一项能够唤起"激情"的活动。

而在"帝国科学"的宏大叙事中，科学家的私德是无关紧要的，人们关注的是科学家做出的科学发现。所以，尽管一面是班克斯在塔希提岛纵欲滥交，一面是他留在故乡的未婚妻正泪眼婆娑地"为远去的心上人绣织背心"，这样典型的"渣男"行径要是放在今天，非被互联网上的口水淹死不可，但是"班克斯很快从他们的分离之苦中走了出来，在外近三年，他活得倒十分滋润"。

法拉不无讽刺地指出了"帝国科学"的实质："班克斯接管了当地的女性和植物，而库克则保护了大英帝国在太平洋上的殖民地。"甚至对班克斯的植物学本身也调侃了一番："即使是植物学方面的科学术语也充满了性指涉。……这个体系主要依靠花朵之中雌雄生殖器官的数量来进行分类。"据说"要保护年轻妇女不受植物学教育的浸染，他们严令禁止各种各样的植物采集探险活动。"这简直就是将植物学看成一种"涉黄"的淫秽色情活动了。

在意识形态强烈影响着我们学术话语的时代，上面的故事通常是这样被描述的：库克舰长的"奋进号"军舰对殖民地和尚未成为殖民地的那些地方的所谓"访问"，其实是殖民者耀武扬威的侵略，搭载着达尔文的"小猎犬号"军舰也是同样行径；班克斯和当地女性的纵欲狂欢，当然是殖民者对土著妇女令人发指的蹂躏；即使是他采集当地植物标本的"科学考察"，也可以视为殖民者"窃取当地经济情报"的罪恶行为。

后来改革开放，上面那种意识形态话语被抛弃了，但似乎又走向了另一个极端，完全忘记或有意回避殖民者和帝国主义这个层面，只歌颂这些军舰上的科学家的伟大发现和成就，例如达尔文随着"小猎犬号"的航行，早已成为一曲祥和优美的科学颂歌。

其实达尔文也未能免俗，他在远航中也乐意与土著女性打打交道，当然他没有像班克斯那样滥情纵欲。在达尔文为"小猎犬号"远航写的《环球游记》中，我们读到："回程途中我们遇到一群黑人姑娘在聚会，……我们笑着看了很久，还给了她们一些钱，这着实令她们欣喜一番，拿着钱尖声大笑起来，很远还能听到那愉悦的笑声。"

有趣的是，在班克斯在塔希提岛纵欲六十多年后，达尔文随着"小猎犬号"也来到了塔希提岛，岛上的土著女性同样引起了达尔文的注意，在《环球游记》中他写道："我对这里妇女的外貌感到有些失望，然而她们却很爱美，把一朵白花或者红花戴在脑后的髪髻上……"接着他以居高临下的笔调描述了当地女性的几种发饰。

用今天的眼光来看，这些在别的民族土地上采集植物动物标本、测量地质水文数据等等的"科学考察"行为，有没有合法性问题？有没有侵犯主权的问题？这些行为得到当地人的同意了吗？当地人知道这些行为的性质和意义吗？他们有知情权吗？……这些问题，在今天的国际交往中，确实都是存在的。

也许有人会为这些帝国科学家辩解说：那时当地土著尚在未开化或半开化状态中，他们哪有"国家主权"的意识啊？他们也没有制止帝国科学家的考察活动啊？但是，这样的辩解是无法成立的。

姑不论当地土著当时究竟有没有试图制止帝国科学家的"科学考察"行为，现在早已不得而知，只要殖民者没有记录下来，我们通常就无法知道。况且殖民者有军舰有枪炮，土著就是想制止也无能为力。正如法拉所描述的："在几个塔希提人被杀之后，一套行之有效的易货贸易体制建立了起来。"

即使土著因为无知而没有制止帝国科学家的"科学考察"行为，这事也很像一个成年人闯进别人的家，难道因为那家只有不懂事的小孩子，闯入者就可以随便打探那家的隐私、拿走那家的东西、甚至将那家的房屋土地据为己有吗？事实上，很多情况下殖民者就是这样干的。所以，所谓的"帝国科学"，其实是有着原罪的。

如果沿用上述比喻，现在的局面是，家家户户都不会只有不懂事的孩子了，所以任何外来者要想进行"科学探索"，他也得和这家主人达成共识，得到这家主人的允许才能够进行。即使这种共识的达成依赖于利益的交换，至少也不能单方面强加于人。

博物学在今日中国

博物学在今日中国之复兴，北京大学刘华杰教授提倡之功殊不可没。自刘教授大力提倡之后，各界人士纷纷跟进，仿佛昔日蔡锷在云南起兵反袁之"滇黔首义，薄海同钦，一檄遥传，景从恐后"光景，这当然是和博物学本身特点密切相关的。

无论在西方还是在中国，无论在过去还是在当下，为何博物学在它繁荣时尚的阶段，就会应者云集？深究起来，恐怕和博物学本身的特点有关。博物学没有复杂的理论结构，它的专业训练也相对容易，至少没有天文学、物理学那样的数理"门槛"，所以和一些数理学科相比，博物学可以有更多的自学成才者。这次编印的《西方博物学大系》，卷帙浩繁，蔚为大观，同样说明了这一点。

最后，还有一点明显的差别必须在此处强调指出：用刘华杰教授喜欢的术语来说，《西方博物学大系》所收入的百余种著作，绝大部分属于"一阶"性质的工作，即直接对博物学作出了贡献的著作。事实上，这也是它们被收入《西方博物学大系》的主要理由之一。而在中国国内目前已经相当热的博物学时尚潮流中，绝大部分已经出版的书籍，不是属于"二阶"性质（比如介绍西方的博物学成就），就是文学性的吟风咏月野草闲花。

要寻找中国当代学者在博物学方面的"一阶"著作，如果有之，以笔者之孤陋寡闻，唯有刘华杰教授的《檀岛花事——夏威夷植物日记》三卷，可以当之。这是刘教授在夏威夷群岛实地考察当地植物的成果，不仅属于直接对博物学作出贡献之作，而且至少在形式上将昔日"帝国科学"的逻辑反其道而用之，岂不快哉！

2018 年 6 月 5 日
于上海交通大学
科学史与科学文化研究院

DUMERIL (ANDRE-MARIE-CONSTANT)
Né en 1774

《爬行纲通志》是法国动物学家安德烈·杜梅里（Andre Dumril, 1774—1860）的一部博物学著作。杜梅里生于亚眠，毕业于鲁昂医学院。十九岁便获得解剖医师资格，二十岁已是一位开业医生。世纪之交时，他动身前往巴黎执业。后又与古生物学的奠基人乔治·居维叶合作教授比较解剖学课程，并接替居维叶的教职。经过数年波澜不惊的医学教学之后，随着拿破仑一世下野，还政波旁王朝，杜梅里被选入法国科学院，并在名义上接替博物学家拉塞佩德伯爵，出任国立自然历史博物馆的爬行动物学及鱼类学教授。在任期内，他对生物分类学产生浓厚兴趣，借助得天独厚的标本储备和扎实的解剖学知识，埋头绘制标本并详加描述，发表了大批之前被忽视或从未被详细描述的新物种。除专注爬行动物外，他还喜欢研究昆虫，曾出版多部有关昆虫生态的手记。他和儿子还在巴黎植物园内设立了世界上第一个生态动物园，在这里他通过人工搭建的模拟生态环境饲养爬行动物，在接近自然的状态下观察它们的生活习性。1853年，他将一应事务交由儿子管理，四年后退隐。在去世前两个月，他获赠法国荣誉军团三等勋位。

《爬行纲通志》从1834年起陆续出版，耗费二十年才全部出齐。本书开始撰著时，爬行类及两栖动物学家加布里埃尔·比布隆是杜梅里在研究中的左膀右臂，协助他梳理、阐明不同动物的种属关系。1845年，比布隆患结核病，不得不辞职休养，其工作由杜梅里的儿子奥古斯特接替，这大大延迟了本书全部刊出的时间。最终成型的这部十卷本的著作，篇幅有6500页，详细描述了近1400个爬行纲物种，并在最后一卷配以超过100幅的精美插画。

今据原版影印。

ERPÉTOLOGIE

GÉNÉRALE

OU

HISTOIRE NATURELLE

COMPLÈTE

DES REPTILES.

TOME PREMIER.

PARIS. — IMPRIMERIE D'AMÉDÉE SAINTIN, RUE SAINT JACQUES, n. 38.

ERPÉTOLOGIE

GÉNÉRALE

OU

HISTOIRE NATURELLE

COMPLÈTE

DES REPTILES,

Par A. M. C. DUMÉRIL,

MEMBRE DE L'INSTITUT, PROFESSEUR A LA FACULTÉ DE MÉDECINE,
PROFESSEUR ET ADMINISTRATEUR DU MUSÉUM D'HISTOIRE NATURELLE, ETC.

ET PAR G. BIBRON,

AIDE NATURALISTE AU MUSÉUM D'HISTOIRE NATURELLE.

TOME PREMIER.

CONTENANT LES GÉNÉRALITÉS DE L'HISTOIRE DES REPTILES
ET CELLES DE L'ORDRE DES CHÉLONIENS OU DES TORTUES

OUVRAGE ACCOMPAGNÉ DE PLANCHES.

PARIS

LIBRAIRIE ENCYCLOPÉDIQUE DE RORET,

RUE HAUTEFEUILLE, N° 10 BIS.

1834.

DISCOURS PRÉLIMINAIRE.

———

L'Histoire naturelle est sans contredit celle de toutes les sciences positives qui doit recueillir et classer le plus grand nombre de faits et d'observations. Cette branche des connaissances humaines est maintenant cultivée avec tant de méthode et de succès, que ses progrès sont devenus immenses, principalement depuis une quarantaine d'années. Les découvertes des corps, qui étaient restés inconnus jusque là, se sont succédées si rapidement ; elles ont été réunies, analysées et décrites en si prodigieuse quantité, qu'il est devenu impossible aux facultés de l'homme le plus heureusement organisé, de les suivre toutes également, d'en conserver le souvenir, de se les représenter dans leur ensemble, et en outre de les connaître sous tous les rapports que la science exige aujourd'hui.

Autrefois, en effet, cette partie de l'Histoire naturelle qui se livre à la connaissance des matières minérales, ou plutôt des substances non organisées, s'occupait seulement de l'examen des caractères extérieurs des solides, de leurs propriétés et de leurs usages les plus généraux ; maintenant il est indispen-

sable que tout minéralogiste joigne aux premières
études de ces corps celles de leur structure physique,
de leur composition chimique, des causes proba-
bles de leur formation et de leur gisement.

La science des botanistes n'est pas moins complexe.
Il ne leur suffit plus de reconnaître les plantes, de les
distinguer les unes des autres, de les nommer et d'être
instruits de quelques unes des propriétés qu'on leur a
attribuées. La Botanique a pris un plus grand essor : elle
a pénétré dans le mécanisme général de la structure des
végétaux et de celle de leurs diverses parties, en développant leur tissu, en se livrant à l'anatomie de la
fleur, du fruit et de la graine. Elle a recherché les
causes et reconnu les effets des modifications qu'ont
éprouvées ces différens organes. Elle en a expliqué
les fonctions, et c'est ainsi qu'elle est parvenue à
établir, sur des bases bien plus solides, les rapports
qui lient les familles des plantes entre elles et les
particularités qui les distinguent. En combinant une
classification facile avec les arrangemens en séries
indiquées par les analogies évidentes dans l'organisation, on a créé pour la science des végétaux une
véritable méthode naturelle. Mais il faut avouer cependant que si cette admirable disposition satisfait complètement l'esprit éclairé du naturaliste, elle exige
aujourd'hui des études générales plus profondes qui
naguère étaient encore considérées comme accessoires, mais qui sont maintenant jugées tout-à-fait
nécessaires et reconnues comme les vraies bases de
la science des végétaux.

Quoique la Zoologie ait profité de l'heureuse impulsion communiquée d'abord à la Botanique, ses recherches ont pénétré plus profondément dans la nature intime des animaux, et ses observations ont obtenu des résultats plus importans. Comme elle s'exerçait sur des êtres d'une structure plus compliquée, dont les fonctions étaient modifiées davantage, les causes et les effets de ces dissemblances observées ont pu être, par cela même, beaucoup mieux appréciés. L'étude des animaux étant devenue le sujet d'examens innombrables, de curieuses observations et même de découvertes positives, l'Anatomie et la Physiologie comparées ont indiqué les seuls fondemens solides sur lesquels pouvaient être établies de nos jours les classifications zoologiques. La structure des animaux et les modifications particulières que l'Anatomie a fait connaître dans les instrumens de la vie et dans les fonctions diverses auxquelles chacun de ses organes se rapporte, ont autorisé, nécessité même des distinctions de classes jusque là négligées ou confondues entre elles, quoiqu'elles soient maintenant reconnues comme parfaitement d'accord avec l'ensemble de l'organisation et surtout avec les détails de la conformation extérieure. Cette utile collaboration de la science de l'organisme et de la Zoologie, dont elle ne pourra plus être séparée désormais, date seulement de notre époque. Cette voie, frayée d'abord par Aristote, semblait abandonnée, mais elle est devenue une route large et facile sous la direction de l'immortel Cuvier, notre savant maître et ami, aux travaux duquel nous avons eu le bonheur de nous associer et de contribuer peut-être pour notre faible part.

Dans l'étude de ces trois divisions de l'histoire naturelle, le but principal est la connaissance complète des corps ou des objets matériels qui se rapportent à chacune de ces branches. Comme leur nombre s'élève à plusieurs millions de séries d'individus, qu'il fallait cependant désigner par des noms divers, pour les indiquer, les inscrire dans les livres de la science et pour les faire reconnaître au besoin; c'était une grande difficulté; mais on est parvenu à la vaincre par le procédé le plus admirable d'une nomenclature soumise à des règles fixes, qui ont contribué à faciliter le travail de la mémoire et à transmettre rapidement les connaissances acquises.

Malheureusement, la même marche n'a pas été suivie dans toutes les parties de la science; ainsi les chimistes et les minéralogistes n'ont pu s'accorder ni entre eux ni avec ceux des naturalistes qui se livraient à l'étude des êtres vivans: ils n'ont pas donné la même définition des corps, qu'ils désignent sous les noms d'*Espèces* et de *Variétés*; tandis que pour le règne organique, on est généralement convenu de réunir sous la dénomination collective d'espèce, un groupe d'individus qui se reproduisent avec des qualités, une structure et des propriétés absolument semblables. L'idée que l'on attache au nom de *Genre,* quoique plus arbitraire et de convention, suppose cependant une grande conformité dans une multitude de rapports de formes, de divisions semblables dans les parties, d'analogies de structure entre des espèces qui constituent une première association d'individus, comparés à beaucoup d'autres dont ils diffèrent et qui sont d'ailleurs semblables entre eux sous certains rapports. Il en est de même des *Familles* qui rassemblent les genres, des *Ordres* qui réunissent les familles, et enfin des *Classes* qui comprennent les ordres.

On a cherché à énoncer par des notes simples ou plus composées, mais toujours courtes et formant un sens complet, d'abord les conformations que pouvaient présenter certaines espèces considérées isolément; puis s'élevant à des idées plus générales, quelques phrases ont servi à exprimer les rapports communs observés dans les divers degrés de la subordination de ces êtres vivans. Les termes, les phrases, ou les expressions succinctes propres à indiquer ces particularités ont reçu le nom de caractères, et ils ont été gradués pour distinguer les espèces, les genres, les familles, les ordres et les classes.

Trois modes principaux de classement, de distribution ou d'arrangement ont été adoptés : on les désigne sous les noms de système, de méthode, de marche analytique.

Le système est une sorte de classification dans laquelle on n'examine qu'un certain nombre de parties auxquelles on convient d'avance de donner une grande importance. Mais ces considérations indiquent rarement quelles sont les analogies réelles entre les individus ainsi rapprochés, et elles ne permettent pas de les étudier d'une manière générale, quoiqu'elles facilitent beaucoup la recherche et la découverte des noms donnés aux objets, lorsqu'ils ont été déja décrits dans les livres qui deviennent des sortes de vocabulaires raisonnés.

La méthode naturelle cherche au contraire à conserver tous les rapports et toutes les affinités qui lient les êtres entre eux ; à faire connaître leurs points de contact et ceux par lesquels ils diffèrent, en les comparant, en les étudiant dans leur structure la plus intime, afin de rapprocher autant qu'il est possible les individus qui présentent la plus grande analogie. Cet arrangement, s'il pouvait être achevé complètement, serait la perfection de la science ; aussi est-il le but auquel tendent les travaux de tous les naturalistes ; mais il n'est point encore atteint, et il ne le sera pas de long-temps, parce que nous sommes loin de connaître tous les corps de la nature.

La marche analytique, telle que nous l'avons adoptée depuis plus de trente ans, pour transmettre les faits de la science dans nos ouvrages, dans nos cours publics et pour nos études particulières, est une sorte de système artificiel qui consiste à désigner de suite un être isolé et à le faire retrouver dans la foule de ceux qui lui ressemblent, pourvu qu'il ait été déja observé ou décrit ; de manière cependant qu'en se livrant aux recherches nécessaires à la classification, on parvienne à connaître rapidement tout ce que cet individu présente d'important dans sa conformation spéciale et à le trouver placé dans l'ordre le plus naturel, auprès de ceux qui paraissent en être le plus voisins pour la configuration, la structure et les facultés.

Cette méthode artificielle consiste à offrir constamment à l'observateur, qui examine un objet, le choix entre deux propositions contradictoires dont l'une, reconnue vraie, exclut nécessairement l'adoption de l'autre. Elle avait d'abord été employée dans quelques ouvrages de Botanique ; mais la route directe n'avait pas été tracée, les points de départ étaient trop arbitraires, les recherches exigeaient trop de temps. Souvent pour arriver au nom d'une seule plante, les observations devaient être successivement dirigées sur des particularités de la configuration si peu importantes, les renvois se succédaient en si grand nombre, et la comparaison, le rapprochement entre les espèces étaient si bizarrement amenés, que ces livres, d'ailleurs très utiles aux commençants, ne purent être réellement considérés que comme de simples catalogues commodes, mais trop arbitrairement rédigés ; semblables à ces dictionnaires de nos divers idiomes où les mots sont disposés dans un ordre alphabétique, sans aucun égard pour le sens qu'on leur assigne ; qui n'enseignent ni à parler ni à écrire correctement dans une langue dont ils ne renferment aucun précepte ; et qu'on ne consulte que pour connaître la signification des termes, sans avoir besoin de conserver le moindre souvenir du procédé employé pour parvenir à ce simple résultat.

Ce n'est pas ainsi que nous avons cru devoir procéder dans l'ouvrage que nous avons publié, il y a

déja près de trente ans, sous le titre de *Zoologie analytique,* ou Méthode naturelle de classification des
animaux rendue plus facile à l'aide de tableaux
synoptiques. Comme ce sont les mêmes idées qui nous
ont dirigé dans le travail que nous soumettons aujourd'hui à l'examen des naturalistes, nous devons
leur donner quelques explications à ce sujet.

Les moyens que nous avons employés sont fondés
sur des observations majeures, sur les faits les plus
positifs de la science de l'organisation. Nous nous
étions familiarisé par de longues études'avec les diverses branches de la Zoologie, car nous nous sommes
voué constamment à son culte depuis près d'un demi-
siècle.

Cette méthode analytique, telle que nous l'appli-
quons, a pour but et pour résultat certain de résoudre
complètement un problème complexe ainsi conçu :
Parmi les animaux, chacun devant présenter une
conformation et une structure qui appartiennent exclusivement à son espèce, diriger l'observation sur
l'un d'eux, qu'on suppose avoir maintenant sous les
yeux et que l'on veut connaître, de manière à rendre évidentes les particularités qui le caractérisent.
En faisant méthodiquement apparaître et saillir les
marques les plus certaines qui sont propres à cet individu, parvenir par ce moyen à le faire désigner
sous le nom qui lui a été imposé, en même temps qu'on
indiquera la place qu'il paraît devoir occuper près
des êtres avec lesquels il a le plus de rapports,
et en le distinguant d'avec ceux dont il diffère et

s'éloigne, par des caractères qui pourront ainsi devenir successivement moins importans.

Depuis que nous avons publié la Zoologie analytique, nous avons fait l'application de ses procédés à l'étude de l'Entomologie, et c'est ainsi que nous avons complètement rédigé, sur des bases tout-à-fait nouvelles, le manuscrit de toute l'histoire des Insectes qui se trouve maintenant disséminée dans les soixante volumes du Dictionnaire des Sciences naturelles. En 1823, nous avons repris quelques uns de ces articles et particulièrement les résultats de l'analyse appliquée à la méthode naturelle, pour les faire paraître séparément en un volume in-8° qui avait pour titre : *Considérations générales sur les Insectes*, dont nous avons vu avec satisfaction les bases adoptées et reproduites depuis, dans plusieurs autres ouvrages.

Nous devons dire aussi que nous avions communiqué à notre savant élève et ami M. le docteur Hippolyte Cloquet les notes et les tableaux synoptiques qui servaient de texte aux leçons sur les Reptiles et les Poissons que nous donnions depuis long-temps au Muséum d'histoire naturelle; il s'en est servi pour rédiger dans le Dictionnaire que nous venons de citer, tous les articles d'Erpétologie et d'Ichthyologie, de sorte que cette partie de la disposition méthodique doit être regardée comme le résultat de nos propres travaux, ainsi qu'il s'est fait un devoir de le proclamer. Enfin, M. Oppel à Munich et M. Fitzinger à Vienne, ont également adopté notre méthode de classification.

Nous venons aujourd'hui, après trente années de

professorat sur l'Erpétologie, présenter aux naturalistes un Traité complet de l'histoire des Reptiles, qui
réunit pour la première fois, en un corps d'ouvrage,
le résultat de nos études, dont les détails et les progrès n'avaient guère été exposés que verbalement à
nos auditeurs, car nous n'avons publié nous-même
que quelques mémoires isolés sur les animaux de
cette classe.

Il nous eût été impossible d'entrer dans les recherches immenses que ce travail exige pour la détermination et l'arrangement de toutes les espèces, si nous
n'avions trouvé dans l'un de nos élèves, M. BIBRON,
que nous avons choisi pour notre collaborateur, et qui
était déjà depuis long-temps notre aide et notre pré-
parateur au Muséum, un naturaliste très instruit,
doué de beaucoup de zèle et d'activité et d'un vrai
talent pour l'observation, dont il nous a fait souvent
profiter. Comme il connaissait les Reptiles aussi bien
que nous-même, il a consenti à se charger des détails
relatifs à la détermination, à la synonymie et à la
description des nombreuses espèces que nous avions
à faire connaître. Indépendamment de quelques renseignemens précieux qu'il nous a fournis pour rédiger
toutes les généralités, il s'est chargé de diriger les
dessins dont les gravures doivent accompagner cet
ouvrage, et que nous désirons faire toujours exécuter d'après les objets mêmes qui sont tous à notre
disposition.

La collection des Reptiles du Muséum d'histoire
naturelle de Paris, qui a été placée sous notre direc-

tion depuis l'année 1802, époque à laquelle M. de
Lacépède nous a procuré l'honneur et le grand avantage de le suppléer dans les fonctions de professeur, a
obtenu de tels accroissements dans ces trente dernières années, que sans crainte d'être taxé d'exagération, nous pouvons avancer que le nombre des espèces qu'elle renferme aujourd'hui a été porté au
delà des deux tiers en sus de celui qu'elle possédait
alors; et pour en fournir la preuve, il nous suffira de
citer et de rapprocher les faits suivans. Nous avons
fait le relevé du nombre des espèces distinctes que le
Musée possède, et nous l'avons inscrit dans un tableau
en parallèle avec celui qui résulte du dépouillement
des catalogues fournis par trois des principaux auteurs généraux sur la classe des Reptiles, qui étaient
loin d'avoir pu étudier par eux-mêmes les animaux
dont ils ont parlé (*a*).

(*a*) *Tableau comparatif du nombre des espèces de Reptiles
inscrites dans*

	LACÉPÈDE en 1790.	DAUDIN en 1805.	MERREM en 1820.	la Collection du Musée en 1834.
CHÉLONIENS	24	62	62	97
SAURIENS . .	56	88	83	168
OPHIDIENS..	172	315	348	391
BATRACIENS	40	91	87	190
	292	556	580	846

Nous devons, à cette occasion, rendre un témoignage authentique de reconnaissance à la mémoire de notre célèbre collègue et ami M. Cuvier, pour le haut intérêt qu'il a su inspirer au gouvernement et la grande influence qu'il a exercée en excitant le zèle et l'émulation des naturalistes voyageurs, qui tous se sont empressés de déposer dans cet admirable Musée les magnifiques collections qu'ils avaient faites dans les différentes parties du monde, ainsi que nous allons l'indiquer.

Nous devons citer en première ligne les richesses zoologiques recueillies par *Péron*, si bien secondé par *Le Sueur* dans la durée de l'expédition célèbre dont ils faisaient partie (1), l'un comme naturaliste, l'autre comme dessinateur. Ces collections étaient les plus considérables qui fussent encore parvenues au Muséum ; elles lui ont procuré un grand nombre d'espèces nouvelles de Reptiles, dont une grande partie, surtout parmi les Lézards et les Serpens, sera décrite dans notre ouvrage.

_____

(1) Les deux vaisseaux envoyés aux Terres Australes par ordre du premier Consul, sur la proposition de l'Institut, étaient la corvette le Géographe, capitaine Baudin, commandant de l'expédition, et la corvette le Naturaliste, capitaine Hamelin. Ces deux bâtimens firent voile du Hâvre le 19 octobre 1800 ; ils relâchèrent à l'île de France, où commencèrent les recherches scientifiques. La côte occidentale de la Nouvelle-Hollande fut explorée dans le même but ; six semaines passées à Timor, les côtes de Diémen furent visitées ; cinq mois de séjour au port Jackson ; retour à Timor par le détroit de Bass et de cette île, arrivée en France en débarquant à Lorient le 25 mars 1804.

Quoique Péron n'ait rien publié sur l'Erpétologie, comme la plupart des espèces nouvelles que le Muséum doit à ce naturaliste portent encore aujourd'hui les noms qu'il leur avait donnés et que nous avons conservés autant que cela était possible, nous aurons souvent occasion de citer cet illustre voyageur. Les espèces les plus remarquables dont s'est enrichi notre Musée par cette expédition, sont une Chélodine à long cou de la Nouvelle-Hollande qui vécut quelques années à la ménagerie ; l'Agame barbu, espèce tout-à-fait nouvelle dont nous possédons deux individus ; un Dragon de Timor qui n'est encore connu des naturalistes que par la courte description qu'en a donnée Kuhl ; le Caméléon des Séchelles ; de nombreuses espèces de Geckos et de Scinques ; le genre Hytérope voisin des Seps ; celui du Tétradactyle que Péron avait établi ; un grand nombre de Serpens et notamment ce beau Python que Cuvier a décrit sous le nom du naturaliste voyageur qui l'avait découvert ; enfin, beaucoup d'espèces parmi les Batraciens Anoures et Urodèles.

D'autres voyages autour du monde ont aussi enrichi nos collections ; quelques espèces très intéressantes recueillies par *Riche* dans le voyage de d'Entrecasteaux, et que nous devons à la générosité de notre collègue et ami M. Alexandre Brongniart, dont le nom et les travaux se lient à l'histoire et aux progrès de l'Erpétologie.

Un grand nombre d'espèces nouvelles nous ont été

remises par MM. *Quoy* et *Gaimard* (1), à la suite des deux grands voyages qu'ils ont entrepris, l'un, sous le commandement du capitaine Freycinet avec les vaisseaux l'Uranie et la Physicienne; l'autre sur l'Astrolabe avec le capitaine Durville. Ces messieurs, n'ayant rien publié sur l'Erpétologie dans la relation de leur dernier voyage, ont bien voulu nous promettre de nous communiquer les faits qu'ils ont recueillis sur la classe des animaux qui nous occupent.

MM. *Garnot* et *Lesson*, qui ont fait de précieuses récoltes sous le commandement du capitaine *Duperrey*, avec le vaisseau la Coquille, en ont généreusement déposé des échantillons dans le Musée confié à nos soins. MM. *Busseuil*, à son retour de son voyage sous le commandement du capitaine Bougainville; *Reynaud*, après la navigation sur la Chevrette et *Eydoux* sur la corvette la Favorite, se sont aussi empressés de faire hommage au Muséum des espèces de Reptiles qu'ils avaient recueillies.

----

(1) La Corvette l'Uranie, partie de Toulon vers le milieu de novembre 1817, après avoir relâché au cap, aux îles de France et de Bourbon, se rendit à Timor; visita les îles Mariannes, le port Jackson, où elle séjourna plus d'un mois. Ayant fait naufrage sur les côtes des îles Malouines, l'expédition fut ramenée sur la Physicienne par Monte-Video, Rio-Janeiro, et rentra en France en octobre 1820. L'Astrolabe quitta Toulon en avril 1826, fit route pour le port du Roi-Georges, à la terre de Nuitz, au port Jackson, la Nouvelle-Irlande, la Nouvelle-Guinée; se dirigeant par Amboine, il visita la terre de Van-Diémen, Hobarts-Town, Vanikoro; puis des îles Mariannes, il s'arrêta à Amboine de nouveau, aux Célèbes, à Batavia; à son retour, il relâcha à l'île de France, au Cap, à l'île de l'Ascension.

Les deux Amériques, l'Afrique et l'Asie, nous ont aussi procuré un grand nombre d'espèces, comme nous allons l'indiquer.

AMÉRIQUE MÉRIDIONALE. — Du Brésil, nous avons eu la collection que *Delalande* y a faite de 1816 à 1817, et cinq ou six envois qui nous furent successivement adressés par M. *Auguste de Saint-Hilaire*, depuis 1816 jusqu'en 1822. En 1825, on reçut de M. *Ménestriés* une caisse de Reptiles parmi lesquels se trouvaient deux Cécilies. En 1827, il en parvint une autre qui provenait de M. *Galot*, jeune naturaliste parisien, qui est mort à Rio-Janeiro. M. *Gaudichaud*, pharmacien de la marine et savant botaniste, vient de nous rapporter également du Brésil une petite collection de Reptiles fort intéressante par le nombre des espèces nouvelles qu'elle renferme. En nous permettant de les publier dans cet ouvrage, ce zélé naturaliste a bien voulu nous communiquer sur ce sujet tous les renseignemens qu'il s'était procurés dans le pays.

Une autre collection formée à Rio-Janeiro ou aux environs, par M. *Vautier*, qui en a cédé une partie au Muséum, nous fournira aussi, surtout pour l'ordre des Batraciens, de beaux supplémens à ce que nous possédions déja.

On sait ce qu'ont produit les huit années passées par M. d'*Orbigny*, soit au Brésil, soit dans l'état de Buenos-Ayres ou les provinces du Chili. Ce voyageur a mis complètement à notre disposition le résultat de ses découvertes en Erpétologie.

Nous devons beaucoup de gratitude à M. *Gay*, botaniste qui a passé plusieurs années au Chili, d'où il
nous a rapporté une collection non moins remarquable par le nombre que par la rareté des espèces qui
la composent. A l'aide de ce que nous possédions déja
du même pays par la générosité de M. Gaudichaud,
nous pourrons faire connaître une belle suite de Reptiles de cette partie de l'Amérique méridionale. Avec
d'aussi grandes ressources on ne s'étonnera pas de voir
plus que doublé le nombre des espèces que Spix et le
prince Maximilien de Neuwied ont publiées sur les
Reptiles de cette région. MM. *Desessé* et *Mocino* nous
ont fourni quelques Reptiles du Mexique, et en particulier le genre Chirote, dont nous n'avions alors que
le seul individu, en très mauvais état, qui avait été
décrit sous le nom de Bipède cannelé.

Les productions erpétologiques de la Martinique,
de Porto-Rico et de la Guadeloupe nous sont particulièrement connues par les belles récoltes que
M. *Plée* a faites dans ces îles. La collection qu'il nous
a transmise est d'autant plus intéressante que chacun
des individus qui la composent, porte un numéro correspondant à celui d'un catalogue qui renferme des
renseignemens précieux. M. *Moreau de Jonnès* nous
avait donné déja quelques Reptiles qu'il avait observés
à la Martinique.

Il nous a été aussi envoyé des Reptiles de la Guadeloupe par M. *L'herminier;* et M. A. *Ricord*, qui a exercé
la médecine à Saint-Domingue pendant plusieurs années, nous en a adressé d'autres qui ne sont pas sans in-

térêt. Enfin, nous possédons plusieurs espèces rares de la Havane et de Cuba, qui nous ont été données par M. *Poey*.

L'Erpétologie de la Guyane ne se trouvait guère représentée dans nos collections que par les Reptiles recueillis autrefois par *Richard* et *Leblond* à Cayenne et par ceux que l'on avait acquis de *Levaillant* à son retour de Surinam, lorsqu'en 1820, un premier et riche envoi, qui fut suivi de deux autres, mais bien moins considérables, arriva de Cayenne par les soins de M. *Poiteau*, chargé alors en chef des cultures de cette colonie. En 1823, M. le baron *Milius*, gouverneur de cette île, en fit aussi parvenir quelques uns. Enfin en 1824, MM. *Leschenault* et Adolphe *Doumerc* déposèrent dans notre Musée la collection de Reptiles qu'ils venaient de former dans ce même pays.

Pour L'AMÉRIQUE SEPTENTRIONALE, nous devons beaucoup au zèle de M. *Milbert*, artiste qui, sans être naturaliste de profession, a cependant rendu les plus grands services à la science. Pendant les huit années qu'il a habité les États-Unis, il a fait plus de cinquante envois, et nos collections sont riches de ses récoltes. Nous en avons aussi reçu un grand nombre de M. *Lesueur*, et M. *Leconte* a généreusement donné au Muséum un exemplaire au moins de toutes les espèces qu'il a décrites dans sa Monographie des Tortues de cette partie de l'Amérique. M. *Harlan* a également fait passer à cet établissement les genres Ménopome et Ménobranche, Batraciens curieux dont les échantillons lui manquaient. Nous sommes rede-

REPTILES TOME I b

vables aussi à M. *Teinturier* de plusieurs Reptiles de la Louisiane.

L'AFRIQUE nous a fourni un grand nombre de Reptiles ; c'est à *Delalande,* à cet habile et infatigable collecteur, formé dans nos laboratoires de zoologie, que nous devons la plus grande partie des espèces de ce pays. Le nombre de celles qu'il a rapportées en 1820 s'élevait à 136, et celui des individus à 322. Précédemment *Péron* et *Lesueur,* dans leur voyage, ayant fait relâche au Cap, y avaient rassemblé une petite collection. Il nous en était aussi parvenu quelques uns, par les soins de M. *Catoire,* et MM. *Quoy* et *Gaimard* ont encore contribué à augmenter nos richesses. M. *J. Verreaux,* neveu de Delalande, qui l'avait accompagné dans son voyage, est aujourd'hui établi au Cap, d'où il fait souvent des envois d'animaux parmi lesquels nous trouvons toujours quelques individus intéressans.

Il existait bien dans nos collections quelques Reptiles qui provenaient du voyage d'*Adanson* au Sénégal ; mais M. *Roger,* lorsqu'il y était gouverneur de nos établissemens, a envoyé plusieurs espèces curieuses avec les Poissons qu'il a adressés à M. Cuvier. Nous en devons d'autres à M. *Perrottet,* jardinier botaniste attaché au ministère de la marine dans cette colonie. M. *Julien Desjardins,* qui habite l'île de France, nous a envoyé plusieurs Sauriens fort intéressans, et notamment des Scinques.

Les matériaux qui nous serviront à faire connaître

l'Erpétologie de Madagascar se composent des Reptiles de cette île que *Delalande* s'était procurés au Cap ; de ceux que MM. *Quoy* et *Gaimard* y ont recueillis ; d'une collection qui nous a été envoyée par M. *Sganzin*, capitaine d'artillerie de la marine, et enfin de quelques espèces qui ont été acquises de M. *Goudot*, qui en arrive pour la seconde fois.

Depuis l'occupation d'Alger, nous avons reçu par diverses personnes plusieurs envois qui nous ont mis en mesure de prendre quelques idées de l'Erpétologie de cette partie des côtes méditerranéennes de l'Afrique. Ces envois sont dus à MM. *Rozet*, ingénieur, *Marloy*, chirurgien de la marine, et à MM. *Gérard* et *Stenheil*.

Mais c'est surtout de l'Égypte que le Musée a reçu en 1802, de précieuses et intéressantes récoltes ; il les doit en grande partie à l'expédition française, et particulièrement à M. le professeur *Geoffroy Saint-Hilaire*, qui procura le Trionyx, le Crocodile et le Monitor du Nil, le Monitor terrestre, le Fouette-Queue, que l'on ne connaissait encore que par la description qu'en avait donnée Bélon ; des Stellions, des Geckos, des Scinques qu'on n'a pas rapportés depuis, un grand nombre d'Ophidiens, qui tous sont représentés dans le grand ouvrage sur l'Égypte, et notamment l'Haje, espèce de Naja ou Serpent à lunettes.

Aux Reptiles qui provenaient en outre du voyage d'*Olivier* dans l'empire Ottoman, en Perse et en Égypte, beaucoup d'autres sont venus se joindre, qui ont été procurés par M. *Thédenat-Duvant*, et surtout des doubles de la collection erpétologique qu'avait rassemblée M. *Ruppel* pendant son voyage en Égypte, en Nubie et en Abyssinie. D'autres récoltes ont encore été faites en Égypte, et généreusement offertes au Muséum par M. *Cherubini*, fils du célèbre compositeur, qui accompagna M. *Champollion*, et par M. Alexandre *Lefebvre*, entomologiste zélé, qui visita l'Égypte à peu près à la même époque que les membres de la commission archéologique. La collection qu'on a acquise de M. *Bové*, jardinier fort intelligent, qui fit un voyage en Arabie Pétrée, après avoir demeuré plusieurs années au Caire chargé d'y diriger des cultures pour le compte du Pacha, nous a procuré plusieurs espèces d'un grand intérêt.

Enfin, MM. de *Joannis* et *Jorès*, officiers de marine embarqués à bord du Louqsor, ont déposé au Muséum le résultat de leurs recherches sur les bords du Nil. D'un autre côté, M. *Caillaud*, auteur du Voyage au fleuve Blanc et à Méroë, a fait présent à notre établissement de deux Crocodiles embaumés.

Pour l'Asie, ce que nous possédons en Reptiles provenant des Indes orientales est immense. Outre ce que nous devons aux médecins naturalistes qui ont fait partie des voyages de circumnavigation, il nous en a été remis des collections considérables. D'abord par *Leschenault de la Tour* à Java, à Ceylan et sur la côte de Coromandel où il a séjourné cinq années; ensuite, par MM. *Diard* et Alfred *Duvaucel*, qui avaient recueilli ces objets soit en commun, soit séparément, au Bengale, à Java, à Sumatra et aux îles de la Sonde , et enfin par M. *Bélanger* , qui a visité la côte du Malabar et celle de Coromandel.

M. *Dussumier*, négociant et armateur de Bordeaux, qui a rapporté des collections zoologiques si nombreuses de plusieurs voyages qu'il a faits à la Chine et aux Indes, qu'on aurait pu croire qu'il ne les avait entrepris que dans l'intention de s'occuper exclusivement de recherches d'histoire naturelle ; l'envoi qu'il vient de nous adresser est le sixième que nous recevons de lui.

Enfin , M. *Lamarre Piquot* a permis qu'on choisît parmi les doubles de sa collection toutes les espèces qui manquaient à la nôtre.

Notre EUROPE aussi a procuré à peu près toutes les espèces connues. Elles sont, à la vérité, en petit nombre dans le climat de Paris ; car il n'y existe aucun Chélonien. Nous n'avons que quelques espèces du genre Lézard, à peine six espèces de Serpens, et une douzaine d'espèces de Batraciens avec ou sans queue. Mais nous avons rassemblé toutes les espèces décrites dans les auteurs, et en particulier, nous avons nous-même recueilli dans nos voyages les Reptiles de l'Espagne ; M. *Bibron*, ceux de la Sicile, qui, joints aux espèces que M. Constant *Prévost* a aussi rapportées de cette île ; celles que M. *Savigny* avait rassemblées en Italie, nous mettront à même, avec la riche collection faite en Morée par les naturalistes de l'expédition dont M. *Bory de Saint-Vincent* était le chef, d'éclaircir l'Erpétologie du midi de l'Europe, qui est encore aujourd'hui si peu connue.

Ce n'est pas sans intention que viennent d'être énumérées avec autant de détails les circonstances favorables dans lesquelles nous avons eu le bonheur d'être placé, et les ressources immenses que nous a fournies la riche collection d'animaux rassemblés de toutes les parties du monde avec tant de frais au Muséum d'histoire naturelle de Paris. C'est parce que nous pouvons en disposer complètement pour en faire jouir aujourd'hui les naturalistes, en leur donnant ainsi une puissante garantie que l'ouvrage auquel nous livrons tous nos soins depuis bien des années, a été rédigé entièrement sur les objets mêmes que nous avons pu voir et étudier sous tous les rapports.

Indépendamment des recherches anatomiques et physiologiques auxquelles nous nous sommes livré, nous avons dû profiter de la magnifique galerie d'anatomie comparée, pour laquelle en particulier les squelettes de la plupart des genres de Reptiles avaient été préparés, par les soins et sous la direction de Cuvier son illustre fondateur. Aussi notre savant collègue, M. de Blainville, s'efforce-t-il de perfectionner et de compléter ce précieux dépôt qui lui est maintenant confié, parce qu'il est bien persuadé que l'anatomie comparée est la seule base solide sur laquelle puisse être fondé l'édifice de la science zoologique.

On sait de quelle importance ont été pour l'explication des étonnantes révolutions que notre planète terrestre semble avoir éprouvées, les découvertes faites dans ces derniers temps par les débris fossiles des différens genres de Reptiles, de ces créatures si bizarrement organisées, que par leur existence même elles semblent indiquer les grandes catastrophes auxquelles aurait été soumis ce globe sur lequel nous vivons. Alors en effet des espèces analogues à nos grands Lézards pouvaient voler et planer dans les airs, comme les Chauve-Souris et les Hirondelles; tandis que d'autres étaient forcées de séjourner constamment dans le vaste sein des mers, comme les Cétacés et les Requins. Tous ces reliefs antiques, ces empreintes de formes qui paraissaient à jamais anéanties, se trouvent aujourd'hui rassemblés dans leurs débris, de manière à être rapprochés, reproduits et restitués authentiquement dans nos collections géologiques, où elles serviront également à nos descriptions, quand nous aurons à parler de ces espèces de Reptiles perdus.

Aucun ouvrage important ne nous a manqué; car le petit nombre de livres que nous n'avions pu nous procurer, et qui pouvaient nous être utiles, ont été généreusement mis à notre disposition par toutes les bibliothèques publiques, au nombre desquelles nous nous plaisons à citer celles de l'Institut et du Muséum d'histoire naturelle; cette dernière surtout, à cause de l'accroissement considérable qu'elle vient de recevoir par l'acquisition des livres et la belle collection de mémoires zoologiques qu'avait su réunir notre savant collègue Cuvier, dont la perte sera longtemps pour la science une calamité déplorable.

Pour les langues du nord avec lesquelles nous n'étions pas assez familiarisés, nous avons eu recours à des analyses parfaitement exactes, qui nous ont été fournies par quelques uns de nos anciens disciples, parmi lesquels nous devons citer MM. les docteurs *Jourdan* et *Cocteau*, auxquels nous témoignons ici notre gratitude.

Nous profiterons aussi, pour la faire connaître au public par des copies exactes, de la belle collection de peintures en couleur sur vélin, exécutée en grande partie sous nos yeux, et sur des Reptiles vivans, par les artistes les plus habiles attachés à l'établissement du Muséum; et pour les faire apprécier, il nous suffira de rappeler ici les noms de *Barraband,* de *Huet* et de MM. *Redouté* jeune et *Chazal*.

Nous ne devions négliger aucun des moyens qui étaient en notre pouvoir pour réunir tous les faits importans de la science erpétologique, et pour les présenter dans l'ordre qui leur convenait. Nous avons employé tous nos efforts pour arriver à ce but dans cet ouvrage, que nous présentons par cela même avec confiance aux naturalistes, dans l'espoir de faciliter leurs études et de les aider surtout efficacement dans les recherches auxquelles ils pourront avoir à se livrer par la suite.

Au Muséum d'Histoire naturelle de Paris,
le 20 mai 1834.

HISTOIRE NATURELLE

DES

REPTILES.

LIVRE PREMIER.

DES REPTILES EN GÉNÉRAL ET DE LEUR ORGANISATION.

Il n'y a pas long-temps que les naturalistes ont déterminé d'une manière précise les limites de la classe dans laquelle ils sont unanimement convenus aujourd'hui de ranger les animaux qu'ils désignent sous le nom de Reptiles.

Les auteurs les plus anciens, lorsqu'ils voulaient en parler d'une manière générale, avaient emprunté d'Aristote (1) les distinctions, les seules alors néces-

---

(1) Aristote, Histoire des animaux et dans tous ses ouvrages. Τετράποδα ωοτόκα καὶ ὀφεῖς, Hist. anim., lib. v., cap. xxvii, *quadrupedes ovipari et serpentes.*

REPTILES, TOME I.   I

saires, de quadrupèdes ovipares et de serpens. Ces
dénominations se sont même conservées dans nos
ouvrages français les plus modernes. Linné est le
premier qui ait réuni ces animaux en deux groupes,
sous le nom collectif d'AMPHIBIES.

C'était une erreur de cette époque ; car quelques-uns
de ces animaux seulement sont doués de la faculté de
vivre, tout à la fois ou successivement, dans l'air et
dans l'eau, et aucun ne jouit en même temps et constamment pendant sa vie des deux modes suivant lesquels la respiration s'opère dans lu'n ou dans l'autre
de ces fluides.

Hermann avait pris dans la langue grecque un mot
composé, fort difficile à prononcer, et qui heureusement ne fut pas adopté ; car il aurait propagé des
idées fausses qui ont existé trop long-temps, et qui
font encore aujourd'hui proscrire indistinctement par
le vulgaire toute cette race d'animaux (1).

Lyonet d'abord (2), puis Brisson (3), proposèrent le
nom de Reptiles, en avouant qu'ils n'employaient cette
expression qu'à défaut d'une autre qu'ils auraient dé-
sirée, et qui aurait mieux caractérisé toutes les espèces

---

(1) *Tabulæ affinitatum animalium*, pag. 258.
Krycrozoa, des mots κρυερὸς et ζῶον, animal froid, livide, dégoû-
tant.

(2) Théologie des insectes de LESSER, tom. 1, pag. 91, note 5.
Paris, 1745.

« Mais, dira-t-on, à quelle classe faudra-t-il rapporter les animaux
que je viens de nommer? Je ne ferais aucune difficulté d'en faire
une classe à part, que l'on pourrait nommer, faute d'un nom plus
convenable, les *Reptiles*, en prenant ce mot dans un sens un peu
moins vague que celui qu'on lui donne ordinairement. »

(3) Règne animal divisé en neuf classes. Paris, 1756.

d'animaux réunis sous cette dénomination. En effet, le nom de Reptiles, quoique dérivé d'un verbe latin qui signifie *je rampe*, pouvait être appliqué sans restriction à tous les animaux qui se traînent sur le ventre, soit par l'absence des pattes, comme les serpens, soit à cause de leur brièveté, comme les lézards et les tortues.

C'est par suite de l'adoption de cette dénomination de Reptiles, imposée à toute une classe d'animaux, que la partie de la Science zoologique, qui s'en occupe d'une manière spéciale, a reçu le nom grec d'ERPÉTOLOGIE, qui signifie Traité des Reptiles (1).

Dans l'état actuel de la science, les zoologistes caractérisent les Reptiles par la phrase suivante, qu'ils appellent diagnose, c'est-à-dire propre à les faire reconnaître : *animaux vertébrés, à poumons; à température variable ou inconstante; sans poils, ni plumes, ni mamelles.*

En développant les termes de cette définition, on voit que ces êtres animés, c'est-à-dire doués de la faculté de se mouvoir et de sentir, ont une échine ou colonne centrale, formée d'os empilés qui servent à la fois de base à tout le squelette pour déterminer la forme du corps et pour en faciliter le transport d'un lieu à un autre, en même temps que ces os recouvrent et protègent les organes nerveux principaux par lesquels se transmettent les sensations et les ordres de la volonté : que, de plus, ces animaux attirent l'air dans des poumons, appareils membraneux dans lesquels une petite quantité de fluide atmosphérique pé-

_____

(1) Du mot ἑρπητὸν, reptile, et λόγος, discours, traité. Le verbe ἕρπειν signifiant ramper, serpenter.

I.

nètre et se trouve médiatement mise en contact avec un sang de couleur rouge, dont la chaleur, ainsi que celle de la totalité du corps, est modifiée dans ses degrés par la température du milieu dans lequel ils sont appelés à vivre. Ces poumons intérieurs distinguent en outre les reptiles des poissons qui respirent l'eau sur des branchies, c'est-à-dire à l'extérieur de lames membraneuses sur lesquelles le fluide liquide agit à peu près de la même manière que l'air dans les poumons. De même, pour séparer au premier aperçu les reptiles d'avec les mammifères, on se rappellera que ceux-ci nourrissent leur progéniture du lait qui se sécrète dans des organes spéciaux dont l'existence se manifeste toujours au-dehors chez les femelles, et dont il reste aussi quelques traces chez les mâles; enfin, chez tous les oiseaux, le plumage est un caractère distinctif et qui ne peut laisser aucun doute.

Les Reptiles n'ont pas d'autres qualités communes et générales que celles dont nous venons de parler; cependant par le grand nombre des particularités qu'ils offrent en outre sous le rapport de l'organisation et des facultés qui en dépendent, ils diffèrent de tous les autres animaux. Mais pour ne les comparer encore qu'avec ceux dont ils se rapprochent le plus par la présence d'un squelette intérieur, nous énoncerons d'abord les résultats de l'observation qui dénotent des différences importantes dans tout le reste de leur organisation, modifications sur les détails desquelles nous serons obligés de revenir par la suite.

Ainsi, quoique les Reptiles respirent l'air en nature et par des poumons, comme les mammifères et les oiseaux, ils diffèrent de ceux-ci, parce que leur sang n'est pas en totalité poussé dans ces organes, afin que

toute la masse de cette humeur soit mise successivement et nécessairement en rapport avec l'atmosphère. Leur circulation pulmonaire est partielle ; il
n'y a qu'une portion de leur sang qui pénètre dans les
poumons ; et c'est probablement à cette cause qu'on
doit attribuer les variations de la température de leur
corps, qui se met presque constamment en équilibre
avec celle du milieu dans lequel ils sont plongés. C'est
surtout à cette particularité de leur mode de respiration aérienne qu'il faut rapporter la faculté qu'ils
ont de la rendre pour ainsi dire arbitraire ; de sorte
qu'ils peuvent en modérer l'action, la retarder, l'exciter, l'accélérer, la suspendre même pendant un espace de temps plus ou moins long, et continuer de
vivre ainsi sans respirer en apparence, même quand
ils sont plongés sous l'eau, ou quand ils sont forcés
de séjourner dans une atmosphère viciée et non respirable.

Quoique les organes de la respiration, par leurs
formes apparentes, semblent établir une ligne de démarcation bien tranchée entre les Reptiles et les Poissons ; sous d'autres rapports, les limites qui séparent
ces deux ordres d'animaux sont peut-être moins évidentes ; à tel point que Linné lui-même, partageant
l'erreur qui lui avait été transmise par quelques
hommes habiles d'ailleurs, mais peu versés dans les
recherches d'anatomie comparée, a pu croire que
quelques poissons, tels que les Diodons, chez lesquels on avait décrit comme des poumons tantôt le
tissu des reins, tantôt la vessie natatoire à plusieurs
poches, étaient de véritables Reptiles ; ou, comme
il les désignait, des Amphibies nageans. Il faut
même reconnaître que la transition se trouve indi-

quée par la conformation presque identique, la structure analogue et les habitudes semblables dans quelques espèces appartenant à l'une ou à l'autre de ces
classes. Le mode de circulation, par exemple, est fort
différent, puisque chez les Poissons la totalité du sang
est obligée de passer, dans un temps donné, par les
nombreuses ramifications des vaisseaux dont sont pé-
nétrées les lames de leurs branchies, et cependant
l'effet produit est à peu près le même ; car, soit comme
une conséquence de la moindre oxygénation du sang
par l'eau, soit à cause de la lenteur de l'impulsion
communiquée au sang par le cœur, soit par suite de
toute autre cause, la chaleur du corps est dans les
Poissons comme chez les Reptiles, constamment en
équilibre avec la température du milieu dans lequel
ces animaux sont appelés à vivre.

Il ne restera donc plus de difficultés sur la classification des animaux qui nous occupent, quand il
faudra les comparer avec d'autres vertébrés. Nous
avons peine à croire que dans l'état actuel des connaissances acquises en histoire naturelle, on puisse aujourd'hui ranger les Serpens avec les Vers ou les
Annelides, comme l'a fait Klein, dans le milieu du
siècle dernier, par cela seul que leur manière de
ramper était à peu près la même ; car il fut un temps
dans lequel le classement et le rapprochement des
animaux étaient déterminés par la seule analogie des
habitudes ; et beaucoup d'auteurs anciens nous ont
laissé des traces de cet arrangement systématique,
qui pouvait suffire alors, vu le petit nombre des faits
observés et la confusion qui régnait dans la science.

Maintenant tous les naturalistes sont convenus de
réunir dans la classe des Reptiles un très grand nombre

d'espèces d'animaux qui ont les caractères communs que nous avons précédemment indiqués, mais qui cependant peuvent se trouver distribués commodément pour l'étude en quatre ordres principaux, correspondant chacun à un genre naturel dont on a modifié le nom pour qu'il pût servir à une désignation commune. Ces genres sont ceux des Tortues, des Lézards, des Serpens et des Grenouilles, qui étaient en effet à peu près les seuls que reconnaissaient les auteurs, ainsi qu'on peut le voir encore dans les premiers ouvrages de Linné.

Ces quatre genres principaux sont devenus les types des ordres faciles à dénoter par des caractères précis en très grand nombre, dont il nous suffira pour le moment d'indiquer ceux que l'on peut mettre aisément en opposition, et qui nous serviront à établir la disposition méthodique d'après laquelle nous nous proposons d'en présenter l'histoire dans le cours de cet ouvrage.

Ainsi, les Tortues ont l'échine ou la colonne vertébrale presque tout à fait au dehors d'un corps court, le plus ordinairement ovale ou arrondi, au moins dans la région moyenne, où toutes les pièces sont soudées entre elles et le plus souvent avec les côtes et le sternum, de manière que le cou qui supporte la tête et que les pièces qui composent la queue sont seules libres et mobiles. Les pattes sont au nombre de quatre et munies d'ongles. Jamais les Tortues n'ont de dents aux mâchoires; elles ont des paupières mobiles comme la plupart des animaux d'un ordre plus élevé dans l'échelle des êtres. Toutes pondent des œufs fécondés d'avance, et les petits animaux qui en proviennent sortent de la coque calcaire qui les revêt avec les formes et les mœurs qu'ils conserveront pendant le reste de leur existence.

Les Lézards ont les vertèbres mobiles dans toute leur étendue, et le nombre en est très considérable, moins cependant que dans les Serpens; c'est ce qui donne en général beaucoup de longueur à leur corps. Leur peau est le plus ordinairement écailleuse ou chagrinée; leur cou est peu distinct; leurs pattes, le plus ordinairement courtes, sont distantes les unes des autres; leurs doigts sont le plus souvent munis d'ongles crochus. La plupart ont des paupières mobiles, un tympan; des dents implantées dans les mâchoires, dont les branches sont soudées entre elles; des côtes servant à la respiration et réunies entre elles en avant sur un sternum. Sous la plupart des autres rapports, les Lézards ressemblent aux Tortues.

Les Serpens ont le corps excessivement allongé et étroit, le plus souvent cylindrique, absolument sans pattes et sans cou; leur peau a beaucoup de rapports avec celle de quelques Lézards; jamais ils n'ont de paupières ni de tympan; leurs mâchoires sont garnies de dents enchâssées, pointues et courbées en crochets; l'inférieure est le plus ordinairement formée de deux branches séparées, souvent susceptibles de s'écarter l'une de l'autre. Tous ont des côtes nombreuses; mais elles ne sont pas articulées en avant sur un sternum; elles servent à la respiration, qui s'opère dans un seul poumon très étendu. Leurs œufs, fécondés à l'intérieur, sont ovales, allongés et recouverts d'une croûte peu solide, mais à grains calcaires; quelquefois ils éclosent dans l'intérieur du corps de la mère.

Les Grenouilles, ainsi que quelques autres genres

qui en diffèrent beaucoup par la forme extérieure, qui est à peu près celle des Lézards, avec lesquels on les avait même rangées autrefois, ont toujours la peau nue, sans carapace ni écailles ; la plupart ont quatre pattes à doigts distincts, mais constamment sans ongles. Elles n'ont pas de côtes, ou quand il y en a elles sont très courtes, et ne se joignent jamais au sternum, qui est très développé. Presque tous ces animaux ont des paupières, quand ils ont des yeux ; mais leur caractère principal est tiré de leur mode de reproduction. La plupart pondent des œufs à coque molle, qui ne sont fécondés qu'après qu'ils sont sortis du corps de leur mère, et le fœtus qui en provient subit des transformations, une véritable métamorphose qui se manifeste dans la plupart des organes, et ensuite par les plus grands changemens dans les mœurs et la manière de vivre.

En analysant toutes les observations et les faits que nous venons d'énoncer, dans ce qu'ils ont de plus remarquable chez les animaux que nous avons choisis comme types, dans des genres bien connus, nous avons vu qu'il y avait dans leur organisation et dans leurs formes extérieures des différences très nombreuses. C'est ce qui a fait sentir la nécessité d'établir parmi les Reptiles quatre ordres ou sous-classes. Pour les désigner d'une manière générale, il a fallu créer des termes nouveaux ; on l'a fait en empruntant du grec des mots ayant une signification presque semblable aux noms des genres principaux, afin d'indiquer par cette généralisation les grands rapports qui existent réellement entre les espèces ainsi réunies pour en former quatre sous-classes. Les tableaux suivans permettent de saisir, à la première inspection, les notes essen-

tielles et distinctives qui caractérisent chacun des ordres. Disons cependant d'avance que les Tortues seront appelées CHÉLONIENS; les Lézards, SAURIENS; les
Serpens, OPHIDIENS; et les Grenouilles BATRACIENS.

CLASSIFICATION DES REPTILES.

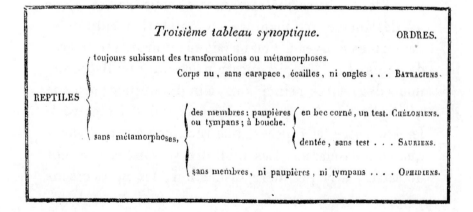

Premier tableau synoptique.   ORDRES.

CORPS
- à carapace, à écailles ou anneaux,
  - des membres, paupières,
    - une carapace . . CHÉLONIENS.
    - sans carapace . . SAURIENS.
  - n'ayant ni pattes, ni nageoires, ni paupières . OPHIDIENS.
- nu, sans carapace, ni écailles, pattes sans ongles. . . . . BATRACIENS.

Second tableau synoptique.   ORDRES.

REPTILES
- à pattes ou nageoires,
  - des ongles,
    - des dents. . . . . SAURIENS.
    - pas de dents . . . . CHÉLONIENS.
  - pas d'ongles . . . . BATRACIENS.
- sans pattes, ni nageoires, ni paupières, ni tympan. . . . . OPHIDIENS.

Troisième tableau synoptique.   ORDRES.

REPTILES
- toujours subissant des transformations ou métamorphoses.
  - Corps nu, sans carapace, écailles, ni ongles . . . BATRACIENS.
- sans métamorphoses,
  - des membres : paupières ou tympans ; à bouche.
    - en bec corné, un test. CHÉLONIENS.
    - dentée, sans test . . . SAURIENS.
  - sans membres, ni paupières, ni tympans . . . . OPHIDIENS.

Nous avions besoin d'exposer ainsi, dans une sorte d'analyse, ces principaux résultats de la comparaison que la simple observation, bien dirigée, rend facile et qui permet de distinguer promptement, et avec certitude, les Reptiles, d'abord de tous les autres animaux vertébrés; et ensuite de les diviser entre eux pour les rapporter comme à des sortes de modèles connus, qui puissent servir d'exemples ou de patrons originaux. Nous pourrons maintenant poursuivre plus aisément notre examen, en indiquant successivement les modifications que les êtres de cette classe nous présenteront dans l'étude rapide que nous allons faire de leurs grandes fonctions animales; car celles-ci sont constamment en rapport avec les facultés dont ils sont doués : elles les font prévoir, et portent à conjecturer d'avance, avec une sorte de certitude, quelles seront les mœurs et les habitudes.

C'est dans ce but que nous jetterons un coup d'œil rapide sur les diverses modifications que subissent les principales fonctions chez les Reptiles, en les examinant dans l'ordre qui nous paraît exercer le plus d'influence sur la conformation, sur les fonctions et sur la manière de vivre : 1° la faculté qu'ils ont de se mouvoir en tout ou en partie et les dispositions qui permettent ou produisent chez eux les différentes sortes de mouvement; 2° la faculté de sentir, ou les diverses modifications qu'ont éprouvées les instrumens à l'aide desquels ils perçoivent l'action que les autres corps peuvent exercer sur eux; 3° tout ce qui tient à leur manière de se nourrir, de se développer, à la circulation, à la respiration, à la production de la voix et aux diverses sécrétions; 4° enfin les singularités que présentent les Reptiles dans la manière dont leur race se trouve propagée.

Ce sera l'objet des différens chapitres de ce livre, dans lequel nous ne désirons que familiariser nos lecteurs avec les noms des Reptiles, dont les particularités, énoncées ici pour la première fois, se trouveront par la suite développées avec tous les détails nécessaires.

CHAPITRE PREMIER.

DE LA MOTILITÉ CHEZ LES REPTILES.

On est convenu de désigner sous le nom d'organes de la motilité, tous les instrumens que la nature paraît avoir accordés aux animaux, seuls parmi tous les autres êtres, pour leur donner le pouvoir de changer à volonté de lieu, en tout ou en partie. Les instrumens de la vie rapportés par les physiologistes à cette faculté de se mouvoir, sont de deux sortes. Les uns passifs, sont destinés à recevoir directement, puis à transmettre, faciliter, et à limiter les mouvemens : tels sont les os, les ligamens, les tendons, les aponévroses. Les autres sont des agens directs; ils sont composés de fibres douées de la propriété de se contracter, de se raccourcir : les faisceaux de ces fibres qui sont destinés à produire une même action ou à y coopérer sont regardés comme des moteurs directs ; on les nomme alors des muscles.

Il y a parmi les Reptiles, sous le rapport des facultés locomotrices, autant de diversités que chez les mammifères. La plupart, à la vérité, sont terrestres, ou appelés à vivre sur la surface solide du globe que nous habitons; mais il en est, comme certains Lézards ou Sauriens, qu'on nomme Dragons, qui peuvent s'élancer dans l'air et s'y soutenir plus ou moins long-temps, à l'aide de membranes disposées en manière de parachute, ainsi que le font les Polatouches. D'autres, dont la race, il est vrai, n'existe plus aujourd'hui à ce qu'il paraît, mais dont on retrouve des débris fossiles, pouvaient probablement se mouvoir dans l'air avec une grande vitesse et par une sorte de vol, à l'aide d'un mécanisme et d'une structure analogue à celle que nous observons dans les Chéiroptères ou Chauves-Souris. Il est encore des Reptiles qui vivent habituellement dans l'eau et peuvent y nager parfaitement, soit avec des pattes aplaties, allongées et changées en nageoires, comme dans les Phoques, telles sont les tortues aquatiques qu'on a nommées Chélonées, Trionyx et Emydes; soit en faisant usage d'une queue déprimée à son extrémité, comme celle des cétacés, tels sont les Sauriens nommés Uroplates, ou comprimée sur les côtés, à peu près comme celle des Poissons. Ce dernier exemple nous est offert par les Crocodiles et les Tupinambis parmi les Lézards, et par quelques Batraciens à queue, comme les Protées, les Tritons, et les Sirènes. Enfin il existe quelques Reptiles qui ont la forme des Serpens, qui vivent sous la terre dans des conduits qu'ils s'y creusent à la manière des Lombrics, telles sont les Cécilies et les Amphisbènes ou double marcheurs. Celles-ci se retirent dans des cavités souterraines pratiquées par des insectes industrieux dont elles font leur nourriture principale.

Quant aux autres modes de mouvemens généraux ou de transport, nous les observons à peu près tous, mais opérés par des espèces différentes de Reptiles, depuis la marche la plus lente, qui est pour ainsi dire passée en proverbe dans la Tortue de terre, jusqu'à la vitesse de la course, dans la rapide agilité du Lézard.

Parmi les Sauriens qui ont des doigts allongés, distincts, séparés, terminés par des ongles crochus et qu'on nomme des Eumérodes, la plupart peuvent grimper avec prestesse et célérité, tels sont les Iguanes, les Anolis; d'autres, tels que les Caméléons, sont, comme quelques oiseaux, et en particulier les perroquets ou les pics, grimpeurs par excellence. Ils semblent en effet construits essentiellement dans ce but; les doigts de chacune de leurs pattes sont réunis jusqu'aux ongles en deux faisceaux ou paquets opposables, ce qui leur donne la facilité de saisir parfaitement, d'empoigner les branches sur lesquelles ils se fixent; mais cette conformation des pattes est plus propre à affermir leur station sur des corps cylindriques ou saillans, qu'à faciliter leur progression, qui se fait toujours avec lenteur sur des plans horizontaux.

Chez d'autres Sauriens très agiles, comme les Geckos, la solidité de la station est en général favorisée spécialement par la singulière disposition des doigts; les phalanges étant élargies, aplaties en dessous et garnies de petits coussinets mous, qui remplissent le même office que les pelotes qu'on observe sous les tarses de quelques mouches. C'est ce qui permet à ces animaux d'adhérer et de marcher sur les corps les plus lisses, et même de courir sous des plans solides, où ils restent à volonté immobiles, suspendus contre leur propre poids. Quelques uns même ont en outre des ongles crochus, rétractiles comme ceux des chats, pour n'en pas user la pointe et ne s'en servir qu'au besoin.

Cette même faculté de se soutenir ainsi avec les pattes et de vaincre la gravité naturelle du corps, se retrouve dans les Rainettes, du groupe des Batraciens sans queue, qui s'attachent et semblent se coller sous les feuilles les plus lisses et les plus mobiles des arbres, où elles se mettent en embuscade pour épier et saisir les insectes ; mais dans ce cas, l'adhérence s'opère à l'aide de la seule extrémité de leurs doigts, élargis en forme de disques charnus, qui peuvent devenir concaves au centre, pour produire ainsi l'effet d'une soupape ou d'une ventouse.

Il est des Reptiles qui ne peuvent jamais quitter volontairement les plans solides sur lesquels ils se traînent, qu'en se laissant précipiter ; telles sont les Tortues et quelques Sauriens, qui n'ont pas de pattes ou qui les ont très courtes. Il en est de même des Batraciens qui ont une queue ; mais d'autres s'élancent dans l'air, en exécutant de véritables sauts qu'ils produisent par des mécanismes divers. Chez les Grenouilles et les Rainettes, c'est à l'aide des pattes postérieures très développées, et ici les os et les muscles représentent des leviers et des puissances dont la force est si prodigieuse que l'animal peut s'élever à une hauteur qui excède au moins de vingt fois la sienne, et parcourir dans l'air un espace qui peut avoir plus de cinquante fois l'étendue de son corps. Chez quelques Serpens, ce sont les vertèbres nombreuses et très mobiles qui permettent à l'animal de se rouler en spirale et de se débander tout-à-coup et avec violence, en s'appuyant sur le sol pour s'élancer dans l'espace. Chez les Anolis et les Dragons, parmi les Sauriens, la totalité du corps et des membranes concourt à ce mouvement de projection, par une extension subite et simultanée de toutes les puissances motrices.

Comme certains mammifères à queue préhensile, quelques uns des animaux qui nous occupent peuvent

se suspendre par les dernières pièces de leur échine
à quelque corps solide; ils se donnent ensuite un
mouvement de balancement oscillatoire, dont ils sa-
vent profiter pour se jeter dans une direction qu'ils
semblent avoir déterminée d'avance. Tels sont les Caméléons et quelques Boas, sortes de Serpens dont le
ventre est plus étroit que le dos, et qui, par cette circonstance, ont la plus grande peine à ramper sur un plan
horizontal, quand ils ne trouvent pas à s'accrocher,
mais qui parviennent, dit-on, avec une rapidité in-
concevable aux cimes les plus élevées des arbres et
aux sommités des branches flexibles, en les envelop-
pant d'une sorte de spire concave, par les circonvolutions successives des longues sinuosités de leur
corps.

On peut dire, d'une manière absolue, que les
membres des reptiles sont disposés et conformés de
telle sorte qu'ils sont peu favorables à l'exécution et à
la facilité des mouvemens progressifs. D'abord,
quand ils existent, car tous les Serpens en sont privés, les os des bras et des cuisses et toutes les autres
parties de ces extrémités antérieures et postérieures,
sont très peu développées en longueur; par leur mode
d'articulation sur les épaules et sur les hanches, les
membres se trouvent dirigés en dehors et se joignent
au corps en formant, avec la longue échine, un
angle presque droit. Chez la plupart, les mouvemens
des pattes s'exécutent dans un sens perpendiculaire à
l'axe de la colonne vertébrale; et comme elles sont
très courtes, elles peuvent à peine soutenir le poids
du corps. Les coudes et les genoux ne peuvent s'étendre ou se redresser complètement, leurs articulations
restent constamment fléchies, et chez presque tous,

comme nous l'avons déjà énoncé, le corps porte sur la terre, il est à peine soulevé et la marche devient très fatigante par suite du frottement qu'elle exige. Mais parmi les Reptiles, ceux dont les membres sont le moins bien conformés pour la progression sur la terre, ce sont les Chéloniens, dont les pattes sont trop courtes et trop éloignées du centre. Aussi est-il telle circonstance où l'animal, étant renversé sur le dos, ne peut se redresser et se replacer sur les pattes. Aucun ne peut grimper dans une direction verticale, et dans les Tortues proprement dites, les pieds sont de véritables moignons dont les doigts ne sont indiqués, comme chez les éléphans, que par la présence des sabots placés à leur pourtour, et ne servent que comme des crochets destinés à les arrêter sur le terrain. Cependant d'autres espèces, appelées à se mouvoir dans l'eau, comme les Chélonées et les Sphargis, y nagent rapidement, et avec la plus grande facilité, à l'aide de leurs pattes transformées en véritables rames aplaties.

Dans la plupart des espèces, les pattes de devant sont plus courtes que celles de derrière ; cependant plusieurs genres les ont à peu près égales en longueur. Chez quelques Batraciens sans queue les membres postérieurs offrent en étendue le double ou le triple de ceux de devant, et l'animal, que cette disproportion rend peu propre à la marche, ne peut avancer que par bonds et par sauts. Chez quelques uns il n'y a que deux paires de membres ; tantôt les antérieurs seuls existent, comme dans les Chirotes et les Sirènes, tantôt ce sont les postérieurs comme dans les Hystéropes.

Ainsi que nous venons de le voir, non seulement les membres sont généralement courts et articulés d'une

I.   2

manière désavantageuse pour la rapidité de la progression, et surtout relativement à la durée de la marche qui doit être très fatigante pour l'animal, lorsqu'elle est prolongée ; mais en outre l'écartement, ou
le grand espace qui reste entre les deux paires de pattes, ne permet que des impulsions latérales successives,
toujours distantes les unes des autres, et le corps
poussé alternativement à droite et à gauche, ayant
souvent besoin à chaque pas d'être aidé de l'action
impulsive de la queue, n'éprouve qu'une allure lente,
vacillante et tortueuse, qui caractérise la démarche de
la plupart de ces animaux. Les Caméléons sont peut-
être les seuls Reptiles dont les pattes alongées élèvent
assez le tronc pour empêcher le ventre de porter sur
le plan qui supporte le corps de l'animal dans la station
et dans la marche.

L'action de ramper dans les Serpens et chez les
Sauriens qui n'ont pas de pattes, ou qui les ont trop
courtes, s'opère par d'autres procédés. L'échine seule,
au moyen de ses muscles forts et très contractiles et
des os nombreux qui la constituent, produit l'impulsion de toute la masse alongée du corps par des sinuosités successives imprimées alternativement à droite
et à gauche, et quelquefois par des ondulations qui ont
lieu de haut en bas ou dans le sens vertical. Car ces
deux modes de reptation nous sont offerts par diverses
espèces.

Quant à ceux des Serpens qui vivent dans l'eau, les
uns nagent à la surface avec le corps gonflé d'air et
difficilement submersible, et alors les ondulations rapidement imprimées aux diverses parties de la longueur du corps suffisent pour le faire avancer. Les Couleuvres à collier de notre pays nous offrent un exemple

de cette manière de nager avec le corps émergé. D'autres, vivant habituellement plongés sous l'eau, comme les Pélamides et les Hydrophides, ont une queue mince, longue, comprimée sur les côtés, et élargie, qui fait l'office d'une rame mue avec vitesse à droite et à gauche, afin de pousser ainsi leur corps en le dirigeant. C'est par un mécanisme analogue que les mouvemens des Sirènes, des Protées et des autres Batraciens à queue s'exécutent au milieu du liquide dans lequel ils sont appelés à vivre.

Après avoir indiqué les mouvemens généraux et variés par lesquels le corps des Reptiles se transporte en totalité d'un lieu dans un autre, il nous reste peu de faits à exposer sur les actions particulières que leurs membres peuvent exercer. Il n'en est pas (les Caméléons exceptés) dont les pattes soient assez avantageusement conformées pour saisir avec facilité et retenir solidement les objets mobiles ; aussi ne montrent-ils guères d'adresse ni d'industrie, soit pour se procurer des abris ou des retraites commodes ; soit même pour construire des nids, ou plutôt pour préparer les lieux dans lesquels ils doivent déposer leurs œufs. Souvent le jeu des mâchoires et des dents, les mouvemens particuliers du cou ou de la queue, garnie d'écailles ou d'épines, viennent aider les pattes dans les moyens d'attaque ou de défense que l'animal est obligé de développer.

Mais un phénomène très singulier, sur lequel nous aurons occasion de revenir par la suite, c'est l'effet que produit chez les Reptiles l'élévation ou l'abaissement de la température de l'atmosphère dans laquelle ils sont plongés, sur l'exercice de leur faculté locomotrice et sur la plupart de leurs autres fonctions.

2.

Tous, par l'action du froid, semblent tomber dans une sorte d'engourdissement ou de léthargie comateuse qui détermine l'immobilité, et paraît les rendre insensibles à tout ce qui se passe autour d'eux. Dans nos climats tempérés, nous en avons des exemples frappans qui nous sont offerts par les Grenouilles, les Salamandres, les Tortues terrestres, les Lézards et les Couleuvres; mais, ce qu'il y a d'étonnant, c'est que des effets absolument semblables paraissent être produits par une cause tout-à-fait inverse chez les espèces qui vivent sous les brûlans climats situés au-delà de l'équateur, comme M. de Humboldt l'a observé pour les Crocodiles et les Caïmans. L'existence de ces animaux paraît ainsi limitée dans certains lieux par leur organisation; et ceux qui vivent dans nos régions s'engourdissent, perdent la faculté de se mouvoir tant que dure l'hiver, et semblent alors disparaître pendant plusieurs mois de l'année. C'est ce qui est cause encore que les animaux de cette classe sont beaucoup moins nombreux, et surtout que les genres et les espèces de Reptiles sont beaucoup plus rares dans les pays du nord, que vers le midi. Ce qui a fait dire à Linné, dans son style toujours pittoresque et rarement antithétique, ce sont des animaux froids qui vivent dans les pays chauds : « *Frigida œstuantium animalia.* »

Telles sont les modifications principales que présente la faculté locomotrice dans les Reptiles; mais le transport du corps est essentiellement déterminé par la forme générale de leur corps, et surtout par la structure de ses diverses parties, sous le seul point de vue des mouvemens qu'elles permettent et qu'elles peuvent exécuter. Il n'en est pas des Reptiles comme des Oiseaux et des Poissons, qui paraissent être presque tous construits, comme d'après un même modèle, pour voler ou pour nager. Ici nous avons quatre plans ou types différens. D'abord, les uns n'ont pas de membres, et par conséquent ils ne peuvent s'en aider dans la progression. D'autres ont des membres, mais leur échine est en grande partie immobile, et ils ne peuvent se traîner qu'avec des pattes trop courtes et mal articulées. Ensuite chez plusieurs l'inégale étendue en longueur et la distance respective et trop considérable des membres, rend ceux-ci peu convenables à la marche. Enfin, nous dirons que les dimensions relatives offrent les plus grandes dissemblances et entraînent par conséquent d'avance la nécessité d'un mode différent de transport, qu'on pourrait prévoir pour ainsi dire *a priori*.

Il en est quelques uns dont le corps arrondi dans son épaisseur est, dans certains cas, cent fois plus long qu'il n'est large ou élevé ; c'est ainsi que sont construites plusieurs espèces de Serpens. On observe peu de Reptiles dont la largeur l'emporte sur la longueur ou qui lui soit même égale ; mais il en est qui sont beaucoup plus larges qu'ils ne sont épais, et qui présentent ainsi une surface applatie. Tels sont les Pipas dans l'ordre des Batraciens, quelques Chéloniens ou Tortues marines, celles qu'on nomme molles ou trionyx, les Chélydes. Les Uroplates, les Crocodiles et plusieurs Geckos entre les Sauriens, ont le tronc également épais dans ces deux sens principaux ; tandis que les Caméléons et quelques Boas nous offrent une disposition inverse, leur corps ayant habituellement plus de hauteur que de largeur, et paraissant ainsi comprimé. Enfin, quelques Tortues terrestres présentent presque autant de largeur que de longueur, ayant en outre un corps extrêmement bombé, en forme de voûte ; d'autres, comme les Crapauds, ont également le corps court, fort large et comme tronqué, parce qu'ils sont tout-à-fait privés de queue. On conçoit comment l'allure de ces animaux se trouve correspondre à ces variétés dans les dimensions du corps.

Quant à la composition et aux mouvemens des parties qui constituent l'ensemble de leur corps, nous nous bornerons à exposer, sous un point de vue commun et général, toutes les pièces qui servent de base au tronc et aux membres quand ils existent. Ainsi pour le tronc, nous relaterons les différences essentielles que nous offrent les Reptiles dans leur échine et dans les régions où les vertèbres sont distribuées. Nous indiquerons les formes et les mouvemens de la tête, du cou, de la poitrine, des lombes et de la queue, et pour les membres, leur organisation, leurs formes, leur disposition mécanique. Nous traiterons enfin des phénomènes qui se passent dans la reproduction, ou la réintégration des parties qui peuvent avoir été perdues.

Le tronc des Reptiles est toujours formé par une tige centrale, composée de vertèbres dont le nombre, la forme, la longueur, la nature des mouvemens varient à l'infini. Les Batraciens sans queue sont ceux dont la colonne vertébrale est composée d'un moindre nombre de pièces ; car dans les Pipas on n'en compte que huit immédiatement après la tête, et dix dans les Grenouilles ; tandis que beaucoup de Serpens en ont un nombre prodigieux. Il est de trois cents, par exemple, et au-delà dans le Boa devin, et presque constamment au-dessus de deux cents dans la plupart des espèces de cet ordre des Ophidiens ; aussi a-t-on dit des Serpens, que c'étaient les animaux le plus et le mieux vertébrés.

Quoique destinées à protéger la moelle nerveuse, qui se prolonge dans le canal qu'elles lui forment, la plupart de ces vertèbres sont 'très mobiles. Il faut cependant excepter les Chéloniens, qui tous, dans la partie moyenne ou centrale de l'échine, ont ces os soudés entre eux et avec les côtes, de manière à protéger tous les viscères, qu'ils logent ainsi dans une cavité osseuse et sous une voûte très solide ; tandis que les régions du cou et de la queue sont les seules destinées aux mouvemens généraux du tronc.

Les articulations réciproques de ces os n'offrent pas moins de différences. Dans la plupart des Sauriens, par exemple, la colonne vertébrale présente dans les pièces qui la constituent, et au point où s'opère leur jonction, autant de fibro-cartilages courts qui ne permettent que des mouvemens fort bornés, le plus souvent à droite et à gauche ou sur les côtés. Les Caméléons et quelques espèces, en petit nombre dans ce même ordre des Sauriens, peuvent se servir de la queue pour s'accrocher et se suspendre. Les vertèbres ici ont leurs mouvemens principaux vers la région inférieure, ce qui permet à l'animal de s'enrouler ou de s'entortiller autour des branches. Quelques Boas offrent une disposition semblable.

Dans tous les Serpens, la mobilité de l'échine est permise ou développée à un haut degré par une structure dont aucun autre animal à vertèbres n'a présenté jusqu'ici d'exemple. Le corps ou la partie la plus épaisse de chacune des pièces de la colonne, examinée dans le sens vertical de sa jonction articulaire, est creusée en avant d'une cavité hémisphérique, enduite de cartilages d'encroutement et d'une membrane synoviale, pour recevoir une portion de sphère en saillie qui provient de la vertèbre qui précède immédiatement ; l'ensemble est fortifié en dehors par un surtout de fibres ligamenteuses, de sorte que chaque vertèbre dans les Serpens offre une articulation en genou, telle que la reproduisent les mécaniciens, quand ils veulent faire exécuter à un levier des mouvemens dans tous les sens ; ils emboîtent alors une portion de sphère dans une concavité ou dans une calotte correspondante, maintenue en contact immédiat, avec une pression telle que la pièce mobile ne s'y meuve qu'autant qu'elle y est forcée ; car elle y glisse par frottement.

Enfin dans les Sirènes et les Protées, les corps des vertèbres sont articulés entre eux, à peu près comme chez les Poissons ; ce sont deux cônes creux qui se correspondent, en étant appliqués base à base. Une matière fibro-cartilagineuse, compressible, flexible, mais non susceptible d'extension, remplit tout cet espace formé par deux concavités ; la solidité et la résistance y vont en décroissant de la circonférence au centre, parce qu'il n'y a effectivement d'efforts à supporter qu'au-dehors des points de jonctions qui deviennent ainsi les centres d'action sur lesquels peuvent se mouvoir tantôt les parties de l'échine qui correspondent à la tête, tantôt celles qui se terminent par la queue.

Nous ne considèrerons pour le moment la tête des Reptiles que dans son ensemble, et uniquement sous le rapport de ses mouvemens généraux, le crâne ne devant être naturellement étudié qu'avec le cerveau qu'il renferme, et avec les nerfs auxquels il présente un abri et des canaux par lesquels ces organes de la sensibilité sont transmis au-dehors. Il en sera de même de la face et des os qui la composent, parce qu'ils se trouvent en rapport, ainsi que les mâchoires, les uns avec les organes des sens qu'ils logent et protègent ; les autres avec les organes de la digestion ; car les formes, les proportions et le mouvement des mâchoires dépendent des organes destinés à la préhension des alimens et à la mastication.

Il suffira donc de rappeler que dans les Chéloniens et chez la plupart des Sauriens, l'ensemble de la face et du crâne forme un tout continu et sans articulations mobiles, et qu'il en est à peu près de même chez tous les Batraciens sans queue ; mais dans les Serpens et chez les derniers Batraciens à queue, les os de la face sont plus ou moins mobiles sur le crâne et même les uns sur les autres, et que de plus, les branches de la mâchoire inférieure sont séparées et susceptibles de s'éloigner l'une de l'autre pour élargir l'entrée et la cavité de la bouche dans sa totalité.

Quant à l'articulation de la tête avec les vertèbres, au moyen de l'atlas, elle a lieu le plus souvent par un seul condyle, formant un tubercule à plusieurs facettes, ce qui gêne considérablement les mouvemens de l'ensemble sur l'échine. Les Batraciens sont à peu près les seuls Reptiles chez lesquels l'articulation de la tête se fasse par deux condyles occipitaux, comme chez les mammifères, et comme la tête est en général très peu mobile sur le cou, il est rare que la partie postérieure de l'os de l'occiput présente des crêtes osseuses ou des protubérances destinées aux attaches des muscles ; cependant il y en a une très prononcée chez la plupart des Chéloniens.

Les vertèbres du cou varient beaucoup par leur
nombre. Il n'y en a pas du tout dans les Serpens ni
dans les Batraciens comme les Grenouilles et les Amphioumes ; les Caméléons n'en ont que deux ; mais il
y en a sept dans les Crocodiles, dans la plupart des
Sauriens, et au moins ce nombre dans les Chéloniens.
La première vertèbre qui vient après la tête, et que
l'on nomme l'atlas, est toujours conformée de manière
à s'articuler en avant avec l'os occipital ou la partie la
plus postérieure de la tête au-dessous du trou qui
livre passage à la moelle épinière. Dans les Serpens, ce
mode d'articulation est absolument semblable à celui
qui s'observe dans les vertèbres suivantes, par un vrai
genou des mécaniciens ; mais il en est autrement chez
la plupart des autres Reptiles, dont les os de l'échine
ne présentent pas un mode uniforme de jonction et
de mobilité, ainsi que nous l'avons indiqué ci-dessus.
Dans les Tortues, par exemple, la région cervicale
étant la partie la plus mobile du tronc, à peu près
comme dans les Oiseaux, le corps des vertèbres permet des mouvemens très variés qui se prêtent à la
protraction et à la rétraction de l'ensemble, quand
l'animal veut faire sortir ou rentrer la tête sous la
voûte de sa carapace et dans l'intervalle ménagé au-
dessus du plastron formé par le sternum. Dans certaines races de Reptiles, l'atlas est composé de pièces
qui restent presque toujours distinctes ; on en compte
trois dans les Monitors, quatre dans les Chéloniens,
et même six dans les Crocodiles.

La poitrine, ou la portion du tronc qui vient immédiatement après le cou, est la région qui présente
chez les Reptiles les modifications les plus remarquables ; elle est à peu près, comme chez les Oiseaux,

disposée de manière que par l'absence d'un diaphragme intérieur, elle recouvre non seulement les poumons et le cœur; mais qu'elle contient en outre les premiers viscères propres à la digestion tels que l'estomac, le foie, la rate. Cette circonstance établit, par le fait, une grande différence d'une part entre les Mammifères qui ont en arrière cette cloison charnue séparant la cavité de l'abdomen de celle qui contient les principaux organes de la circulation et de la respiration; et d'autre part avec les Poissons, chez lesquels les branchies sont sous la tête et séparées des côtes par une membrane analogue, une autre sorte de diaphragme semblable à celui des Mammifères, mais situé au-devant du creux de l'abdomen.

Au reste, tous les Reptiles n'ont pas de côtes : tels sont en particulier les Batraciens sans queue comme les Grenouilles; et même ceux qui ont une queue, comme les Salamandres, les Sirènes et les Protées, les ont tellement courtes que ce sont plutôt des apophyses transverses vertébrales mobiles que de véritables côtes, et en effet elles ne servent en aucune manière à l'acte de la respiration. Chez tous les Sauriens les côtes sont toujours très grandes et fort distinctes; la plupart de ces os se joignent, au moins intermédiairement, par des cartilages à un sternum, pièce pectorale osseuse opposée aux vertèbres au-dessous desquelles cet os se trouve placé immédiatement sous le ventre et dans la ligne moyenne. Cependant dans les Crocodiles et les Tupinambis les côtes antérieures sont, comme on l'a dit, fausses ou asternales, parce qu'elles ne se prolongent pas assez en avant pour atteindre l'os pectoral. Dans les Dragons, les côtes offrent une autre particularité bien plus surprenante:

on voit toutes celles qui viennent immédiatement
après la cinquième et la sixième, de l'un et de l'autre
côté, se porter tout-à-fait en dehors de la poitrine, et
se placer entre deux feuillets de la peau des flancs
destinée à devenir une sorte de parachute, auquel
elles servent de soutien, comme les touches minces
que l'on introduit entre les feuillets du papier qui
forment la partie large de certains éventails. Les Caméléons et les Polychres dans cet ordre sont privés
d'un sternum, et les cartilages de leurs côtes, fort
développés d'ailleurs, se portent directement sous le
corps, et finissent par se souder les uns aux autres
sous la ligne médiane.

Les Serpens sont ceux de tous les animaux vertébrés connus qui sont munis du plus grand nombre de
côtes ; car on en compte chez quelques uns plus de
cent cinquante paires. Ces os offrent en outre une
particularité ; c'est que, quoique fixés en arrière sur
les vertèbres et courbés de manière à protéger les
viscères et à faciliter l'acte mécanique de la respiration, ils ne s'unissent ni entre eux, ni au sternum ;
car l'absence de ce dernier os est, comme nous l'a-
vons dit, un des caractères qui distinguent les Ophidiens des espèces assez voisines, qui sont cependant
rangées avec les Sauriens, comme les Orvets, les
Ophisaures et quelques autres Lézards. La forme de
ces côtes est toujours subordonnée à celle du corps.
La plupart les ont courbées en demi-cercle, parce que
leur corps est à peu près cylindrique. Cependant elles
sont à peine fléchies dans la partie antérieure de la
poitrine des Najas ou Serpens à coîffe, dont le devant
du corps est ainsi considérablement élargi, et dans
les Boas à ventre comprimé, comme dans le *Bojobi*,

ces côtes sont évidemment surbaissées dans leur courbe.

Dans les Chéloniens, les côtes offrent également un caractère distinctif des plus remarquables et tout-à-fait insolite en ce qu'il ne s'observe chez aucun autre animal vertébré. Elles sont soudées à la masse immobile de la portion dorsale de l'échine, aux pièces de laquelle elles correspondent par le nombre; puis elles sont tellement larges et plates, qu'elles se joignent entre elles par leurs bords antérieur et postérieur, au moyen d'un engrenage de dentelures et de pénétration réciproque, de manière à constituer des sutures analogues à celles qu'on observe entre les os du crâne des Mammifères, à tel point que quelques géologues ont pris autrefois des débris fossiles de carapaces de Chéloniens, pour des portions de crâne provenant de quadrupèdes vivipares.

Le sternum ou os pectoral est à peu près dans le même cas que les côtes : extrêmement développé dans les Chéloniens, il protège plutôt les viscères qu'il n'est utile aux mouvemens, cependant les pièces qui le constituent sont quelquefois mobiles comme des sortes de battans qui s'appuient sur des chambranles formés par les côtes; c'est ce qu'on observe dans les Sterno-thyres et les Tortues à boîte. Cet os sternum n'existe pas dans les Serpens, qui n'en ont aucune trace; et nous avons dit que dans les Caméléons il n'y en avait pas, parce que les côtes se soudaient entre elles en avant sous le tronc. Dans les Batraciens, qui n'ont pas de côtes, le sternum est fort développé; il est très souvent en grande partie cartilagineux; il reçoit en avant ou dans sa portion moyennne les deux clavicules qui elles-mêmes se joignent à l'omoplate, et le tout forme une sorte de ceinture qui supporte sur les côtés les pattes antérieures, quand elles existent en avant, et un disque prolongé qui fait l'office d'un levier pour soutenir la gorge, et servir ainsi à la déglutition et par cela même à la respiration. Un autre disque porté en arrière protège les viscères abdominaux.

Presque tous les Sauriens, les Caméléons exceptés, ont aussi un sternum qui reçoit les os claviculaires de l'épaule, et en outre la plupart des côtes ; c'est même un des caractères qui les distinguent des Serpens. Cet os pectoral se prolonge dans les Crocodiles jusqu'aux os pubis. C'est surtout chez les Chéloniens que le sternum est remarquable par son excessif développement et par ses usages. Cet os, en effet, qui est tout-à-fait extérieur, constitue ce qu'on nomme le plastron dans les Tortues. Il est étendu en forme de croix dans les Émysaures ; dans les Chélydes et dans les Émydes, il forme une immense plaque entièrement unie à la carapace ou à la totalité des côtes qui sont soudées entre elles. Dans les Pyxides ou Tortues à boîte, les pièces du sternum sont mobiles, ce sont des sortes de portes ou de battans qui s'appliquent sur la carapace, et en forment ainsi une sorte de coffret qui peut renfermer à volonté les pattes, le cou, la tête et la queue, seules parties mobiles de l'animal qui se trouve par là mis à l'abri, comme le limaçon dans sa coquille. Le sternum des Chélonées ou Tortues marines, ainsi que celui des Trionyx, présentent d'autres particularités non moins remarquables pour les naturalistes, comme nous le dirons par la suite en traitant de cette famille.

Il résulte de ce qui précède que les Serpens ont des

côtes très mobiles et pas de sternum ; que les Batraciens ont un grand sternum cartilagineux, très flexible, et pas de côtes ; que les Sauriens ont des côtes et un sternum mobiles ; enfin, que toutes ces parties, très développées dans les Chéloniens, ne sont mobiles que dans un certain sens, et qu'elles ne peuvent en particulier servir à la respiration comme dans les autres Reptiles.

La dernière partie du tronc qui nous reste à examiner sous le rapport de sa composition chez les Reptiles, c'est leur sacrum et leur queue qui est formée par les vertèbres coccygiennes ou caudales. L'os sacrum ou pelvial n'existe réellement que chez les espèces de Reptiles qui ont un bassin ou des pattes postérieures. Ainsi il n'y en a pas dans les Ophidiens et dans les dernières espèces de Sauriens et de Batraciens ; en général cet os pelvial est étroit ; dans les Chéloniens il fait partie de la carapace. Le Reptile chez lequel il offre le plus de développement est un Batracien sans queue qui forme le genre Pipa ; il est très élargi pour s'unir par symphyse à un os des îles fort développé.

Les seuls Batraciens dits Anoures sont ainsi nommés, parce qu'ils sont totalement privés de la queue en apparence, lorsqu'ils ont subi leur dernière transformation ; cependant il leur reste à l'intérieur une véritable pièce coccygienne, le plus souvent mobile, allongée, mais qui n'a plus du tout la forme d'une vertèbre. Les Cécilies, qu'on a long-temps rangées avec les Serpens, en sont aussi privées. Les Sirènes, au contraire, et même les Salamandres, les Tritons ont cette partie de l'échine plus longue que

tout ce qui précède. C'est surtout parmi les Sauriens
que les os de la queue prennent un développement
considérable, comme on le voit dans les Lézards, les
Tupinambis, les Iguanes, les Crocodiles, les Caméléons, enfin dans presque tous les genres, et surtout
chez les Tachydromes, qui ont cette région cinq ou
six fois plus longue que le reste du corps.

Chez toutes les espèces, les vertèbres de la queue
vont en diminuant de grosseur de la base à la pointe ;
quand il n'existe pas de bassin, elles ne se distinguent
de celles du dos que parce qu'il n'y a pas de côtes articulées. En effet, on ne peut y reconnaître des lombes qu'autant qu'il y a des os coxaux et privation
de côtes dans la région qui précède les hanches. Les
vertèbres caudales sont en général peu développées
chez les Chéloniens, surtout dans les Tortues marines
et terrestres ; mais déja dans les Émydes et surtout
dans les Émysaures, cette partie de la colonne vertébrale prend beaucoup d'extension en longueur. Cependant les vertèbres de la queue étant, avec celles du
cou, les seuls os mobiles de l'échine, leur corps ou
partie moyenne offre des articulations analogues à
celles des Mammifères et des Oiseaux.

On conçoit que la forme des vertèbres de la queue
doit participer de celle de la partie qu'elles contri-
buent à produire. Aussi les apophyses épineuses supérieures et inférieures sont-elles très allongées dans
les espèces à queue comprimée; d'autres, ayant la
queue déprimée ou conique et arrondie, ont des os
coccygiens applatis ou presque aussi larges que
hauts. Dans les Crotales même, nommés Serpens
à sonnettes, c'est la dernière vertèbre qui a fourni,

pour ainsi dire, le moule sur lequel se sont formés ces étuis de corne retenus entre eux par les étranglemens des apophyses transverses.

Les membres des Reptiles, le plus souvent au nombre de quatre, manquent en entier, comme nous l'avons déja dit, dans les Serpens ainsi que dans quelques Sauriens, et parmi ceux-ci il est des espèces qui, comme les Hystéropes, les Pygopes, sont privées de pattes antérieures ; d'autres, tels que les Chirotes, les Sirènes, n'ont que celles-ci. Enfin, les membres eux-mêmes sont à peine développés, et on les voit pour ainsi dire disparaître, soit en totalité comme dans les Ophisaures et les Orvets, soit dans quelques-unes de leurs parties qui semblent comme avortées, et c'est le cas du Protée anguillard, des Seps et des Chalcides.

Nous parcourrons rapidement la composition des diverses parties de ces membres dans l'épaule, le bras, l'avant-bras et enfin dans le carpe et dans les os qui le suivent et qui composent les doigts.

L'épaule en général chez les Reptiles forme une sorte de demi-ceinture autour du tronc, qu'elle n'embrasse pas en entier du côté de l'échine, dont elle est souvent assez éloignée ainsi que du crâne, différence notable avec les poissons. Cependant dans les Chéloniens, la partie supérieure de l'os qui correspond à l'omoplate est retenue par un ligament à l'intérieur de la carapace, sous la deuxième côte ; chez toutes les espèces qui ont une épaule, les pièces supérieures ou celles qu'on rapporte au scapulum sont unies intimement aux os qui, placés inférieurement, sont les analogues des clavicules. C'est au point de leur jonction que se trouve la cavité glénoïde destinée à recevoir la

I.   3

tête de l'os du bras, à peu près de même que dans les
oiseaux ; et, comme on le conçoit, le tout simule le
même appareil qu'on retrouve dans le bassin, où les
trois pièces de l'os coxal forment aussi une sorte d'anneau qui termine l'abdomen au-dessus des pattes postérieures.

L'os du bras ou l'humérus est unique dans toutes
les espèces de Reptiles qui ont des pattes antérieures ;
proportionnellement aux os de l'avant-bras, l'humérus est plus long dans les Grenouilles, plus court
dans les Chéloniens, et à peu près égal dans les Sauriens. Le mouvement de l'articulation scapulaire est
presque constamment borné à une sorte de ginglyme
avec une légère rotation ; mais c'est plutôt par la disposition des muscles que ce mouvement est déterminé,
que par celle des surfaces qui auraient pu permettre
le mouvement en fronde. Dans les Chéloniens, l'os
du bras est courbé sur son axe, de manière que la
concavité qu'il présente s'accorde avec l'échancrure
qui se trouve entre la carapace et le plastron. Aussi
est-il moins arqué dans les Chélydes et chez les
Chélonées proprement dites, que dans les Tortues
terrestres et les Émydes. Dans les Crocodiles, l'humérus présente une double courbure en sens opposé ;
l'extrémité brachiale est le plus souvent dilatée en
deux sortes d'éminences ou de condyles, l'une interne
et antérieure pour l'articulation du radius, et l'autre
plus en arrière pour recevoir l'os du coude.

Les os de l'avant-bras sont généralement distincts
et séparés ; le radius correspond au bord interne ou
au doigt interne, et le cubitus au bord externe de la
patte antérieure. Dans les Batraciens Anoures cependant ils sont unis dans toute leur longueur, et un

simple sillon, qui règne sur les deux faces opposées, annonce leur présence. L'os du rayon est en général un peu plus long; celui du coude, en apparence plus court, se prolonge en arrière en une espèce d'olécrane. Quelquefois cette apophyse est distincte, et constitue une sorte d'os sesamoïde dans l'épaisseur du tendon des muscles extenseurs, et simule alors, pour le derrière du coude, la rotule qui se trouve au-devant du genou, au bas du fémur. Les Pipas, les Tortues et la plupart des Sauriens sont ainsi conformés.

Le poignet ou les os du carpe et ceux du métacarpe ne pourront nous offrir un grand nombre d'observations générales. Dans les Tortues marines, tous les os de la main et du carpe sont aplatis, et tellement peu mobiles qu'ils simulent ce qui a lieu dans les pattes des Cétacés. Deux genres de Reptiles fossiles assez voisins de celui des Crocodiles, les Ichthyosaures et les Plésiosaures, offrent le même caractère.

Les os qui forment les doigts et principalement les phalanges varient beaucoup par le nombre et la disposition; c'est ce qui a servi à distinguer et à caractériser tantôt les genres, tantôt les espèces : nous aurons par cela même à nous en occuper de nouveau par la suite. En général les doigts sont parallèles, et quoiqu'ils diffèrent en longueur, on les trouve chez quelques-uns à peu près égaux ; à cet égard cependant, les Sauriens Eumérodes ou à pieds bien conformés offrent des doigts inégaux; dans les Caméléons, ils sont disposés en deux paquets ou faisceaux opposés, étant réunis jusqu'aux ongles, et ils forment deux séries qui font l'office de pinces. Les Iguanes, les Basilics et la plupart des Lézards ont les deux doigts externes formés par quatre ou cinq phalanges,

3.

ce qui est un exemple presque unique parmi les animaux à vertèbres ; la forme de la dernière phalange
est subordonnée à celle de la corne qui les recouvre.
C'est une sorte d'étui plat chez les Chélonées, un
sabot réel dans les Tortues à pieds d'éléphant, des
ongles tranchans et courbés dans les Émydes, tout
droits dans les Trionyx ; et dans les Batraciens, qui
sont tous privés d'ongles, la forme de la dernière phalange est en général épatée. Le nombre des doigts
varie et par conséquent celui des phalanges ; il n'y en
a qu'un seul dans les Chalcides, deux dans quelques
Seps, trois dans le Protée anguillard, quatre chez
plusieurs Scinques et quelques Tritons, cinq chez la
plupart des autres espèces.

Nous allons considérer d'une manière aussi générale la disposition des membres postérieurs, en indiquant la forme et la structure du bassin, de la cuisse,
de la jambe et des pattes, toutes ces parties ayant
beaucoup de rapport devant et derrière.

Les os des hanches, qui forment le bassin, et sur lesquels s'articulent les membres postérieurs, diffèrent
essentiellement de ceux de l'épaule, parce qu'ils sont
unis à la colonne vertébrale sur la région de l'os sacrum
ou pelvien. Nous savons déja que tous les Reptiles n'ont
pas cette partie, parce qu'ils sont privés de membres
postérieurs. Ainsi, il n'y en a pas du tout chez la plupart des Ophidiens, quoiqu'on ait trouvé quelques
rudimens des os de la patte postérieure dans les Boas,
les Pythons, les Clóthonies, les Amphisbènes (1), et

_____

(1) Mayer, de Bonn. Annales des Sciences naturelles, tom. VII,
pag. 170, pl. VI, fig. 1 à 13.

même dans la plupart des Sauriens urobènes, comme l'Orvet, l'Ophisaure, les Typhlops, les Chirotes. Mais dans aucun de ces genres, les os des hanches ou coxaux ne se joignent, soit entre eux sous la ligne médiane par des pubis ; soit à la colonne vertébrale, par des os ilions.

Chez toutes les espèces qui ont un bassin bien distinct, les trois pièces de l'os coxal sont unies intimement, et au point de jonction se trouve la cavité articulaire destinée à recevoir la tête de l'os de la cuisse.

Dans les Chéloniens, le cercle osseux qui soutient les membres postérieurs est des plus complets. Dans les Tortues de terre et les Émydes, qui ont le corps un peu gros, l'os des îles est alongé et arrondi dans sa partie moyenne ; il est plus court et aplati dans les Tortues marines, et ressemble davantage à un omoplate. Les pubis et les ischions, situés presque horizontalement en dessous, sont larges et très développés. Dans la plupart des Chéloniens, la hanche est articulée d'une manière mobile sur le sacrum, à peu près comme dans les Grenouilles. Cependant quelques espèces, et en particulier les Chélydes, ont les os des îles soudés intimement, par une surface plate, aux deux portions internes de la carapace, qui, par leur jonction à l'échine, représentent les deux dernières côtes ; et chez ces mêmes espèces, le pubis se trouve joint également par une symphyse à la partie interne et postérieure du plastron ou sternum.

Dans les Sauriens, dont les parties postérieures sont bien constituées, on retrouve le cercle pelvien formé des trois pièces, mais qui paraissent rester séparées pendant toute la vie. Les ilions ne sont pas mobiles sur l'échine. Les os pubis et les ischions se joignent entre eux par une sorte de symphyse longitudinale fibro-cartilagineuse.

Nous avons déjà dit que chez les Ophidiens, qui manquent absolument de pattes, il n'y avait pas de bassin, mais qu'on en avait retrouvé quelques rudi-mens dans les ergots qui sortent sur la marge du cloaque, dans quelques Boas et autres Serpens voisins de ces derniers ; et que les os pelviens se retrouvaient, jusqu'à un certain point, dans quelques petites pièces osseuses cachées sous la peau, et dans l'épais-seur des muscles de plusieurs Sauriens serpentiformes, chez lesquels ces traces presque oblitérées des pattes correspondent soit à la cuisse ou à la jambe, soit même au tarse et aux dernières phalanges des doigts.

Les Batraciens sans queue ont le bassin fort déve-loppé, mais il présente de grandes différences suivant les genres. Ainsi, dans les Grenouilles et les Rai-nettes, les ilions sont allongés, articulés d'une manière mobile sur le sacrum, très rapprochés en bas vers la cavité cotyloïde : de sorte que les deux têtes des fémurs semblent être mises en contact, circonstance qui in-flue beaucoup sur la manière dont l'action des pattes postérieures s'exerce sur le tronc dans le double mou-vement du nager et du saut. Dans le Pipa ou Tédon de Surinam, les os des îles sont excessivement élargis dans le point de leur jonction avec le sacrum, qui lui-même est dilaté, pour s'y unir par une véritable symphyse fort solide.

Chez les Urodèles, le bassin est très petit, surtout dans la région de l'ilion, où il a très peu d'étendue. Il forme, avec les os pubis et ischions, un anneau com-plet, sur les parties latérales duquel s'articulent les têtes des os des cuisses à une distance notable l'une de l'autre, ce en quoi ils diffèrent beaucoup des Batraciens sans queue.

L'os de la cuisse est à peu près dans le même cas que l'humérus, toujours unique; il est reçu sur les os coxaux comme il reçoit ceux de la jambe. Chez les Chéloniens, il est arqué à peu près de la même manière, mais en sens inverse de celui du bras. Dans les Batraciens, il est excessivement allongé et courbé légèrement en S dans les Grenouilles et les Rainettes, un peu plus court dans les Crapauds; il est aplati dans le Pipa. Dans les autres ordres, il n'offre rien de remarquable.

Les os de la jambe, le tibia et le péroné, sont généralement distincts et séparés; cependant, dans les Batraciens sans queue, comme la Grenouille, les Rainettes, le Pipa, ils se soudent tellement entre eux pour former une seule articulation avec le fémur et avec le tarse qu'ils semblent ne faire qu'un seul os très allongé, qu'on a même voulu considérer comme un os surnuméraire, un second fémur. C'est évidemment une erreur que démontre surtout l'insertion des muscles. Une particularité de l'articulation du genou ou tibio-fémorale dans les Reptiles, c'est que les os de la jambe ne peuvent jamais s'étendre sur une même ligne que le fémur, de sorte que les pattes sont toujours disposées en dehors. Par cela même, le poids du corps agit constamment sur elles, et la marche qu'elles produisent est toujours vacillante, oblique ou sinueuse.

Les pattes postérieures, considérées dans leur ensemble, sont généralement plus développées que les antérieures. C'est ce qui est évident pour les Batraciens et chez la plupart des Sauriens et des Chéloniens.

Dans les Tortues terrestres cependant, leur grosseur respective, leur disposition sont à peu près semblables. Dans la plupart des Reptiles, ce sont les orteils qui sont plus longs que les doigts. Dans les Batraciens sans queue, le tarse est tellement prolongé qu'on a voulu considérer ses premiers os comme un péroné ou un tibia. Ces pièces du tarse sont aussi fort nombreuses dans les Chéloniens et chez les Sauriens. Le métatarse se compose ordinairement du même nombre d'os que celui des orteils qu'ils supportent. Dans les Tortues terrestres, ces os sont très courts, et fort longs au contraire dans les Tortues marines. Le nombre des phalanges varie comme la longueur des orteils; par leurs formes elles correspondent à celles de la totalité du doigt, et les dernières sont toujours en rapport avec la disposition et les usages des ongles dans les espèces qui en sont pourvues.

Nous entrerons dans peu de détails sur les moyens actifs que la nature a concédés aux Reptiles pour mouvoir les différentes pièces de leur squelette, dont les articulations diverses, précédemment indiquées, ont déja fait préjuger, pour ainsi dire d'avance, les actions qu'elles pourront permettre, et le sens dans lequel elles s'exerceront. Les particularités que nous aurons à faire connaître se représenteront par la suite, nous ne négligerons pas de les indiquer, elles seront alors en leur lieu et mieux appréciées; quant à présent nous nous bornerons à exposer quelques considérations générales sur la myotilité des animaux de cette classe.

Les muscles des Reptiles ont en général des fibres courtes, peu colorées, et disposées par trousseaux placés entre des cloisons fibreuses, ou adhérens au tissu souvent aponévrotique de la peau. Les mouvemens qu'ils produisent dépendent de leur mode d'insertion ou de terminaison sur les pièces solides du squelette. Les muscles des Reptiles conservent plus long-temps encore leur irritabilité que ceux des poissons. Nous avons vu des Crapauds, des Salamandres, des Tortues, des Serpens privés de la tête et dépouillés de leur peau depuis plusieurs jours, et maintenus humides, produire encore des mouvemens pendant des semaines entières; une Tortue terrestre du poids de près de 40 kilogrammes, morte depuis plusieurs jours, dont le cou était tombé dans cette sorte de flaccidité, suite de la raideur qui survient après la mort, dont les yeux en particulier avaient la cornée desséchée, manifester des mouvemens par la contraction et la rétraction des membres, toutes les fois qu'on stimulait, en les piquant, les muscles des membres postérieurs. On sait d'ailleurs que la queue des Lézards et des Orvets dont les vertèbres se désunissent si facilement au moment où on les saisit, conserve son mouvement pendant un temps plus ou moins long. Swammerdam, dans sa Bible de la nature, nous a laissé des descriptions et des figures qui prouvent qu'il pouvait dès cette époque (1660) démontrer dans les muscles de la Grenouille cette sorte d'effet galvanique qui a donné lieu, comme nous le rappellerons en traitant des nerfs, à tant de découvertes faites ultérieurement sur l'action et les phénomènes de l'électricité voltaïque.

En général dans les Reptiles les muscles de l'échine sont disposés de manière à déterminer des mouvemens latéraux qu'ils impriment aux vertèbres, en les faisant agir les unes sur les autres à droite et à gauche, ce qui produit des courbes sinueuses dont les convexités et les concavités se succèdent tour à tour. C'est ce qu'on peut observer dans les Ophidiens, chez le plus grand nombre des Sauriens, surtout dans la région de leur queue, de même que chez les Batraciens Urodèles. Les Anoures et les Chéloniens diffèrent à cet égard, en ce que chez les premiers les mouvemens de l'échine sont très bornés, et que chez les Tortues les deux régions du cou et de la queue sont seules susceptibles de mouvement dans presque tous les sens, en haut, en bas et latéralement.

Chez la plupart des Reptiles, les éminences ou apophyses qui surmontent les vertèbres ou qui sont placées en dessous et la disposition de leurs facettes articulaires qui s'emboîtent, s'opposent aux mouvemens de la colonne centrale dans le sens de sa hauteur. Chez les Serpens les os de l'échine étant à peu près tous semblables, ou de la même forme dans toute sa longueur, les puissances motrices sont à peu près les mêmes que chez les poissons voisins des Anguilles. C'est sur les apophyses transverses des vertèbres, et sur les côtes qui en sont de véritables prolongemens, que viennent aboutir les faisceaux de fibres contractiles qui paraissent être presque constamment la répétition les uns des autres; de sorte que connaissant les mouvemens de l'une des vertèbres, on peut en déduire ceux de la totalité, et par conséquent concevoir ceux de toute la masse du Serpent.

Cependant il y a dans les ordres de Reptiles de fort grandes différences sous le rapport des muscles de l'échine; les vertèbres des Chéloniens, par exemple, étant soudées entre elles dans la partie moyenne du tronc, leur sternum étant aussi resté en dehors, on conçoit que les muscles destinés ailleurs à mouvoir les os de cette région aient été oblitérés', et que ceux qui agissent sur la tête, sur la queue et même sur les membres aient dû trouver à l'intérieur de la carapace les points solides sur lesquels leurs fibres se contracteront pour mouvoir ces diverses parties. De là sont résultées pour ces muscles d'autres apparences, d'autres situations ; quoique par le fait leur analogie avec ceux qui leur correspondent, et surtout leurs usages soient restés à peu près les mêmes.

Nous croyons devoir encore relater quelques autres particularités. Ainsi chez les Batraciens Anoures comme chez les Grenouilles, ce sont les muscles du bas-ventre, comparativement à ceux de la même région chez les autres Reptiles, qui ont pris le plus de développement : et en ce point ces animaux offrent quelque analogie pour les parois de l'abdomen avec celles des Mammifères. On peut d'ailleurs concevoir d'avance que chez les Chéloniens les muscles abdominaux soient peu étendus et même que ceux des côtes n'existent pas du tout. D'un autre côté, chez ces mêmes Tortues le muscle carré des lombes, qui chez les mammifères paraît principalement mouvoir les vertèbres lombaires qu'il trouve fixes ici, agit en sens inverse en tirant à lui l'os des îles qui est mobile, de même que le muscle droit qui s'étend du pubis au sternum vient au contraire mouvoir toute la hanche dans la plupart des Chéloniens.

Les muscles destinés à mouvoir les différentes portions des membres présentent un trop grand nombre de variétés pour que nous essayons de les faire connaître ici. Il nous suffira de rappeler que ceux des pattes antérieures manquent absolument dans les

Ophidiens; mais que déja on commence à en observer des rudimens, au moins pour l'épaule, dans les
Orvets et les Ophisaures; que les Chéloniens ont leurs
muscles de l'épaule attachés au-dedans de la poitrine,
à l'intérieur de la carapace, ce qui change entièrement les rapports d'insertion, puisque l'origine de
chacun de ces faisceaux musculaires est tout-à-fait différente de celle de leurs analogues dans tous les autres animaux à vertèbres.

Enfin, une des singularités les plus curieuses nous
est offerte par la disposition des muscles de la cuisse
et de la jambe dans les Grenouilles et dans les autres genres de Batraciens sans queue. Là, en effet, la
forme de l'ensemble et de chacun des muscles en particulier présente la plus grande analogie avec ce qu'on
peut observer dans l'homme lui-même. Cette cuisse
est arrondie, allongée, conique; le genou peut s'é-
tendre tout-à-fait dans la direction du fémur, et le
gras de la jambe, bien prononcé, se trouve formé par
le ventre de véritables muscles jumeaux ou gastro-
cnémiens; de plus, le mouvement horizontal que l'animal, plongé dans l'eau, reçoit dans l'axe de son corps
par l'impulsion subite de ses pattes palmées, dans l'action du nager, correspond complétement par son
effet à celui que produit le saut vertical sur la totalité
du corps dans l'espèce humaine.

On peut encore concevoir d'avance que le muscle
peaucier général, qui se retrouve chez la plupart des
Ophidiens et des Sauriens, et qui est surtout remarquable dans les Amphisbènes, dans les Najas et dans
les Caméléons, ne se retrouve plus du tout dans la
partie moyenne du corps des Chéloniens, et qu'il a

été, pour ainsi dire, transporté et mieux développé autour des muscles du cou pour leur fournir une sorte de gaîne.

Par une autre circonstance, ce muscle peaucier manque également dans les Batraciens sans queue, comme les Grenouilles, qui tous ont la peau entièrement séparée de la couche des muscles, qu'elle recouvre comme une sorte de sac mobile, isolé et insensible, et dans les Urodèles, où, par une disposition inverse, les tégumens donnent insertion à presque tous les organes actifs du mouvement.

Mais ce sont surtout les organes et le mode de la déglutition qui, variant dans les différens ordres de la classe des Reptiles, paraissent avoir exigé un développement et une disposition toute particulière des muscles destinés à agir dans ces fonctions. Ainsi, pour avaler et respirer, ces fonctions paraissent exiger, comme nous aurons occasion de le faire connaître par la suite, l'emploi simultané de ces puissances actives ; or, c'est le cas des Batraciens d'une part, et de l'autre celui des Chéloniens, chez lesquels les côtes, par des causes fort différentes, comme leur absence ou leur soudure, ne peuvent pas servir à la partie mécanique de l'acte respiratoire.

En rapportant à chacun des ordres des Reptiles pris en particulier les faits principaux que nous venons d'énoncer dans ce chapitre, sur les mouvemens divers que ces animaux peuvent exercer, nous présenterons le résumé suivant.

Les Chéloniens se meuvent lentement, au moins sur la terre ; leurs pattes sont trop éloignées du centre de gravité de leur corps, et trop distantes pour soulever leur tronc pendant la marche ; souvent ils sont

obligés de chanceler. Ils ne peuvent se redresser
quand ils ont été renversés. Ils ne grimpent pas. A
peine quelques espèces peuvent-elles se creuser des
terriers. Les individus de certains genres sont parfaitement construits pour nager avec facilité au milieu
ou à la surface des eaux.

La partie moyenne de leur échine est le plus ordinairement formée de huit vertèbres soudées avec seize
côtes élargies ; elle constitue une sorte de test nommé
carapace. La partie inférieure, ou le plastron, est
produite par le sternum très élargi et plus grand que
dans aucun autre animal. Les vertèbres du cou et de
la queue sont seules susceptibles de mouvement.

Les membres ont des doigts tantôt réunis très solidement en une palette qui fait l'office de rame ; tantôt
rapprochés au moyen de membranes lâches et exten-
sibles qui leur permettent des mouvemens comme
ceux des pattes des Canards ; tantôt enfin toute la
masse des pieds est restée informe, et semble n'être
qu'ébauchée à l'extérieur, comme ceux de l'éléphant.

La forme du corps des SAURIENS semble être en rapport avec les circonstances et la nature des lieux dans
lesquels ils sont appelés à vivre, et avec leurs différens
modes de progression sur l'eau, sur la terre ou sur les
arbres. Les uns marchent, courent, s'élancent et se
suspendent dans l'air ; d'autres grimpent, s'accrochent ; il en est beaucoup qui, à l'aide de leurs pattes
et souvent de leur queue, peuvent très bien nager, et
quelques-uns qui ne se traînent sur la terre qu'à la
manière des Serpens, et par les sinuosités alter-
natives qu'ils impriment à toute la longueur de leur
corps.

Le tronc, chez la plupart, est lourd et trapu ; c'est

la queue qui lui donne beaucoup d'étendue. Les bras et les cuisses, articulés trop en dehors, ne peuvent supporter tout le poids du corps dans la station, leurs avant-bras et leurs jambes étant trop coudés. Les muscles de leurs membres sont trop faibles, et, en général, les pattes sont trop courtes pour élever assez le tronc, et pour empêcher le ventre de traîner sur la terre.

Leur queue, comprimée ou déprimée, devient un instrument aplati qui indique la nécessité où ils sont de vivre souvent sur le bord des eaux. Quand elle est arrondie et conique, tantôt elle se trouve formée d'anneaux simples, écailleux, disposés par verticilles lisses ou armés d'épines aiguës et solides qui deviennent une arme défensive, ou enfin elle est propre à s'enrouler sur les branches pour y tenir l'animal suspendu et le maintenir ainsi accroché à diverses hauteurs, comme fait le Caméléon.

Les OPHIDIENS rampent, glissent, s'accrochent, se suspendent, gravissent en s'aidant de la totalité de leur corps, sautent, s'élancent, bondissent, nagent et plongent. Cependant, tous ces mouvemens ne peuvent avoir lieu qu'à l'aide de circonvolutions, de sinuosités successives et rapides. Les pièces de leur échine, en beaucoup plus grand nombre que chez les autres animaux, peuvent exécuter les unes sur les autres de très petits mouvemens sur place, mais qui deviennent très évidens à une certaine distance de ce point, et le transport s'opère par la force prodigieuse dont sont doués leurs innombrables muscles.

Aussi le Serpent a-t-il un corps tout en tronc; une tige centrale isolée qui supporte une tête sans col, des côtes en très grand nombre, et une queue dont l'ori-

gine se confond avec le reste du corps. Toutes ses vertèbres ont, pour ainsi dire, la même forme, depuis
l'articulation de la tête jusqu'à la dernière pièce du
coccyx. Elles ont la plus grande solidité osseuse, et
la forme, ainsi que la disposition de leurs éminences
ou apophyses, influe beaucoup sur la nature des
mouvemens produits, et sur ceux qu'elles modifient.

Dans les BATRACIENS, la présence de la queue, chez
l'animal parfait, indique des mouvemens et un mode
de transport absolument différens. Quand elle existe,
elle fait prévoir que l'être qui la porte habitera les lieux
aquatiques, et qu'il sera le plus souvent plongé dans
l'eau.

Les Batraciens sans queue, ou Anoures, marchent,
courent, grimpent, sautent par des procédés divers;
la plupart nagent très bien, le corps étendu horizontalement, et par un mécanisme particulier dans l'articulation, la forme et les mouvemens de leurs pattes postérieures uniquement. Les Urodèles, au contraire, marchent avec peine et nagent facilement à l'aide de leur
queue souvent comprimée, et à la manière des Poissons.

Le squelette des Batraciens semble avoir été con-
struit primitivement sur un même plan, qui aurait été
modifié dans certains cas d'une manière toute spéciale,
ce qui a porté la plus grande influence sur la totalité
du corps et sur ses mouvemens. Aussi le système loco-
moteur, dans les os et dans les muscles, offre les plus
grandes différences. Aucun Batracien n'a de véritables
côtes destinées à l'action mécanique de la respiration.
Les articulations de leurs vertèbres ont la plus grande
analogie avec celles des Poissons. Leur tête s'unit à
l'échine le plus souvent par deux condyles. Leurs
pattes varient par leur nombre, leur situation, et

surtout par la disposition et la structure de leurs doigts.

Telles sont les principales modifications des organes du mouvement dans la classe des Reptiles ; nous allons maintenant poursuivre l'examen de leur organisation, en faisant sommairement connaître les parties de leur structure destinées à les mettre en rapport avec les agens extérieurs, en indiquant les modifications que présente la faculté sensitive, et les instrumens par lesquels la sensibilité s'exerce dans cette classe d'animaux.

CHAPITRE II.

DE LA SENSIBILITÉ CHEZ LES REPTILES.

La faculté qui donne aux animaux les organes nécessaires pour percevoir ou éprouver l'action que les autres corps de la nature peuvent exercer sur eux par leurs qualités est ce qui constitue la SENSIBILITÉ. Cette faculté est complexe : tantôt elle est passive, la perception qu'elle permet se manifeste, à la vérité, chez l'individu par des sensations internes, mais dont la cause ou le mobile est en dehors ; tantôt la sensibilité est active, elle est le produit d'une puissance intérieure qui dirige et gouverne l'action, la fait se répéter, et la met en rapport avec tous les autres organes : c'est ce que l'on nomme l'innervation.

Comme nous éprouvons nous-mêmes des sensations, nous nous en rendons parfaitement raison et nous expliquons, du moins jusqu'à un certain point, les actions

I. 4

physiques qui se passent en nous, lorsque les perceptions viennent de l'extérieur. Il n'en est plus de même
lorsque nous voulons concevoir la cause de la voli-
tion, ou de l'acte par lequel le pouvoir de la volonté se
détermine et se transmet avec une rapidité extrême à
toutes les parties qui paraissent sous la dépendance du
cerveau et des nerfs qui en sont le prolongement; jusqu'ici cette opération physiologique est restée un mys-
tère difficile à comprendre.

C'est parce que les animaux sont sensibles, c'est
parce qu'ils ont la conscience de leur existence, et
qu'ils éprouvent le besoin de la conserver, qu'ils res-
sentent tantôt le bien-être et le plaisir, tantôt le mal-
aise et la douleur. Tels sont en effet les deux grands
mobiles qui les portent à chercher et à se procurer
toutes leurs aises, comme à éviter ou à fuir le danger
et la souffrance pour se conserver dans l'intégrité de
leur manière de vivre.

Les appareils, ou les organes appelés spécialement à
recevoir par l'intérieur des impressions qu'on appelle
sensations, ont été accordés à chaque être animé et
vivant. C'est par leur entremise qu'il peut apprécier,
comme dans une sorte d'éprouvette, chacune des qualités d'un corps par le contact le plus intime. Il s'o-
père dans ce cas sur la pulpe nerveuse, déployée dans
l'organe spécialement affecté à cet emploi, une sorte
d'application immédiate de la substance même de l'objet ou des émanations de la matière modifiée qui devient
comme une image ou représentation qui en reproduit l'idée. Cette perception a lieu, quelle que soit la
forme que les molécules des corps puissent affecter;
des sens différens sont appropriés, par leur disposition mécanique, physique ou chimique, à leur nature

diverse, et à leur consistance quand ils sont solides,
liquides, ou même fluides élastiques et impondérés.

Les instrumens, admirablement construits pour
rendre les perceptions possibles, sont par cela même
appelés organes des sens. Chacun d'eux, avec une disposition, une structure qui a dû varier suivant la nature
et les diverses qualités appréciables des corps, est
pourvu d'une partie sentante. Celle-ci est toujours un
prolongement de la moelle nerveuse, c'est un cordon
de filamens blanchâtres réunis, qu'on nomme un *nerf*;
il contient évidemment la matière pulpeuse, prolongement des rayons médullaires qui, provenant du
centre commun, semblent destinés à aboutir dans
cet organe, afin qu'il puisse communiquer en quelque
manière à l'extérieur, ou avec la superficie du corps
de l'animal.

Cette même moelle nerveuse produit ou reçoit encore d'autres nerfs qui constituent un système général
de filamens qui sont en apparence éparpillés, entre mêlés, entre-croisés, mais qui ont tous cependant leur
destination prévue et disposée d'avance. Chacune des
parties du corps de l'animal vivant est ainsi régie par un
centre unique, et mise avec lui en rapport réciproque par une sorte de consentement mutuel. Il y a là
une action centrifuge et une réaction centripète. Il en
résulte que tous les organes qui entrent dans la structure d'un même animal, forment un tout individuel,
percevant dans toutes ses parties des sensations souvent
diverses; mais qui correspondent entre elles, et qui
aboutissent à un point commun, central et unique.

En outre il est un second système nerveux, lié constamment au premier chez les animaux qui jouissent

4.

d'un plus grand nombre de facultés ou qui sont d'un ordre plus élévé dans l'échelle des êtres. Il réside également dans la présence de filamens blancs, mais dont la structure paraît fort différente. Ce sont des nerfs cependant par lesquels la sensibilité se transmet. Ils forment un ensemble de filets, de réseaux continus, correspondans, dans presque toute la longueur du tronc et à l'intérieur, à deux cordons latéraux symétriques qui s'unissent entre eux et avec la plupart des autres nerfs de la moelle épinière et de l'encéphale, en éprouvant une sorte de renflement dans chacun de leurs points d'union. En raison de cette disposition, cet appareil nerveux particulier a reçu le nom de système ganglionnaire, et comme on lui a principalement attribué la faculté de mettre en rapport d'actions et de sensations tous les organes, on l'a désigné encore sous le nom de nerf grand sympathique.

C'est donc par l'intermédiaire des nerfs que les sensations sont perçues, et que les ordres de la volonté sont transmis aux organes. Mais ces actions ne paraissent pas s'exécuter dans les filets nerveux mêmes ni dans leur terminaison pulpeuse, ils ne sont que les instrumens de transmission. C'est ce qui est manifeste en particulier pour les cinq sens, dont chacun admet et permet localement une action diverse et distincte, mais qui réellement ne fait que transmettre la sensation, et dans le cas seulement où l'organe, disposé pour la recueillir, communique librement avec le centre commun. Il en est de même des muscles qui reçoivent par les nerfs l'ordre et la faculté de se contracter ou de se relâcher. Dans ces deux cas ce ne sont pas les nerfs eux-mêmes dans leur terminaison ou

dans leur substance qui sentent ; de même que le mouvement du muscle n'est pas produit par la matière
même du nerf.

Après avoir rappelé ces idées générales sur la sensibilité et sur les organes par lesquels cette faculté s'exerce
et se produit, nous allons indiquer les principales modifications que présentent à cet égard les animaux de
la classe des Reptiles. Organisés sur le modèle des
Mammifères et des Oiseaux, ils ont leur système nerveux double et complet. D'une part, un appareil général sensitif, composé 1° de l'encéphale qui comprend
le cerveau, le cervelet et la moelle allongée ; 2° de la
moelle épinière ou vertébrale ; 3° enfin de tous les
nerfs qui proviennent de ces diverses régions, et qui
vont se rendre aux organes des sens et à toutes les autres parties du corps de l'individu. D'autre part, les
Reptiles ont aussi un système nerveux ganglionnaire
ou un double nerf grand sympathique.

C'est dans l'ordre suivant que nous allons exposer la disposition et les principales variétés du système
nerveux dans les Reptiles. Nous ferons d'abord connaître d'une manière générale les enveloppes solides
et membraneuses : le crâne, le canal vertébral et les
méninges ; puis l'encéphale, la moelle épinière, les
nerfs ; enfin le système ganglionnaire. Cependant nous
traiterons à part, dans des articles spéciaux et avec beaucoup plus de détails, de chacun des organes des sens.

On retrouve dans le crâne des Reptiles à peu près
les mêmes os et à la même place que chez les Mammifères. Ils forment une cavité solide et protectrice de
l'encéphale, et ils semblent s'être moulés à l'intérieur
sur cet organe, dont ils ont reçu l'empreinte. Mais en
dehors, ils ont des formes et des prolongemens tout-

à-fait variables : ce qui tient à la conformation de la tête en général, et surtout à celle de la face que le crâne doit supporter.

C'est surtout chez les Crocodiles que les os de la tête sont faciles à distinguer les uns des autres, parce que les parties qui, chez les jeunes animaux, étaient seulement séparées dans le premier âge, restent apparentes pendant toute la vie, en laissant voir les sutures qui les réunissent les unes aux autres. Cependant, malgré ce grand nombre de pièces, les anatomistes, et en particulier M. Cuvier, les rapportent à sept os principaux, savoir : le frontal, le pariétal, l'occipital, le temporal, le sphénoïde et l'ethmoïde ; mais la plupart de ces pièces osseuses sont formées de parties séparées ou subdivisées, et quelques unes considérablement diminuées dans leurs proportions relatives.

Le frontal occupe la partie antérieure du crâne. Il est le plus souvent composé de cinq parties. Une impaire moyenne ou centrale dans le Crocodile, mais quelquefois double aussi dans les autres genres. Celle-ci est creusée pour loger la partie supérieure et antérieure du cerveau ; mais elle s'articule en avant avec deux os distincts qu'on a regardés comme les analogues des deux apophyses orbitaires internes, et il y a de plus, en arrière et en dehors, deux autres pièces osseuses formant le bord postérieur du cadre orbitaire. Ce sont les os post-orbitaires ou apophyses orbitaires externes.

Le pariétal, dans les Crocodiles, est seul et impair. C'est à son peu de développement dans ce reptile et dans quelques autres, qu'on peut attribuer en général l'étroitesse du crâne. Cependant, dans quelques Chéloniens, les deux parties du pariétal sont très développées. Ce sont deux grands os situés sur le sommet de la tête, entre le frontal et l'occipital, et qui, par leur face externe, donnent attache sur les côtés au muscle crotaphite ou temporal.

L'os occipital, dont le nom indique la position, forme la partie la plus postérieure de la tête, celle par laquelle s'opère son articulation avec l'échine. Par sa face interne, cet os loge et protège la partie postérieure de l'encéphale et donne attache aux muscles. Il est formé, comme chez les jeunes Mammifères, de quatre pièces qui restent ici distinctes : deux médianes et deux latérales.

Le sphénoïde, placé au-dessous, entre le frontal et l'occipital, occupe la ligne moyenne de la base du crâne sous le cerveau ; il reçoit la glande pituitaire, et c'est par les trous dont il est percé que sortent les paires de nerfs analogues à ceux auxquels ce même os livre passage chez les Mammifères. Mais ses quatre ailes ont pris beaucoup plus de développement que le corps même de l'os. Elles sont regardées par quelques auteurs comme des os particuliers. Les deux antérieures correspondent à la fois aux apophyses frontales et temporales ; elles font partie de l'orbite. Les deux postérieures ou ptérygoïdiennes sont surtout très développées chez les Crocodiles, où elles forment, en s'unissant l'une à l'autre en haut et en bas, une sorte de conduit qui termine celui des narines postérieures. Il y a de plus, de l'un et de l'autre côté du crâne, en dessous et en avant de ces grandes apophyses ptérygoïdiennes, un os destiné à joindre la face au crâne. Il occupe l'espace compris entre l'os mandibulaire en arrière, le frontal postérieur en dedans, et l'os malaire ou jugal en dehors. Nous n'en parlons ici que parce que M. Cuvier l'a regardé comme un os du crâne, car il n'en fait réellement pas partie. C'est un os propre aux Reptiles, qui ne se retrouve pas dans les autres animaux. Il se montre ici constamment, mais sous des formes très variées. Nous croyons qu'il correspond plutôt à la portion zygomatique de l'os des tempes, qu'aux annexes du sphénoïde.

Les temporaux sont tous les deux composés de quatre pièces : une caisse, un rocher, une portion mastoïdienne et une partie temporale ou zygomatique.

La caisse porte le cadre de la membrane du tympan; elle reçoit l'osselet de l'ouïe; elle admet le conduit guttural de l'oreille, et de plus, elle sert à l'articulation de la mâchoire inférieure; elle porte une sorte de condyle destiné à cet usage, et représente, sous ce rapport, jusqu'à un certain point, l'os carré des Oiseaux; elle tient lieu de la branche montante de la mâchoire. On a nommé cette portion du temporal l'*os tympanique*.

Le rocher enveloppe tout l'organe membraneux de l'oreille; il est souvent caché dans le crâne; il correspond tout-à-fait à la portion pierreuse du temporal chez les Mammifères.

La portion mastoïdienne est unie le plus souvent au rocher, qu'elle enveloppe et recouvre. Elle est creusée de cellules à l'intérieur, et l'air y pénètre.

La partie correspondante à l'apophyse zygomatique de l'os temporal est peut-être cet os intermédiaire à l'apophyse ptérygoïdienne postérieure qui unit le crâne à la face, et dont nous avons parlé plus haut à l'article du sphénoïde.

En général, l'os ethmoïde est cartilagineux dans sa

portion médiane interne ou crânienne ; cette portion
est enchâssée dans l'échancrure que laissent entre eux
les frontaux et les os moyens du sphénoïde. Les portions plus osseuses de l'ethmoïde font partie des os de
la face, t sont placées dans les fosses nasales, quand
celles-ci ont quelque étendue.

Nous indiquerons les autres variations principales
des os du crâne, quand nous aurons occasion de faire
l'histoire des Reptiles des différens ordres, et même
celle de certains genres, lorsque ceux-ci offriront
quelques particularités importantes, soit dans les modifications des os eux-mêmes, soit dans les organes
qu'ils concourront à former ou à faire changer de situation et de volume. Il suffira de rappeler ici que le
crâne des Reptiles, comparé à celui des Poissons, est
composé d'un moindre nombre d'os ; nous dirons en outre que, relativement à ce qu'on observe dans les Mammifères et dans les Oiseaux, il est proportionnellement
moins volumineux que la face : ce qui paraît dépendre
du mode de la préhension des alimens. Comme chez
les animaux des deux premières classes, la cavité interne du crâne est moulée à peu près sur la superficie
de l'encéphale, excepté chez les derniers Batraciens,
qui se rapprochent à cet égard des Poissons, surtout
quand ils ne quittent pas l'eau et qu'ils n'ont pas de
grands chocs à soutenir : de sorte que du plâtre ou
de la cire qui se seraient solidifiés ou qu'on pourrait
faire durcir dans l'intérieur du crâne, représenteraient
à peu près la forme générale du cerveau, comme on
l'a vu dans quelques cas de pétrifications.

C'est dans les Chéloniens que la hauteur verticale
de la capacité du crâne est la plus considérable ; mais
dans les Tortues marines, la masse de l'encéphale ne

la remplit pas tout entière, et les os extrêmement voûtés sont plutôt destinés à servir, d'une part, de points solides de résistance au bec supérieur ; et de l'autre, à l'action violente des muscles qui agissent sur la mâchoire inférieure.

Dans les Ophidiens, le crâne est très petit, allongé et fort étroit ; les os en sont très solides. Dans aucun le diploé ou le tissu osseux placé entre les deux lames n'offre un grand développement, car il n'est pas en communication avec l'air qui pénètre par les narines, et il y a très peu de cellules mastoïdiennes pour augmenter la capacité de l'organe de l'ouïe. Les Amphisbènes, les Éryx, les Rouleaux, les Typhlops, dont les mandibules sont solides et quelquefois absolument immobiles, ont le crâne bien plus large que les espèces dont les mâchoires sont dilatables et susceptibles de se porter en avant, surtout quand il y a des crochets ou dents à venin.

Dans les Sauriens il y a presque autant de variétés pour le crâne que de formes diverses dans la totalité de la tête. Les Crocodiles, les Caméléons, les Iguanes, les Scinques, les Orvets ont le crâne de forme extérieure très différente, et cependant quand on l'étudie comparativement on voit que ce sont les mêmes os dont les dimensions ont été modifiées.

Enfin dans les Batraciens le crâne est très aplati, et quoique sa cavité cérébrale soit très petite, elle n'est pas encore remplie par l'encéphale. En général elle est plus étroite et plus allongée dans les espèces qui conservent la queue que chez les Anoures.

Chez tous les Reptiles le canal formé par les vertèbres commence à la partie la plus postérieure de la tête, le plus souvent au-dessus du condyle unique formé par la portion basilaire de l'os occipital. Les seuls Batraciens offrent une exception, en ce qu'ils ont, comme les Raies, les Squales et les Mammifères, deux condyles distincts placés sur les côtés du trou vertébral. Ce canal, à la formation duquel concourent toutes les vertèbres, varie autant en longueur, comme il est facile de le concevoir, que diffère le nombre des vertèbres. La cavité intérieure paraît de même calibre dans toute son étendue chez les Serpens, qui n'ont pas de membres ; il en est de même chez les têtards des Grenouilles et des Salamandres, qui offrent au contraire des différences à cet égard quand ces membres se sont développés. Les Hystéropes et les Chirotes parmi les Sauriens ayant les uns des pattes postérieures seulement, et les autres des membres antérieurs uniquement, présentent dans la cavité vertébrale des dilatations correspondantes à celles qu'éprouve dans ces régions la moelle épinière, au moment où elle fournit les nerfs destinés à porter la vie et la sensibilité dans les membres.

Les enveloppes membraneuses de l'encéphale dans les Mammifères et les Oiseaux, sont, comme on sait, une méninge fibreuse, véritable périoste interne, appliquée exactement sur toute la concavité des os du crâne. Ici en particulier cette membrane, analogue à la dure-mère, n'offre aucun de ces replis libres, qui séparent dans la longueur les lobes du cerveau entre eux, ni cette lame transversale qui s'insinue, sous le nom de tente, entre cette portion de l'encéphale et le cervelet. Il est probable qu'il existe une membrane séreuse, mais elle est tellement unie d'une part à la face concave de la membrane fibreuse, et de l'autre à la convexité de la lame vasculaire appelée la pie-mère, qu'on ne peut l'en distinguer! soit parce qu'il n'y a pas de scissures ni de sillons formés par les circonvolutions, comme cela a lieu dans les Mammifères et les Oiseaux ; soit parce qu'il n'existe pas de tissu adipeux comme dans les Poissons. Cependant cette matière huileuse et mucilagineuse se retrouve en petite quantité autour de la masse encéphalique dans les Chéloniens aquatiques et chez les Batraciens, surtout dans les Urodèles.

Le canal vertébral des Reptiles est aussi garni à l'intérieur d'un tube fibreux analogue à la dure-mère, dont il est le prolongement. Collé sur les os, il forme un étui aponévrotique maintenu à une certaine distance de la moelle épinière, parce que celle-ci ne le remplit pas complétement. Cependant elle n'est pas libre et flottante, car elle est retenue à droite et à gauche par les nerfs intervertébraux qui sortent du canal par chacun des trous de conjugaison que laissent entre eux les corps de toutes les vertèbres. Chez les têtards de Batraciens le canal vertébral, qui existait dans toute la longueur de l'échine quand ils avaient une queue, diminue peu à peu de longueur, quand la moelle épinière se contracte, et l'os coccyx allongé n'en garde plus de vestige.

En général la partie médullaire du système nerveux qui est contenue dans la cavité du crâne des Reptiles est peu développée (1). Chez la plupart, la masse de la moelle épinière, comparée à celle que renferme le crâne, est beaucoup plus volumineuse. C'est

---

(1) Dans une Tortue de mer, du poids de 29 livres, la totalité de l'encéphale ne pesait que 2 gros ; c'est-à-dire que la masse du cerveau correspondait à la 1856e partie du poids total de l'animal.

surtout ce qu'il est impossible de ne pas remarquer dans les Serpens. Nous avons déja dit que la surface du cerveau n'offre pas de sinuosités, qu'elle est à peu près lisse et sans circonvolutions. Les lobes en sont distincts, disposés par paires et quelquefois réunis, placés à la suite les uns des autres sans se recouvrir. Quoique la masse de l'encéphale soit plus allongée dans les Serpens, plus ramassée dans les Tortues, toutes les portions se correspondent.

On remarque que les lobes antérieurs ou cérébraux sont plus développés que les autres ; cependant il y a quelques différences à cet égard entre les diverses espèces de Reptiles. Chez ceux qui ont les nerfs destinés à l'odoration fort allongés et comme pédiculés, les lobes antérieurs sont un peu plus grêles, et c'est le cas des Lézards et des Serpens. Les lobes optiques viennent immédiatement après, ils sont également d'un volume proportionnel à celui des nerfs qu'ils reçoivent ou produisent. Généralement ils sont petits, parce que l'œil est de petite dimension. C'est surtout chez les Serpens qu'ils ont le moins de volume, l'entrecroisement des nerfs optiques a lieu chez ces animaux avant leur sortie du crâne ; tantôt il y a une fusion réelle des deux nerfs, comme dans la plupart des Lézards et des Tortues ; tantôt, comme dans les Grenouilles et les Serpens, les nerfs passent au-dessus l'un de l'autre en se croisant, celui de droite passant sur celui de gauche. Dans les Cécilies et les Protées, qui ont un œil rudimentaire caché sous la peau, on trouve aussi un filet nerveux atrophié qui correspond au nerf optique. C'est derrière la jonction ou le croisement des nerfs optiques qu'on voit s'insérer, sur les pédoncules du cerveau, les nerfs de la troisième paire destinés aux muscles du globe de l'œil. Les autres paires de nerfs, quant à leur origine, sont à peu près semblables à ceux des Mammifères et des Oiseaux. Comme les organes des sens sont peu développés, les branches du nerf de la cinquième paire ont de très petites dimensions.

Le cervelet des Reptiles est très petit, à peine distinct ; cette sorte d'atrophie est d'autant plus marquée que les lobes cérébraux sont plus développés. La couleur ou l'apparence extérieure est généralement plus grise ou plus rouge dans l'état frais, que celle des lobes du cerveau.

Une remarque importante qui peut être faite sur les animaux de cette classe, c'est que, relativement au volume de l'encéphale, les nerfs qui en proviennent sont assez gros ; mais comparés à ceux qui sont produits par la moelle vertébrale, ils sont infiniment moins développés. C'est peut-être en raison de cette cause que les Reptiles en général manifestent beaucoup d'irritabilité et semblent éprouver peu de sensations ; de sorte que l'influence nerveuse est chez eux plus marquée sur les organes du mouvement et de la nutrition, que sur la sensibilité générale , et que l'engourdissement et la torpeur des muscles semble avoir agi davantage encore sur la vie de rapports ou plutôt paraît en provenir.

Les nerfs qui sortent du cerveau et de la moelle épinière n'offrent rien de bien particulier, au moins quant à leur structure, qui est à peu près la même que celle qu'on a observée dans les autres animaux vertébrés ; ils ont beaucoup de consistance, et relativement aux dimensions des parties dans lesquelles ils se terminent, ils sont fort gros. Ils indiquent assez, par leur plus ou moins de développement , l'énergie ou la faiblesse des organes auxquels ils aboutissent. Pour ce qui concerne leur distribution, nous aurons occasion de faire connaître quelques unes de leurs particularités, en décrivant les organes des sens et ceux des diverses fonctions auxquels ils portent les ordres de la volonté et les élémens de leur manière d'agir. Quelquefois leur névrilème est coloré par des points noirs ou rougeâtres, et même par une couche métallique argentée.

Le grand sympathique ou la série des nerfs ganglionnaires, que l'on désigne sous le nom de grand intercostal, existe bien certainement dans tous les Reptiles. On voit, d'après les bonnes figures que Bojanus a données de ce nerf à la planche 23 de son ouvrage sur l'anatomie de l'Émyde d'Europe, que le système ganglionnaire se comporte à peu près comme dans tous les autres animaux vertébrés ; qu'il établit d'une part des rapports sympathiques avec les nerfs encéphaliques et vertébraux, et de l'autre qu'il fait communiquer entre elles les deux parties latérales et symétriques du corps, en même temps que ses filets se distribuent et s'entremêlent en plexus nombreux autour des principales artères destinées à la nutrition des viscères intérieurs. On a retrouvé ce grand sympathique, et on l'a décrit dans les Serpens, dans les Lézards, et surtout dans le Caméléon.

Des organes des sens chez les Reptiles.

Nous avons déja dit plus haut, en traitant de la sensibilité en général, que c'était par l'entremise de certains organes, admirablement construits pour recevoir des impressions spéciales, que l'existence des corps extérieurs se manifestait et se faisait apprécier par les animaux. Ceux-ci en ont la conscience par une perception qui est le résultat d'une sorte de contact plus ou moins intime et direct de l'objet même, ou médiatement de ses qualités diversement modifiées, sur les extrémités variables de quelques uns de leurs nerfs en particulier. L'objet lui-même, quoique souvent immobile, semble être transporté dans l'espace par son image, sa représentation, ou par quelques unes de ses émanations, pour venir s'appliquer ainsi sur des surfaces nerveuses établies dans ce but au centre des instrumens confectionnés de la manière la plus parfaite, pour en recueillir jusqu'aux moindres effets.

Nous ne connaissons dans les animaux que cinq appareils principaux, à l'aide desquels ils peuvent apprécier la nature des autres corps, et avoir ainsi la connaissance de leur présence plus ou moins rapprochée de leur être; en un mot, de la réalité des objets dont l'existence est perçue. Encore nous autres, créatures pensantes, nous ne pouvons concevoir le mode de cette sensation que parce que nous l'éprouvons, que nous avons les mêmes organes, et que par là nous pouvons en juger par comparaison ou par analogie.

Les organes des sens sont évidemment accordés aux animaux pour qu'ils puissent rapidement, et même à distance, être instruits de toutes les circonstances qui peuvent être utiles ou nuire à leur existence dans leur vie animale et végétative, en déterminant leurs mouvemens pour tout ce qui tient à la nutrition et à la reproduction. C'est par les sens en outre que la volonté et le non vouloir sont déterminés chez l'animal, et que toutes ses actions se trouvent ainsi produites. C'est par les sens que les alimens sont dénoncés, découverts, poursuivis, appréhendés et explorés dans leur nature intime ; que les rapprochemens s'opèrent entre les individus, et que les éloignemens sont déterminés par la crainte du danger. Quelles que soient la solidité des corps, leur mobilité et la nature même impondérable de certains agens, l'animal est si bien organisé, qu'à l'aide des sens dont il est pourvu, il en conçoit, comme malgré lui, des idées exactes, en éprouvant des sensations qui lui indiquent leur présence plus ou moins éloignée.

Ces sens sont le toucher qui résulte du contact réel et matériel des objets, plus ou moins solides, appliqués à la surface du corps animé ; le goût qui perçoit les saveurs des liquides ou des substances qui peuvent être liquéfiées ; l'odorat qui recueille les émanations vaporeuses ou gazeuses, quand elles s'échappent ou proviennent de certaines matières ; l'ouïe destinée à apprécier les vibrations de tous les corps qui sont en mouvement, qui tendent à se mouvoir, ou dont les molécules ébranlées semblent résister au déplacement, en le communiquant aux corps environnans ; et enfin la vue qui admet dans des instrumens d'optique et perçoit tous les phénomènes dus à la présence de la lumière, et les modifications que ce fluide éprouve à la surface des objets placés à distance ou dans l'intérieur des corps qu'elle traverse. Dans ces trois dernières circonstances, le corps perceptible est placé hors du contact de l'attouchement possible ; quoique matériellement en place, ses qualités, ou les modifications qu'elles éprouvent par les divers agens de la nature, se transportent dans l'espace, traversent les milieux pour se présenter d'elles-mêmes et s'appliquer, s'étendre

REPTILES, I. 5

sur un nerf qui est là comme une sorte de sentinelle toujours au guet et en observation.

C'est dans l'ordre précédemment énoncé que nous allons examiner chez les Reptiles les principales modifications que ces organes ont pu éprouver.

Organes du Toucher chez les Reptiles.

Le toucher, est, comme nous venons de le dire, le sens qui donne à l'animal la faculté de percevoir, de sentir le contact, l'attouchement d'un objet, d'une matière, enfin de toute substance dont l'application, ainsi éprouvée ou appréciée, devient un caractère de la nature des corps. Quoique le plus grossier de tous les sens, il est le plus nécessaire; car il corrige les erreurs de tous les autres; aussi est-il le dernier à s'oblitérer, ou plutôt on ne conçoit pas l'existence d'un animal qui en serait absolument privé, et il existe dans toutes les parties sentantes de l'être animé.

On est obligé de reconnaître deux sortes de sensations dans le toucher; tantôt, en effet, si le corps tangible est poussé, ou vient s'appliquer de lui-même sur quelque point de la surface de l'être animé, c'est une sorte de *taction* passive. Cette action semble s'exercer avec plus ou moins d'énergie sur toutes les parties de la superficie de l'animal : elle est universelle. Tantôt c'est l'être vivant qui se met activement et successivement en rapport de contact avec les différens points de l'étendue d'un corps, pour explorer quelques unes des qualités, telles que le volume, la figure, la consistance, le poids, le repos, le mouvement, la chaleur ou le froid relatifs, de même que la sécheresse ou l'humidité, surtout la distance réelle, les limites, enfin toutes les qualités dites tactiles. Aussi cette dernière faculté active a-t-elle été appelée le *tact.* Elle est d'autant plus parfaite, que l'animal peut, en même temps, mettre certaines parties mobiles de son corps en rapport avec des points différens d'un objet dont il veut connaître la nature.

Cette distinction, nécessaire à établir entre le toucher passif et le tact, nous permet de considérer les Reptiles sous ce double rapport ; premièrement en indiquant la nature des tégumens qui terminent tous les points de leur superficie, et ensuite en considérant les diverses parties mobiles que l'animal peut appliquer activement à la surface des corps, comme les doigts, les divers appendices tels que la trompe ou la queue, quand cette extrémité du tronc peut, ainsi qu'on l'observe chez les Caméléons et chez plusieurs Boas, s'enrouler autour de quelque partie.

En général dans les animaux à vertèbres, le corps est recouvert d'une peau dans la structure de laquelle on distingue plusieurs couches : 1° un derme ou cuir, membrane solide, fibreuse, le plus souvent appliquée sur les muscles ou sur les os ; 2° une couche de matière muqueuse souvent colorée, retenue dans les interstices d'une membrane vasculaire et papillaire, c'est-à-dire composée de vaisseaux et d'un lacis formé par les extrémités des nerfs cutanés ; 3° enfin un épiderme ou couche tout-à-fait superficielle, le plus souvent protégée par des lames, des plaques, des tubercules cornés et même osseux, quelquefois en forme d'écailles, mais jamais par de véritables poils.

Ces couches de la peau varient dans les diverses espèces de Reptiles.

5.

Quant au derme, il est remarquable que chez la plupart des Chéloniens il n'existe pas sur certaines parties du corps, ou qu'il est réduit à une lame fibreuse excessivement mince, appliquée comme un simple périoste sur les os de la tête et sur les parties externes des vertèbres du dos, des côtes et du sternum. Les Tortues molles, telles que les Trionyx et les Sphargis, diffèrent seules à cet égard, comme nous le dirons bientôt. Cependant le cou, les pattes, et le plus souvent une grande partie de la queue, sont revêtus d'un véritable derme flexible. Chez la plupart des Sauriens et des Ophidiens le derme est encore exactement collé sur les os externes de la tête ; mais partout ailleurs il est flexible et presque toujours adhérent aux muscles. Les Batraciens sans queue, tels que les Grenouilles, les Rainettes, les Crapauds, forment seuls une exception à cet égard, leur peau constituant une sorte de sac dans lequel le corps est libre, l'adhérence ne se trouvant qu'aux bouts des doigts, aux aines et aux mâchoires.

Le corps muqueux est très variable pour les couleurs dans les Reptiles ; en étudiant les espèces, on peut y retrouver disséminées toutes les nuances que forme le prisme qui décompose la lumière ; ces couleurs sont plus ou moins foncées et se joignent au noir, au blanc et quelquefois à l'éclat métallique, moins brillant, à la vérité, que chez certains Poissons ; mais cependant fort éclatantes dans quelques genres de Serpens et de Lézards. Ces couleurs au reste varient dans les divers individus, suivant l'âge, le sexe et les époques de la vie. Quelques uns, comme les Marbrés et les Caméléons, semblent pouvoir à volonté en changer les nuances, les teintes et la disposition. D'autres qui, comme les Protées, quelques Amphisbènes, sont appelés à vivre dans l'obscurité, présentent cette sorte d'étiolement qui résulte de la privation de la lumière, comme on l'observe dans les plantes, les larves d'insectes et les vers intestinaux.

L'épiderme, ou la couche la plus superficielle, est le plus souvent corné. Il est surtout remarquable par sa nature dans quelques espèces de Tortues de mer qui fournissent l'écaille pour les arts. Les lames de corne et quelquefois de matière osseuse sont tantôt placées en recouvrement les unes sur les autres comme les écailles de poisson, et elles sont quelquefois disposées en quinconce comme dans les Orvets, les Scinques, les Typhlops, ou placées régulièrement les unes à côté des autres, de manière à former des anneaux ou des verticilles comme dans les Ophisaures et les Chalcides. Dans les Tupinambis ce sont de petits tubercules granulés, distribués de la manière la plus régulière sur la surface de la peau; au centre on voit une sorte de plaque bombée, ovalaire, enchâssée dans un cercle de petits grains, à la manière des pierres dans les mosaïques. D'autres Sauriens, comme dans les Dragonnes et les Crocodiles, portent des écussons sur le dos, des boucliers cornés ou osseux à carène ou arête saillante, ciselés, imprimés à la surface de scissures, d'excavations régulières. Quelquefois ces écussons osseux, munis d'épines, se trouvent réunis en verticilles sur la queue, comme dans les Cordyles, ou sur les cuisses ou sur la nuque. Dans d'autres cas elles forment des lames verticales minces, placées le long du cou, du dos et même de la queue, pour produire une sorte de crinière chez les Iguanes, les Lophyres. Dans les Lézards, de grandes écailles arrondies sont disposées sous le cou comme des perles ou de pe-

tites granulations pour former un collier. Dans les
Iguanes, de grandes plaques arrondies s'observent
sur les tempes. Ces formes que prend l'épiderme
corné varient à l'infini ; dans les Serpens il est dissé-
miné par petits tubercules de figure variable sur
l'étendue du corps, de manière cependant que le
derme puisse se prêter à de grandes extensions ; généralement sous le ventre des Serpens il est distribué par
lames larges, entuilées, qui peuvent se relever et s'accrocher sur le plan pour aider à la reptation. D'autres
plaques carrées analogues, mais rangées parallèlement par verticilles, garnissent le dessous de l'abdomen
des Crocodiles, des Sauvegardes et des Lézards proprement dits.

La forme particulière et très variable des plaques
qui sont appliquées sur diverses parties du corps dans
les trois premiers ordres de Reptiles, a permis de
désigner ces paires de lames sous des noms particuliers qui servent, comme nous le verrons par la
suite, à la détermination des genres et des espèces.
Généralement les tubercules de la peau ont été indiqués par les naturalistes comme caractères; c'est ainsi
que la peau chagrinée des Caméléons, l'apparence ver-
ruqueuse de celle des Crapauds, des Geckos, des
Agames, et surtout les plaques carrées, molles et
verticillées des Amphisbènes et des Chirotes, deviennent des notes très importantes pour aider à la classification. C'est dans le même but qu'on a remarqué les
étuis cornés ou épidermiques qui recouvrent les appendices pédiformes qui sortent du cloaque des Boas,
les cornes surcilières de la Vipère Céraste, la saillie
nasale et cornée d'une espèce d'Iguane.

Cet épiderme se renouvelle plusieurs fois dans l'année, le plus souvent en totalité et en une seule pièce : c'est une sorte d'exfoliation des lames cornées. À chaque mue les couleurs, qui semblaient avoir été ternies par cet étui, paraissent en ce moment plus vives et plus brillantes. Cette succession dans le changement d'épiderme reste, pour ainsi dire, inscrite chez les Serpens à sonnettes ou du genre Crotale, par le nombre de petits étuis de corne qui recouvraient la dernière vertèbre de la queue, et qui sont restés engaînés à la suite les uns des autres.

Cette exfoliation de la surpeau est très remarquable chez les Reptiles ; elle avait été d'abord observée dans les Serpens, et on avait cru qu'elle n'avait lieu qu'une seule fois dans l'année au printemps (1) ; mais on s'est assuré depuis, que certaines circonstances atmosphériques, telles que les variations dans la sécheresse et l'humidité, déterminaient cette sorte de dépouillement ou de mue, analogue à celle qu'éprouvent les larves d'insectes et particulièrement les Chenilles. Nous en avons été convaincus en voyant ce fait se répéter chez quelques espèces de Sauriens et d'Ophidiens dont nous observions les mœurs en les tenant en captivité. Nous avons eu aussi occasion de constater ce renouvellement de l'épiderme corné chez une jolie petite espèce d'Émyde, dont nous avons suivi les habitudes pendant plusieurs années consécutives, et nous avons conservé la plupart des plaques qui garnissaient sa carapace. Enfin chez les Batraciens la totalité de l'épiderme muqueux paraît se renouveler fort souvent;

---

(1) *Serpentes primo vere exeuntes exuunt exuvias seu senectam.* Linæi *Systema naturæ.*

mais on a peu d'occasions de l'observer, parce que l'a-
nimal lui-même, ou ceux de la même espèce, avec
lesquels il se trouve plongé dans l'eau, avalent avec
une sorte d'avidité cette matière muqueuse. Cette dé-
pouille conserve tellement les formes de l'animal qu'il
semble qu'elle en soit l'ombre ou le spectre : comme
nous le faisons voir à nos auditeurs en leur faisant
passer sous les yeux des papiers sur lesquels l'épiderme
forme une sorte de dessin au lavis. Au reste, nous
aurons occasion de revenir, dans les généralités qui
précéderont l'histoire de chacun des ordres, sur les
détails que comporte ce sujet curieux d'observations.

La peau présente encore quelques particularités sur
certaines régions du corps des Reptiles ; ainsi elle est
frangée ou munie d'appendices mobiles sur les flancs
des Uroplates et sur les parties latérales du cou et de la
tête dans la Chélyde Matamata. Elle se prolonge sur
les flancs et se trouve soutenue dans sa duplicature par
les côtes allongées dans les Sauriens du genre Dragon.
Dans les Anolis, les Iguanes et chez quelques autres
Sauriens, il existe des replis simples ou doubles de la
peau qui forment des fanons, des goîtres, surtout chez
les mâles à l'époque de la reproduction. La peau offre
des pores ou cryptes glanduleux qui sécrètent ou laissent suinter des humeurs plus ou moins odorantes sous
la gorge des Crocodiles, à la marge du cloaque chez les
Amphisbènes, sur les bords internes des cuisses dans
plusieurs espèces de Sauriens, ou qui semblent provenir de très grosses glandes placées au-dessus des
oreilles dans les Crapauds et les Salamandres terrestres. La peau est surtout très perméable à l'humeur de
la perspiration dans les Batraciens sans queue, qui

maintiennent par l'évaporation qui s'opère à leur surface, l'équilibre de leur température, quand ils sont
exposés à une vive chaleur.

D'après l'examen que nous venons de faire des modifications qu'éprouvent les tégumens chez les Reptiles, il est facile de concevoir que le toucher passif
doit être réellement peu développé dans cette classe
d'animaux. Les seules espèces à peau molle et sans
écailles pourraient tout au plus percevoir rapidement
l'idée du contact immédiat des corps environnans ;
mais quand on réfléchit que la plupart de ces espèces
vivent dans l'eau comme les Batraciens et les Trionyx,
on conçoit que ce fluide peut tout au plus communiquer vivement l'excès relatif ou le défaut de température, quand elle est différente de celle de l'animal.
Mais nous verrons par la suite que tous les Reptiles
n'ont pas un degré constant de chaleur qui leur soit
propre, et que, par conséquent, ils doivent juger
moins facilement du calorique qui leur est enlevé ou
de celui qui leur est communiqué, à moins qu'il ne
leur soit fourni d'une manière très rapide. Quant aux
autres modes de perception qui leur sont accordés par
cette nudité de la peau, ils se rapportent très probablement à l'action chimique. C'est ainsi que le tabac en
poudre, les acides, certains gaz paraissent agir immédiatement par le contact sur la peau de ces animaux,
comme quelques écoliers trop cruels en ont fait quelquefois l'expérience sur des Grenouilles et des Rainettes. Les Crapauds, les Geckos, les Caméléons,
dont la peau serrée et rugueuse est couverte et protégée par un épiderme plus desséché, ont certainement
encore un peu moins de sensibilité produite dans le
cas d'un attouchement passif. Enfin cette sorte de

sensation doit être très émoussée chez la plupart des Reptiles écailleux, et surtout dans les Tortues.

Il reste donc à examiner la *tactilité*, si nous osons hasarder de faire usage de ce terme pour exprimer la faculté qu'ont les animaux de toucher activement, de palper la nature des corps pour les reconnaître par le tact, afin de l'opposer à la *taction* ou à l'état tout-à-fait passif de la sensation dont nous venons de parler.

Quand un animal peut appliquer à la fois, et pour ainsi dire dans le même espace de temps, des parties diverses de son corps à la surface d'un objet, il en acquiert une connaissance plus complète, et il paraît alors être doué d'un toucher plus parfait. C'est le cas de tous les animaux qui ont les doigts mous, allongés, distincts et très mobiles, qu'ils peuvent promener rapidement et mouvoir çà et là sur tous les plans d'un corps pour en explorer la nature et les limites. Sous ce rapport, les Reptiles semblent avoir été très peu favorisés par la nature ; et, quand on y réfléchit, on conçoit que cette faculté tactile leur eût été plutôt nuisible que réellement utile. Leurs doigts sont en général courts, liés entre eux et peu mobiles, et quand ils présentent une autre disposition, il est aisé de reconnaître qu'elle est plutôt destinée à faciliter le transport et surtout l'action de grimper ; car dans ce cas-là surtout, les écailles qui recouvrent chacune de leurs articulations et leur peu de flexibilité ne doivent pas permettre l'exercice d'une sensation rapide dans le contact. Peu d'espèces sont munies soit de lèvres charnues, mobiles, soit d'une trompe ou prolongement des narines assez étendue pour saisir les corps ou les envelopper. Quelques uns ont la queue préhensile, mais dans ce cas même elle n'est pas encore un organe du tact, comme nous allons le voir en parcourant sous ce point de vue l'organisation des Reptiles des diverses familles.

Ainsi, parmi les Tortues, les unes ont des doigts réunis jusqu'aux ongles et absolument immobiles, quelquefois aplatis et formant une sorte de palette ou de nageoire, comme dans les Chélonées et les Sphargis; ou toute la patte se termine par un moignon informe, arrondi comme le pied d'un Éléphant, au pourtour duquel des ongles plats ou de petits sabots recèlent les derniers os des doigts qu'ils indiquent ou dont ils font soupçonner l'existence. D'autres Tortues, comme les Émydes, les Trionyx et les Chélydes, ont des doigts fort distincts, mais cependant réunis par des membranes, et en général leurs pattes sont plutôt organisées d'une manière convenable aux différens modes de transport, que pour s'accommoder à la perception du tact. Dans cette même famille, une espèce, la Matamata, a bien le nez prolongé en forme de trompe mobile; mais le but de cette conformation semble être plus propre à favoriser le mode obligé de la respiration, qu'à permettre cette sorte de tâtonnement exercé par le groin des Porcs ou le museau charnu des Taupes et de quelques Musaraignes.

Nous trouvons encore plus de diversité dans la famille des Sauriens. Les Crocodiles, par exemple, ont les pattes à peu près semblables à celles des Tortues d'eau douce, dont les doigts sont réunis par des membranes; mais dans les Lézards, les Tupinambis, les Iguanes, les doigts sont très allongés, composés d'un grand nombre de phalanges coniques, très mobiles: on les croirait destinés à procurer à l'animal un tou-

cher fort développé, et cependant jamais ils n'ont cette
faculté, ils semblent leur avoir été donnés pour faciliter l'action de grimper, pour s'accrocher sur les
corps solides, car aucun ne s'en sert pour porter les
alimens à la bouche.

Dans les Caméléons les pattes, quoique formées
chacune de cinq doigts, ne peuvent servir que comme
des pinces. Les phalanges sont jointes jusqu'aux ongles par une peau épaisse qui en fait deux paquets ou
faisceaux opposables l'un à l'autre. La face inférieure
de ces pattes, celle dite plantaire ou palmaire, est
molle et munie en apparence de papilles qui pourraient faire connaître à l'animal la nature des objets
sur lesquels les pattes sont appliquées ; mais comme
elles restent alors immobiles, il est probable que la
température variable pourrait seule être appréciée,
et dans ce cas-là même, le corps de l'animal ne pourrait pas en connaître ; car sa chaleur est la même que
celle des matières avec lesquelles il est plongé dans
l'atmosphère qu'il habite. La queue de toutes les espèces de ce genre étant susceptible de s'enrouler et de
se courber en dessous, on observe dans toute la longueur de la région inférieure d'autres papilles ou tubercules mous, qui sont uniquement destinés à s'accommoder à la surface des corps pour y contracter
une adhérence plus intime. Quelques espèces du genre
Agame offrent, dans leur queue également préhensile,
une disposition analogue.

Tous les Geckos et les genres voisins ont les doigts
conformés d'une manière toute spéciale, et qui sem-
blerait aussi devoir donner à leur tact une fort grande
énergie. Ces doigts, à peu près égaux en longueur,
bien distincts et très aplatis en dessous, sont beau-

coup plus larges qu'ils ne sont épais; leurs bords sont
souvent comme frangés, mais quand on les examine
avec plus d'attention, on voit qu'ils sont munis en
dessous d'une rangée simple ou double de lamelles
molles, susceptibles de se relever et de s'appliquer
les unes sur les autres. C'est à l'aide de ces plaques que
l'on voit l'adhérence des pattes sur les corps les plus
lisses s'opérer avec tant de force que l'animal peut marcher et courir rapidement sous des plans horizontaux,
contre son propre poids, ses doigts faisant alors l'office de ventouses. Dans les Anolis on voit aussi les
doigts de toutes les pattes dilatés, mais seulement
dans une partie de leur longueur, et cette structure
est encore un attribut qui leur est plutôt accordé pour
leur donner la faculté d'adhérer solidement, que
pour leur faire apprécier la nature des plans sur lesquels ils s'accrochent.

Enfin dans les Scinques, les Seps et les Chalcides
et surtout dans les Hystéropes, les doigts diminuent
successivement en nombre et en longueur, et souvent
ils sont si peu développés que l'on peut à peine les
distinguer les uns des autres. Il n'en existe plus du
tout dans les Ophisaures et les Orvets, qui sous ce rapport sont tout-à-fait semblables aux Serpens.

Quant aux Serpens, dont la totalité du corps peut
s'enrouler autour des objets, on conçoit que ces animaux peuvent acquérir, par ce contact qui s'opère en
même temps sur les différens points de leur être sen-
tant, la conscience de l'étendue et de la nature des
surfaces. Quelques uns, comme les Boas, ont la
queue préhensile et propre à s'entortiller et à s'enrouler en dessous; mais cette structure paraît uniquement destinée à faire accrocher ainsi l'animal, pour

qu'il reste suspendu aux solides qu'il embrasse.
Les doubles tentacules écailleux que l'on voit au-
devant du museau de l'Erpéton et le prolongement
triangulaire qu'offre la peau du devant du nez de la
Couleuvre nasique et de la Vipère ammodyte, sont
plutôt des instrumens destinés à d'autres usages ou
circonstances de la vie de ces Reptiles, qu'à l'action
de palper et de reconnaître la nature des corps sur
lesquels ces parties peuvent être appliquées.

Nous avons déja dit que les Batraciens ayant la peau
entièrement nue, à épiderme muqueux, paraissaient
doués, beaucoup mieux qu'aucun animal de la même
classe, de la faculté de percevoir passivement l'action
physique ou chimique de la plupart des objets avec
lesquels leur corps pouvait être mis en contact.
Leurs pattes, généralement courtes et à doigts mous
et toujours privés d'ongles à leur extrémité, s'appliquent aussi assez exactement aux surfaces ; mais chez
la plupart, ces doigts sont dilatés ou réunis entre eux
par des membranes destinées à la natation. Leur séjour
dans l'eau, dont la température ne varie guère, ne
paraissait pas demander qu'ils pussent avoir le besoin
d'apprécier les légères différences que leur corps doit
éprouver très rapidement à sa surface quand elle est
plongée dans ce liquide.

Nous devons noter cependant que les Grenouilles
ont les doigts plus longs et plus effilés que les Crapauds, et que parmi les espèces voisines de ceux-ci
les Pipas ont une sorte de museau prolongé en pointe
molle, et que leurs doigts, beaucoup plus longs, plus
coniques, sont terminés par de petits appendices
charnus; que dans les Rainettes les extrémités de tous
les doigts sont dilatées en forme de disques mous et

charnus, qui font l'office de plaques ou de ventouses qui adhèrent par leur circonférence, ce qui leur donne la faculté de marcher et de s'accrocher dans toutes les directions sur les plans solides, même les plus lisses.

Organes du Goût chez les Reptiles.

La faculté de goûter les substances qui doivent entrer dans le corps comme matières alibiles, est une des perceptions les plus importantes pour les animaux; puisque de ce jugement dépend la conservation de l'individu qui se trouve ainsi dirigé, dans le plus grand nombre des circonstances, pour le discernement des matières propres à sa nourriture. Les substances sapides, considérées en elles-mêmes, peuvent être regardées comme formées de molécules matérielles, susceptibles de se dissoudre, soit dans un état naturel de fluidité, soit suspendues dans un liquide. Elles peuvent être arrêtées, saisies au passage, quand elles sont mises à nu et en contact direct avec les ramifications nerveuses placées, pour ainsi dire, en védette, dans les endroits les plus convenables, pour les désigner promptement à la conscience de l'animal qui sait les juger et les apprécier. Toutes les matières qui agissent de cette manière doivent être nécessairement liquides ou être susceptibles de le devenir, c'est alors, et c'est seulement alors, qu'elles manifestent leurs qualités ou qu'elles produisent les sensations que nous nommons saveurs, dont la nature intime, souvent inconnue, peut dépendre cependant de leurs propriétés physiques ou chimiques.

Chez presque tous les animaux vertébrés, la sapidité des liquides est perçue dans la bouche et particulièrement à la surface d'un organe unique, charnu, mou et humide à sa surface, qu'on nomme la langue, et qui est toujours destiné en même temps à un autre usage.

La plupart des Reptiles avalent leurs alimens sans les mâcher, aussi leur bouche est-elle comme calibrée d'après la grosseur de la proie qu'elle doit admettre, et, ainsi que nous le prouverons en traitant des organes de la nutrition, on peut distinguer ces animaux en ceux qui mâchent, divisent et écrasent leurs alimens, et en ceux qui avalent leur proie tout entière sans la séparer par morceaux. Chez ces derniers, il ne peut se développer dans la bouche d'autre saveur que celle qui proviendrait de la surface de la matière solide, et dans le plus grand nombre des cas, il ne doit exister qu'une sorte de sensation analogue au toucher.

Les Tortues en général sont obligées de couper leurs alimens, et elles ont les mâchoires armées pour cela d'une sorte de bec de corne tranchant ; leur langue large, charnue, à papilles très distinctes, comme celle de quelques Mammifères, porte à penser qu'elle est destinée à savourer réellement les sucs des matières végétales ou les humeurs des substances animales qui servent à leur nourriture. Dans quelques espèces, comme les Trionyx, on voit au dehors du bec des sortes de lèvres charnues qui retiennent les sucs qui peuvent s'échapper des matières incisées. Dans la Chélyde Matamata, comme le bec corné n'existe plus, il est probable que l'excessive étendue de la bouche permet à l'animal d'avaler tout d'une fois la proie qu'il a saisie.

Dans les Crocodiles, qui déchirent leurs alimens, la langue est à peine mobile, et les tégumens qui la recouvrent ne paraissent pas devoir être très propres à la gustation, car la surface en est lisse et sans papilles évidentes.

La plupart des Sauriens ont une langue charnue, fendue ou fourchue à son extrémité libre qui est exertile, ou susceptible de sortir volontairement de la bouche pour être portée au dehors sur les bords des mâchoires, dont les lèvres sont toujours recouvertes d'écailles cornées ; cependant il est très évident que les Lézards, les Tupinambis, les Iguanes, les Geckos, les Scinques, les Orvets savourent les portions de la proie qu'ils divisent, quand celle-ci laisse écouler quelques humeurs.

Les Caméléons semblent nous offrir une singularité à cet égard ; car leur langue, très protractile, ressemble à une sorte de ver cylindrique, allongé, terminé par un disque charnu, concave et gluant que l'animal peut lancer à plusieurs pouces de sa bouche, sur les insectes et les petits animaux qu'il saisit de cette manière, mais qu'il avale le plus ordinairement tout entiers, ou sans les mâcher.

Chez les Serpens, la langue est presque toujours cylindrique, très étroite et fourchue à son extrémité libre. Elle peut sortir également de la bouche et vibrer rapidement dans tous les sens. Elle est constamment humide, souvent colorée. La gaîne qui l'enveloppe s'allonge et se raccourcit comme une sorte de fourreau qui rentre en dedans, dans l'acte de la déglutition. Ainsi cette langue ne paraît pas destinée à servir à la dégustation ; en effet la proie est toujours avalée par les Serpens, sans être en aucune manière divisée.

REPTILES, I. 6

Dans l'ordre des Batraciens, il y a de grandes différences entre les espèces à queue permanente ou les
Urodèles, comme les Salamandres qui, pour la plupart, ont, ainsi que les Crocodiles, la langue adhérente
dans la concavité de la mâchoire inférieure, et les espèces dites Anoures ou sans queue, comme les Grenouilles, les Crapauds, les Rainettes. Ici la langue est
molle, charnue, très humide, très contractile et surtout très visqueuse; elle est attachée par la base, ou
la partie large, à la concavité antérieure de la mâchoire; mais cet instrument si mou, si sensible en
apparence, est évidemment destiné à un mode particulier de préhension des alimens, comme nous l'ex-
pliquerons en traitant des organes de la digestion.
Les Pipas ou les Tédons offrent aussi quelques différences à cet égard, leur langue étant à peine distincte. Dans leur jeune âge, tous les têtards de
Batraciens ont, pour la plupart, la bouche armée de
mâchoires cornées et de lèvres mobiles, comme les
Tortues dites Trionyx; peut-être ont-ils comme elles
la faculté de savourer les particules des matières alimentaires, qu'ils divisent alors, au lieu d'avaler la totalité de la proie sans la mâcher, comme le font ces
animaux lorsqu'ils sont adultes ou parfaits.

Organes de l'Odorat dans les Reptiles.

Les odeurs sont à l'air atmosphérique ou aux gaz,
ce que les saveurs sont à l'eau ou aux liquides; elles
sont essentiellement constituées, comme on peut le
prouver, par des molécules matérielles infiniment
ténues de fluides aériformes gazeux ou vaporeux, suspendues dans l'air, qui leur sert de véhicule. Chez les

animaux qui perçoivent la sensation des odeurs, on observe que l'instrument destiné à éprouver cette action est toujours situé sur le trajet que l'air doit traverser avant de pénétrer dans les voies pulmonaires, et le plus souvent à leur entrée même. L'organe évidemment chargé de cette fonction est disposé de manière que l'air atmosphérique est obligé de parcourir des conduits plus ou moins anfractueux, sur la surface desquels une membrane humide, enduite d'une matière muqueuse, se trouve étalée de manière à arrêter et retenir les molécules odorantes.

On croit que cette action des odeurs s'exerce principalement par une combinaison, par une sorte d'affinité avec la matière muqueuse, qui en donne aussitôt connaissance aux extrémités des nerfs subjacens, destinés à ce mode de perception, et qui les reconnaît tantôt comme agréables et salutaires, tantôt comme ingrates et nuisibles.

Cette sensation des odeurs est liée évidemment chez les animaux aux deux fonctions de la nutrition et de la reproduction ; c'est par son intermédiaire que les émanations qui s'échappent de la matière alimentaire vivante ou morte, se font reconnaître à distance, ainsi que l'existence des individus dont le rapprochement pour l'acte de la fécondation est absolument et réciproquement nécessaire ; de sorte que l'air est le guide invisible qui dirige alors l'animal, et c'est par le milieu même du fluide dans lequel il respire, qu'il se trouve averti de la présence des corps qui peuvent subvenir à ses besoins.

Dans tous les animaux vertébrés qui respirent l'air en nature, on sait que l'organe de l'odoration ou de l'olfaction est double, ou qu'il forme deux cavités pai-

6.

res, distinctes, très rapprochées, l'une à droite et l'autre à gauche ; c'est ce qu'on nomme les fosses nasales, dont les orifices extérieurs sont les narines. Quoique ces organes soient très différens pour la structure et les dimensions dans les Mammifères et les Oiseaux, on trouve chez tous une membrane muqueuse, dite pituitaire, qui tapisse leurs cavités, et on y observe, par la dissection, les dernières expansions d'un nerf mou, spécial, le premier qui se détache de l'encéphale pour se terminer entièrement dans la membrane ; on le nomme le nerf olfactif.

Mais, quand on y réfléchit, les Reptiles se trouvent dans une condition toute particulière, si on les compare aux animaux des deux classes supérieures que nous venons de nommer. Chez ceux-ci, la respiration s'opère constamment d'une manière régulière et continue, même pendant le sommeil ; dans ce cas l'air, dépouillé de ses molécules odorantes au moment de son entrée, avertit l'animal de la qualité du fluide respiré. Chez les Reptiles, comme nous le verrons plus tard, la respiration est arbitraire, et jusqu'à un certain point volontaire ; l'animal, dans le plus grand nombre des cas, fait, à de longs intervalles, parvenir de l'air en très grande quantité dans ses vastes poumons, et l'action de ceux-ci s'exerce très lentement ; en outre, l'entrée et la sortie de cet air a lieu très brusquement ; l'animal n'en apprécierait guère la nature ou les qualités que pendant cette courte période de temps et dans des espaces éloignés. En outre, quand on observe les mœurs de ces animaux, il est facile de reconnaître qu'il est bien peu de circonstances où les Reptiles soient dirigés par l'odorat dans la recherche et le choix de leurs alimens, et même pour la découverte des individus de leur race, à l'époque où les sexes différens éprouvent le besoin de se faire connaître mutuellement leur existence dans les mêmes lieux.

Aussi l'appareil destiné à l'organe de l'odorat est-il très peu développé chez les Reptiles ; les modifications mêmes que présentent la disposition de leurs fosses nasales sont-elles plutôt en rapport avec les différences dans la manière dont s'opèrent chez eux la déglutition et la respiration, qu'avec le besoin de percevoir les odeurs, comme nous allons le voir en parcourant dans chacune des familles l'organisation des fosses nasales.

Dans les Tortues, dont la respiration s'opère par de petits mouvemens successifs de déglutition, l'air pénètre, dans ce mode d'inspiration, par des conduits simples, mais revêtus de la membrane pituitaire ; il n'y a pas de sinus pratiqués dans l'épaisseur des os voisins ; l'ouverture des narines, toujours humide, est quelquefois munie d'une sorte de soupape mobile que l'animal clot à volonté. Dans quelques genres, comme dans ceux des Trionyx et de la Matamata, le museau se prolonge en une sorte de trompe courte, mais que l'animal peut diriger à la surface de l'eau pour y respirer l'air, pendant que son corps est entièrement submergé. Il est ici bien évident que le mode particulier dont s'opère la respiration dans les Tortues qui ont les côtes soudées entre elles, avec l'échine et souvent avec le sternum, a seul modifié ces organes. La perception des odeurs n'aurait d'ailleurs été chez ces animaux que d'un bien faible usage, relativement à celui qu'on doit naturellement lui attribuer chez les espèces qui en avaient un si grand besoin.

Dans les Crocodiles, un autre mode de respiration qui s'opère par un thorax dont les pièces sont nombreuses et très mobiles, et surtout le mécanisme de la préhension des alimens et de leur déglutition, ont dû changer la disposition des narines ; leur orifice extérieur se voit encore sur la ligne médiane, à l'extrémité antérieure du museau ; c'est une sorte de bourse charnue dont les orifices mobiles et en valvules sont ouvertes en croissant, et peuvent se fermer complétement à l'aide de muscles particuliers et d'un mécanisme assez compliqué. Un long canal osseux se dirige dans toute la longueur du museau qui est presque de toute l'étendue de la tête, surtout dans les Gavials ; il vient se terminer dans la cavité du pharynx ou de l'arrière-bouche ; c'est un cas unique parmi les Reptiles et qui a quelque analogie avec ce qu'on remarque dans les Mammifères. On trouve dans ce long canal, tapissé de la membrane olfactive, des replis osseux, de véritables cornets et des concavités sinueuses pratiquées dans l'épaisseur des os qui constituent l'organe olfactif le plus parfait qu'on ait encore reconnu dans cette classe.

Chez les autres Sauriens les deux narines sont généralement séparées et portées à droite et à gauche sur les parties latérales du museau ; le canal osseux est court ; l'orifice interne se voit vers le milieu ou le tiers antérieur du palais ; on y trouve peu de replis formés par la membrane pituitaire, qui est le plus souvent colorée. Les Serpens ont le canal des narines organisé à peu près comme celui des Lézards ; cependant dans la plupart des espèces, celles qui ont des mandibules dilatables, il est en général beaucoup plus court et il se termine dans la bouche par un orifice médian qui semble unique. On conçoit que les Serpens, privés de sternum, respirent fortement tout d'un trait et à longs intervalles. Quand l'air est expiré brusquement, comme cela arrive le plus souvent, il sort en totalité par la bouche, dont les mâchoires s'écartent et restent béantes, tandis que l'inspiration peut s'opérer lentement par les canaux des narines qui offrent à l'extérieur quelques modifications qui ont même servi de caractères dans l'établissement de plusieurs genres d'Ophidiens. Si quelques espèces présentent à l'orifice des narines, des sortes de soupapes, leur usage est très probablement de s'opposer à l'entrée de l'eau lorsqu'ils plongent, ou dans quelque autre circonstance toute particulière de leurs mœurs. Nous ne pouvons guère prévoir de cas où ces animaux auraient besoin de flairer ou d'odorer avec attention; la proie dont ils se nourrissent est aussitôt saisie que l'animal s'en est approché. Cependant, comme quelques espèces portent elles-mêmes, et surtout à certaines époques, beaucoup d'odeurs, peut-être leur existence réciproque se manifeste-t-elle de cette manière, quand le besoin impérieux de reproduire leur race les force à se rechercher et à se rapprocher.

C'est dans l'ordre des Batraciens que nous retrouvons, pour ainsi dire, les dernières ébauches de l'organe de l'odorat; ce n'est souvent qu'un simple pertuis, percé d'outre en outre, du bout du museau au devant du palais, derrière la lèvre supérieure; c'est le cas en particulier des Grenouilles, des Crapauds et des Rainettes. Une membrane mobile, charnue et concave, se voit à l'extérieur; elle est toujours humide, et ses mouvemens dénotent les différens temps du mécanisme propre de leur mode respiratoire. Il en est à peu

près de même des Salamandres et des Tritons. Enfin,
il semble que l'organe s'oblitère tout-à-fait dans le
Protée Anguillard et dans la Sirène, qui ne respirent
plus par cette voie des narines, mais seulement par la
bouche ; aussi leur organe olfactif paraît-il avoir plus
de rapports avec celui des Poissons, chez lesquels il n'y
a pas la moindre communication entre les fosses
externes des narines et les cavités buccales et pharyn-
giennes.

De l'organe de l'Ouïe dans les Reptiles.

Les Reptiles perçoivent les sons, ou d'une manière
plus générale, entendent les bruits par un mécanisme
semblable à celui qu'on retrouve dans les autres animaux à vertèbres qui respirent l'air en nature, et par
un double organe dont la structure est fondamenta-
lement la même que chez les Mammifères et les Oiseaux.

On sait que tout corps auquel le mouvement est
communiqué, oscille dans l'ensemble de sa masse et
dans toutes ses parties, avant de reprendre son état
de repos. Ce mouvement d'allée et de venue en sens
contraire est ce qui constitue la vibration; cet ébranlement est perceptible à la vue et au toucher lorsqu'il
est produit par le choc dans certaines matières dont
les molécules sont très mobiles et très élastiques, et
celles-ci le communiquent aux corps voisins qui deviennent alors des sortes de conducteurs. Les solides,
les liquides et les fluides élastiques, communiquent
ainsi ou transmettent l'effet mécanique produit par
l'ébranlement des molécules des corps.

C'est par cette raison que l'air atmosphérique sert

de véhicule ou de moyen de transport à cette action que le mouvement détermine dans certains corps, et la sensation qui en est le résultat est appelée un *son;* quand ce phénomène est transmis de toute autre manière par les liquides et les solides, on le nomme un *bruit.*

Les physiciens, les musiciens, les physiologistes ont beaucoup étudié ces effets des vibrations imprimées aux différens corps de la nature et qui sont transmis par l'air jusqu'à l'oreille. Ils ont reconnu que certaines matières étaient plus sonores que d'autres, sans que cette propriété parût dépendre ni de la pesanteur ni de l'élasticité de leurs molécules(1); que le son était d'autant plus aigre que les vibrations se répétaient plus rapidement dans un même temps; que le son acquiert plus de force et se porte plus vite dans un air condensé; qu'il se propage en ligne droite, quand il ne rencontre pas d'obstacles; que dans ce cas il change de direction; qu'il se réfléchit comme la lumière sous un angle égal à celui d'incidence; qu'il peut être condensé; que par la forme donnée à certains instrumens, les rayons sonores peuvent être dispersés ou convergés, dirigés vers une sorte de foyer.

L'oreille des animaux vertébrés aériens est un instrument organisé de manière à recueillir, à transmettre, à faire apprécier la nature, la force, la vitesse, la direction des sons; c'est à l'aide du sens de l'ouïe qu'ils entendent, qu'ils acquièrent la connaissance des mouvemens qui

---

(1) L'or et le plomb sont moins sonores que le verre ou l'airain. La matière du caoutchouc, qui est élastique par excellence, ne produit aucun son par le choc qu'elle reçoit.

s'opèrent autour d'eux; qu'ils jugent de leur nature et
de la distance des points de l'espace où ils ont lieu;
qu'ils préjugent des dangers ou des avantages que peuvent leur procurer les corps qui se meuvent; qui les
met par la voix, ou par les sons qu'ils produisent, en
rapport entre eux comme individus, ou avec les autres
espèces, pour se fuir ou se rapprocher au besoin.

Chez ces mêmes animaux qui entendent dans l'air,
l'oreille est double; mais comme elles sont toutes
deux organisées de la même manière et tout-à-fait symétriques, les sensations étant absolument semblables, l'impression est unique; les deux organes sont
situés sur les côtés de la tête et creusés dans l'épaisseur de l'os temporal du crâne, dans la région qu'on
nomme le rocher. On distingue dans l'oreille trois
portions; la première est extérieure, destinée le plus
souvent à recueillir ou à admettre les rayons sonores,
et à les diriger sur une sorte de membrane tendue,
vibratile, qu'on nomme le tympan; la seconde est interne, c'est une cavité remplie d'un gaz destiné à reproduire tous les mouvemens de l'air extérieur en petit;
c'est un instrument répétiteur qu'on nomme oreille
moyenne; enfin il en est une troisième, tout-à-fait
profonde, qui reçoit le nerf auditif par excellence;
c'est le siége réel de l'audition; on la nomme l'oreille
interne. Les physiologistes pensent qu'il se passe là
trois actions: une physique, une mécanique, et une
troisième tout-à-fait nerveuse et vitale, qui produit la
perception animale. On a démontré en effet que chez
ces animaux il y a recueillement rapide, identique et
isochrone des sons produits à distance, transmission
ensuite et répétition similaire, interne, d'une sorte
d'imacule ou de représentation imitative en petit du

mouvement vibratile qui s'est opéré en dehors jusque dans les moindres détails.

Considérée en général dans les Reptiles, l'oreille, comparée à celle des Mammifères et des Oiseaux, est au moindre degré de développement. Jamais il n'y a en dehors de véritable conque ou de cornet externe destiné à recevoir les sons et à les diriger vers le tympan, quand cette membrane est apparente ; car dans la plupart des Tortues, des Serpens et des Batraciens à queue, elle n'existe pas, au moins au dehors du crâne. Le plus souvent, quand le tympan est visible, il est à nu, à fleur de tête, ou peu enfoncé, comme dans les Oiseaux. La caisse ou cavité moyenne communique constamment, ou à quelques exceptions près, avec l'air extérieur par un canal qui s'ouvre dans la gorge ; mais il n'y a qu'un seul osselet de l'ouïe. Quant à l'oreille interne, on y retrouve une sorte de limaçon ou de conduit spiroïde et surtout les trois canaux semi-circulaires, creusés dans l'épaisseur des os ; mais ils sont beaucoup moins développés que dans les Poissons.

D'après ces données, nous allons indiquer les principales modifications que les différens ordres de Reptiles peuvent nous offrir, en les parcourant successivement. Nous avons déjà dit que les Tortues n'ont pas de tympan apparent ; cependant elles sont douées de l'organe de l'ouïe ; mais son existence n'est pas manifeste au dehors. Le seul genre de la Chélyde ou Matamata offre une sorte de prolongement triangulaire formé par les tégumens du crâne ; c'est une espèce de valvule ou de soupape qui paraît pouvoir s'abaisser sur l'orifice d'un conduit auditif osseux, qui est évasé en dehors et dans l'intérieur duquel on voit un cadre sur lequel la peau est tendue pour faire l'office de tympan. Dans les Chéloniens, les Émydes et les Tortues, on trouve sous les écailles solides qui garnissent les parties latérales et postérieures de leur tête, une portion d'un tissu cellulaire lâche qui remplit un canal osseux. C'est au milieu de cette substance qu'on trouve une plaque plus ou moins osseuse, terminaison en dehors d'un osselet unique prolongé en un stylet grêle, jusque dans l'intérieur de la caisse, où il s'élargit de nouveau pour obturer le canal qui mène à l'oreille interne et que l'on nomme le vestibule. Chez toutes les autres Tortues, on voit que la caisse ou la cavité du tympan communique très librement avec la gorge ou dans l'arrière-bouche, et l'on trouve dans l'intérieur de l'oreille interne, qui souvent est contenue dans une substance comme cartilagineuse, les trois canaux semi-circulaires qui viennent se rendre au vestibule commun, après avoir éprouvé chacun un léger renflement. On y voit aussi une sorte de rudiment de la cavité qu'on nomme le limaçon ; toutes ces parties internes ne contiennent pas d'air, mais un liquide visqueux, albumineux ; c'est là que viennent aboutir les dernières ramifications du véritable nerf acoustique, portion molle de l'auditif (1).

Intérieurement il y a beaucoup de différence pour l'oreille, entre les divers genres de Sauriens; les uns, en plus grand nombre, ayant un tympan ; les autres n'en présentant nulle apparence, aucun indice : tels sont en particulier les Caméléons, les Chirotes, les Orvets, les Hystéropes, ces derniers étant d'ail-

---

(1) Toutes ces parties ont été décrites et figurées par Bojanus, pl. xxvi, nᵒˢ 148 à 155.

leurs si voisins des Ophisaures qui ont un conduit
auditif externe. D'ailleurs tous les Sauriens ont leur
caisse ou oreille moyenne en communication avec la
gorge; la membrane muqueuse y participe même de
la couleur de celle-ci; mais les osselets qui s'y trouvent présentent quelques différences pour la forme et
pour le nombre.

Dans le Crocodile, l'oreille externe a quelques rapports avec celle de la Matamata. On y voit une sorte
de tympan caché par un repli de la peau qui retombe
sur un canal longitudinal, comme une petite soupape,
et qui paraît être mobile à la volonté de l'animal. On y
retrouve la grande cavité du tympan, un osselet unique évasé aux deux extrémités par lesquelles il
adhère d'une part au vestibule et de l'autre au tympan.

Chez les autres Sauriens toutes ces parties de l'o-
reille moyenne et interne sont analogues à celles que
nous avons indiquées d'une manière générale. Cependant le mode d'articulation de l'osselet de la caisse
diffère pour pouvoir communiquer obliquement le
mouvement du tympan, dont l'étendue varie, au vestibule sur l'entrée duquel il semble évasé en forme de
petite trompe.

Les Serpens sont tous dans le cas des Orvets et des
Hystéropes; ils n'ont ni conduit auditif externe ni
apparence de membrane de tympan, cependant on
retrouve un canal guttural qui mène du pharynx à la
caisse, et là on observe un osselet qui est encore unique, allongé et évasé à ses deux bouts. D'ailleurs l'o-
reille interne est à peu près organisée comme celle
des Sauriens.

Parmi les Batraciens il y a dans la structure de l'oreille de très grandes différences ; ainsi les Pipas ont sur le tympan une sorte de valvule semblable à celle de la Tortue Matamata et des Crocodiles, très probablement dans le but de protéger aussi la membrane contre la pression de l'eau, lorsque l'animal plonge à de grandes profondeurs, comme nous la retrouvons également dans quelques Mammifères. Mais dans les autres genres privés également de la queue, les uns ont un tympan distinct, au moins pour la couleur ou la finesse de la peau, des autres tégumens de la tête, comme dans les Grenouilles et les Rainettes ; mais dans les Crapauds et dans toutes les espèces Urodèles ou qui conservent la queue et même dans les Cécilies, il n'y a plus de tympan apparent.

Les osselets de l'ouïe sont distincts et articulés en angles. L'un est situé en travers et adhère au tympan, les autres se suivent et transportent le mouvement en bascule à travers la caisse sur l'orifice vestibulaire. Chez tous, la caisse communique avec la gorge ; on retrouve chez eux des canaux semi - circulaires qui vont en diminuant graduellement d'étendue dans les derniers genres, ceux qui semblent se rapprocher le plus de la classe des Poissons, où cependant ces canaux sont développés à un très haut degré.

De l'organe de la Vue dans les Reptiles.

La faculté de voir ou d'apercevoir, de connaître les couleurs, l'étendue, la figure, la situation, la distance, les mouvemens des objets, réside chez les animaux dans un ou plusieurs organes qu'on nomme les yeux. La structure en est si admirable que la lumière, répandue dans l'espace et qui se comporte diversement sur la surface ou dans l'intérieur des corps, vient représenter dans cet instrument la totalité de ses phénomènes et y peindre en petit toutes les images des objets réels ou de leurs apparences. Ici la perception n'est pas due, comme dans quelques autres sens, au contact matériel ou réel d'un corps ou de ses particules; elle provient d'une répétition, d'une sorte d'imitation fictive, mais cependant tout-à-fait dépendante de causes physiques appréciables.

L'action de voir, le jugement que porte la conscience de l'animal, d'après l'impression qu'elle reçoit ou de l'idée qu'elle conçoit, est un mode particulier de sensation qu'on nomme la vision ; l'acte qui s'opère dans ce cas est la vue; l'instrument chargé de cette fonction est l'œil, et comme il y en a presque constamment deux distincts et séparés dans les animaux, on appelle ces organes les yeux.

La vue est une des sensations les plus importantes pour la conservation des êtres animés qui se meuvent dans un milieu où la lumière peut pénétrer ; car elle établit des relations à distance avec des objets souvent fort éloignés, et qui, quoique immobiles, semblent venir, par l'imitation de leurs apparences, se porter sur la surface sentante, de sorte que l'organe sert de guide à l'animal quand il doit pourvoir à ses besoins, ou quand il a tout à craindre d'une aggression.

L'intermède de la visibilité ou le moyen qui rend les objets susceptibles d'être vus, est un agent répandu dans la nature, un fluide impondéré qu'on nomme la lumière. Nous croyons devoir rappeler ici que ce fluide répandu dans l'espace ne se manifeste que lorsqu'il passe d'un corps dans un autre, soit qu'il émane des substances qui l'émettent et qu'on dit à cause de cela lumineuses; soit de celles qui en reçoivent l'effet et que l'on regarde alors comme éclairées. Tout corps visible porte donc à supposer qu'il est placé à une certaine distance de l'œil, et qu'il y a de la lumière dirigée vers l'œil par cet objet.

La lumière se porte toujours en ligne droite; chacun des points des surfaces qui la reçoivent, sans en être traversé, en fait jaillir comme du sommet d'un cône, une masse de rayons dont la base arrive à l'œil.

L'étude de la lumière, qu'il est si important de connaître pour le physiologiste, fait l'objet de cette partie de la physique qu'on nomme l'optique. On a constaté la marche de ses rayons à travers l'espace et les différens milieux qu'elle traverse ou à la surface des corps quand elle rencontre des obstacles. De sorte que l'agent qui donne lieu à la sensation a été parfaitement étudié dans tous les phénomènes qu'il produit, à tel point qu'on a pu reproduire artificiellement un instrument absolument semblable à l'œil, et comparer en tous points les phénomènes qui s'y passent, moins la perception dont il est doué.

Dans la plupart des animaux à vertèbres, l'œil consiste essentiellement en un globe ou grande portion de sphère qui représente une cavité obscure, mais perméable à la lumière dans une seule partie de la circonférence qu'on nomme ouverture pupillaire. Par une disposition admirable de l'organe, les objets éclairés ou lumineux, placés à distance vis-à-vis cette ouverture, qui peut être elle même dirigée vers ces points, y font pénétrer des rayons. Ceux-ci éprouvent, en traversant divers liquides ou humeurs variables pour la consistance et la configuration, des dispositions telles que l'apparence de l'objet lui-même vient s'y reproduire en petit. C'est, pour ainsi dire, la plus exiguë de toutes les miniatures qui vient s'étaler sur la pulpe d'un nerf spécial déployé là, comme le tain derrière la glace d'un miroir, pour y éprouver la sensation de l'application de l'image.

Les yeux des Reptiles sont organisés de la même manière à peu près que ceux des animaux qui appartiennent aux classes supérieures. On y retrouve une structure et des dispositions semblables, savoir : le globe ou l'instrument spécial de la vision et les parties accessoires destinées à le protéger, à l'humecter à sa surface, enfin à le mouvoir. Ces dernières parties sont le plus sujettes à varier.

Le globe oculaire ou le bulbe de l'œil est constitué en dehors par trois tuniques ou membranes orbiculaires qui sont successivement placées les unes sur les autres. On distingue d'abord et sans dissection une membrane fibreuse qui semble formée par une sorte d'aponévrose : on la nomme *sclérotique* dans toute la partie qui est opaque ; car en avant on observe une portion diaphane, comme enchâssée dans son épaisseur, et formée par un autre tissu translucide qui complète et ferme le bulbe antérieurement, c'est la *cornée transparente*. Immédiatement au-dessous, on trouve, sous la sclérotique, une autre membrane plus fine qui paraît entièrement constituée par un lacis de vaisseaux et pénétrée par une matière colorée : c'est ce qu'on nomme la *choroïde*. Celle-ci se réfléchit en avant, devient libre et forme une demi-cloison qu'on nomme l'*iris*, dont le centre, tout-à-fait libre et mobile, laisse une sorte d'orifice ou d'ouverture libre et mobile, de forme variable, par laquelle la lumière peut pénétrer plus avant dans l'œil : c'est la *pupille.*

La troisième tunique est produite par une expansion du nerf optique, dont la pulpe semble s'être étalée sur une sorte de réseau : ce qui lui a fait donner le nom de *rétine*. C'est la couche membraneuse la plus interne, celle qui touche ou qui est en contact avec la plus grande surface des humeurs de l'œil.

Les humeurs sont également au nombre de trois, qu'on distingue par leur position, leur consistance et la forme qu'affecte la totalité de leur masse et dont chacune est contenue dans un espace limité. Celle qui est la plus liquide ou dont la densité est à peu près la même que celle de l'eau distillée, est dite *humeur aqueuse*. Elle remplit dans le globe de l'œil l'espace compris entre la concavité de la cornée transparente et la convexité antérieure de la seconde humeur, celle qui est la plus solide des trois et qui est nommée *cristallin*. C'est dans la masse de l'humeur aqueuse que se trouve immergée la portion réfléchie de la choroïde, qu'on nomme l'iris; elle y fait la fonction d'une cloison ou d'un diaphragme troué au centre pour laisser communiquer l'humeur aqueuse d'un espace à l'autre, en constituant ce que l'on désigne sous le nom de chambres antérieure et postérieure. Le cristallin se trouve constamment situé entre les humeurs aqueuse en devant et vitrée en arrière. Sa masse a, le plus ordinairement, la forme d'une lentille ou d'un disque transparent biconvexe, ou dont l'épaisseur diminue du centre à la circonférence. La matière consistante qui forme le cristallin est renfermée dans une sorte de capsule membraneuse d'une ténuité excessive. Cette portion de l'organe fait l'office d'une loupe pour réunir d'abord les rayons lumineux, les diriger ensuite dans l'humeur placée derrière, afin de les faire converger vers un foyer d'où les rayons se dispersent ensuite, en allant aboutir sur la membrane nerveuse dite la rétine. La troisième humeur interne de l'œil est la plus abondante; elle remplit au moins les deux tiers de la cavité du globe, et se trouve dans l'espace compris entre la rétine et la face postérieure de la lentille cristalline qui semble pénétrer dans son épaisseur. Cette humeur est peu diffluente, parce qu'elle paraît contenue dans des sortes de mailles vésiculeuses à parois d'une excessive ténuité. L'ensemble forme une masse tellement translucide, qu'on l'a comparée à celle du plus beau cristal : c'est ce qui l'a fait nommer *humeur vitrée*.

Des vaisseaux, des nerfs servent à la nourriture, au développement, à la sensibilité propre de chacune de ces parties ; mais on a évidemment constaté que le nerf principalement destiné à la perception est celui qu'on nomme optique ou oculaire. Il provient de l'encéphale, et c'est la seconde paire qui se sépare du cerveau en avant. Il sort du crâne par un trou particulier pratiqué dans l'épaisseur du sphénoïde. Arrivé dans l'orbite, il pénètre à la partie postérieure de la sclérotique qu'il traverse, ainsi que la choroïde, pour venir s'étaler autour de l'humeur vitrée, sous la choroïde, où il prend la forme d'une membrane très molle, comme pulpeuse, et constituant ainsi la rétine, qui est le point sur lequel s'opère évidemment la sensation.

Chez les animaux vertébrés qui vivent et qui respirent dans l'air, les parties accessoires de l'organe de la vue sont les paupières, les voies lacrymales, les muscles de l'œil et de ses annexes, et enfin les cavités osseuses de la face, dans lesquelles les yeux sont reçus, et qu'on nomme les orbites.

7

Les paupières sont des replis de la peau qui se trouve comme fendue ou trouée dans la région où sont les yeux. Elles font l'office de voiles mobiles ou de rideaux qui peuvent se placer au devant de l'œil pour protéger sa surface contre les frottemens des corps extérieurs, et pour s'opposer plus ou moins à l'entrée d'une lumière trop vive, et à en modérer ainsi l'action. On distingue deux sortes de paupières : les unes sont évidemment la continuité de la peau extérieure amincie, soutenue par de petits cartilages, et mises en mouvement par des fibres charnues. Elles sont revêtues du côté de l'œil par une membrane particulière qui sécrète une humeur muqueuse, et l'on trouve souvent sur les bords de ces paupières, des pores par lesquels suinte une humeur grasse. Il y a une autre sorte de paupière à chaque œil; celle-ci est simple et plus transparente, on la nomme nyctitante ou clignotante; elle se meut transversalement aux autres, et de dedans en dehors au-dessous d'elles. Cette paupière peut recouvrir le globe en entier, même quand les extérieures restent écartées.

Tout le devant de l'œil et les parois internes des paupières doubles ainsi que les deux surfaces de l'impaire sont, dans le plus grand nombre des espèces à yeux mobiles et vivant dans l'air, recouverts par une membrane muqueuse qui est toujours humide et entretenue dans cet état au moyen d'une humeur limpide sécrétée par des glandes particulières qu'on nomme lacrymales. Une partie de ce liquide s'évapore, et ce qui en reste, uni à une matière muqueuse, passe à travers des canaux pratiqués dans l'épaisseur des paupières qui en dirigent l'écoulement dans les cavités des narines ou de la bouche.

Les mouvemens des paupières et du globe oculaire
sont déterminés par autant de faisceaux de fibres charnues, qui souvent forment des appareils assez compliqués pour agir sur les paupières et surtout sur le bulbe
de l'œil, que ces muscles font mouvoir sur son axe et
dans tous les sens.

Les orbites sont des cavités pratiquées sur les parties
antérieures ou latérales de la face, et protégées par
des os dont le nombre et la disposition varient infiniment dans les différentes classes, et quelquefois même
dans les genres et les espèces.

Toutes les parties dont nous venons de parler se retrouvent en général dans les Reptiles, mais avec des
modifications que nous pourrions suivre successivement dans l'ordre que nous venons d'exposer; mais
nous ne cherchons ici qu'à indiquer les grandes différences. Nous aurons occasion de les faire connaître
avec plus de détails par la suite, en en étudiant successivement les ordres, parce qu'alors les modifications pourront offrir plus d'intérêt.

On peut dire en général que les yeux sont petits et
peu développés, souvent incomplets dans leurs annexes; qu'ils manquent même, en apparence au moins,
dans les Typhlops, les Cécilies, le Protée Anguillard
et les Amphioumes; qu'on trouve les yeux plus
grands dans les Tortues, les Crocodiles, les Caméléons, les Geckos; et les plus petits dans les Serpens,
les Pipas et les Amphisbènes; qu'ils sont latéraux chez
la plupart, mais quelquefois comme verticaux dans
les Crocodiles, les Crotales, les Pipas. Une des particularités les plus notables est la disposition de l'œil
dans les Serpens, car la cornée transparente fait en

apparence partie de la peau et de l'épiderme avec lequel elle se détache à chaque mue.

Le globe de l'œil est généralement peu saillant; le plus souvent il est arrondi en dehors, quelquefois de forme ovale allongée. Il n'y a pas en apparence de conjonctive dans les Ophidiens; cependant, par la dissection, on l'a retrouvée derrière la cornée qui tient lieu des paupières, lesquelles se seraient soudées, et le sac que forme cette membrane muqueuse reçoit l'humeur des larmes, et les conduit de l'orbite dans les narines.

On trouve dans l'épaisseur de la cornée chez les Tortues et les Geckos, des écailles ou lames osseuses analogues à celles des Oiseaux; la choroïde varie pour les couleurs ainsi que l'iris; la pupille, le plus souvent arrondie, est quelquefois anguleuse ou linéaire dans les espèces qui sont nocturnes; les Crocodiles, les Geckos, les Crapauds sont dans ce cas. Les humeurs de l'œil varient quant à leurs proportions dans les différens genres; on a observé que le cristallin est d'une plus grande densité et d'une figure plus approchante de la sphérique, chez les espèces aquatiques.

Les orbites sont en général incomplètes, quelquefois protégées par un repli osseux du frontal, comme dans les Crocodiles, ou par des lames d'une peau épaissie comme dans les Crapauds cornus, tels que les Cératophrys et les Otilophes. Chez la plupart il n'y a pas de plancher, et la cavité osseuse n'est pas fermée du côté du palais.

Nous avons déjà dit qu'il n'y avait pas de paupières apparentes dans les Serpens, et que ces animaux semblent, par cela même, avoir l'œil fixe et être toujours

éveillés ; on en voit deux dans la plupart des Lézards et
des Orvets, l'inférieure paraît plus grande et plus mobile ; il y en a trois dans la plupart des Tortues et les
Crocodiles, et une seule, très singulière, dans les Caméléons. On n'en peut pas distinguer dans les espèces
qu'on a séparées des Scinques, pour en former les genres
Blépharis, Gymnophthalme, et dans quelques Geckos.

Les muscles du globe de l'œil et des paupières,
n'offrent que des variétés dépendantes de leur plus ou
moins de longueur, ou de largeur ; mais en général
ils sont les mêmes pour tous et déterminent des mouvemens analogues. Ceux des Caméléons offrent cette
particularité qu'ils n'agissent pas simultanément, et
que l'un des yeux peut se porter en haut, un autre en
bas ; et de même l'un en avant, l'autre derrière et dans
tous les sens que l'animal paraît pouvoir déterminer.
C'est un cas presque unique parmi les animaux vertébrés.

L'humeur dite lacrymale se retrouve dans presque
toutes les espèces ; elle est sécrétée par des glandes
situées dans la même fosse qui loge le bulbe de l'œil,
et chez tous cette humeur passe de la conjonctive dans
la cavité des narines. On trouve deux de ces glandes
chez les Tortues et chez quelques Lézards. Nous avons
déja dit que dans les Serpens, la peau extérieure passe
tout entière au devant des yeux, de sorte que leur
surface est sèche et paraît dénuée de paupières ; mais
derrière cette sorte de cornée correspondante aux
paupières, qui se seraient réunies et seraient devenues
transparentes, on rencontre un sac formé par les deux
portions de la conjonctive oculaire convexe et palpé-
brale concave, qui permet au globe de se mouvoir
réellement et en totalité sous la partie antérieure ;

l'humeur des larmes y arrive et se porte de là dans les narines. Quelques Serpens, comme les espèces des genres Trigonocéphale et Crotale, ont au-dessous de l'œil des cavités externes qu'on a considérées comme des larmiers analogues à ceux des Ruminans; mais ils n'ont de rapport que par la situation, car ils ne reçoivent pas de larmes et leur cavité est toujours sèche; nous ignorons leur usage. Dans les Batraciens sans queue et dans les Salamandres il y a des glaudes lacrymales et une conjonctive percée de manière à permettre aux larmes de se rendre dans la cavité de la bouche; mais ces parties seront mieux étudiées par la suite.

Nous terminons ici l'examen des organes destinés à mettre les Reptiles en rapport avec les corps extérieurs. Nous allons étudier maintenant les organes de la nutrition et de la reproduction.

CHAPITRE III.

DE LA NUTRITION CHEZ LES REPTILES.

Nous avons déja dit que les emplois dont s'acquittent les organes, ou les fonctions principales de la vie, se rattachent chez les animaux à deux séries de phénomènes essentiels à leur existence. Nous venons d'indiquer les premiers, qui se rallient à la vie de rapports, par les effets qu'ils peuvent seuls produire ou manifester. C'est ce qui les distingue et les caractérise parmi tous les êtres organisés, en leur donnant le pouvoir d'agir, de changer de lieu en totalité ou en partie,

en un mot la motilité ; ainsi que la faculté de percevoir ou d'éprouver l'action que les autres corps
peuvent exercer sur eux, à l'aide d'éprouvettes ou
d'instrumens particuliers qui constituent les organes
des sens, dont ils reçoivent les impressions par leur
sensibilité.

Ces deux facultés dans les Reptiles, comme dans
tous les autres animaux, ne sont jamais complètement
isolées ou séparées. Non seulement elles exercent
l'une sur l'autre la plus grande influence ; mais elles
concourent à modifier essentiellement les deux fonctions principales qui nous restent à étudier, savoir la
faculté de s'accroître ou de se développer, en s'incor-
porant d'autres substances qui participent pour un
temps à l'action de la vie, ce qu'on nomme la nutrition ; et celle de reproduire leur race ou d'engendrer
d'autres individus semblables à eux, ou la faculté gé-
nératrice.

Nous allons étudier la première de ces facultés.

On sait que dans les animaux la nutrition s'opère
en dedans, par des pores intérieurs qui font l'office de
ceux que l'on a vus au dehors sur les racines des végétaux. Le premier acte de cette grande opération
exige donc que les alimens, ou les substances qui peuvent servir à la nourriture, soient introduits dans une
cavité interne où ces matières premières sont reçues,
et peuvent ainsi être transportées avec le corps de
l'animal d'un lieu dans un autre. Cette action de porter avec soi çà et là les alimens a été nommée la digestion ; mais cette opération de la vie est liée avec
beaucoup d'autres dont elle exige le concours, et le
plus souvent elle se complique considérablement.

Ainsi d'abord et avec l'aide des sens, les alimens

doivent être découverts, explorés, appréciés, reconnus; ensuite, par l'intermède des organes moteurs, ils doivent être rapprochés de l'animal, saisis, souvent divisés, puis introduits dans la cavité digestive, et là, par des opérations diverses et successives, ils doivent être altérés, décomposés, recomposés, absorbés, revivifiés, puis employés en parties pour servir soit au développement, soit aux actions à produire, ou enfin rejetés tout-à-fait hors de l'économie.

La nutrition est donc la fonction la plus générale, la plus indispensable aux êtres vivans, pour qu'ils puissent conserver leur existence et produire les effets ou les actions qu'ils exécutent. Les alimens procurent aux instrumens de la vie, aux organes, les matériaux nécessaires à leur développement, à leur réparation, à l'office dont ils sont chargés et qu'ils doivent remplir; car il ne se fait rien de rien. Ces alimens, ces substances ingérées, doivent entrer dans la masse, dans la composition de l'individu. Une fois employés, ces matériaux doivent être sans cesse renouvelés. Ils sont repris, empruntés, choisis parmi les corps environnans, tantôt comme matière première et pour ainsi dire primitive, parmi les élémens de la nature, et toujours pour les animaux dans d'autres matières organisées qui ont fait successivement partie d'autres êtres vivans (1). Dans tous les cas, il faut que les ali-

---

(1) Nous avons plusieurs fois, dans nos cours au Jardin du Roi, essayé de faire connaître à nos auditeurs les transformations possibles de la matière ainsi métamorphosée et passant successivement dans les différens corps vivans.

Nous supposons qu'un sable pur, formé de petits morceaux de quartz ou de silice en fragmens, pouvait se trouver exposé aux

mens soient soumis à une décomposition préliminaire; qu'ils soient ramenés, pour ainsi dire, par la dissolu-

---

variations de l'atmosphère, à l'action de la lumière, de la chaleur, de la sécheresse, de l'humidité; qu'il tomberait nécessairement à sa surface des corpuscules, des atomes pulvérulens de ceux qu'on voit répandus et flottans dans l'air; que l'action hygrométrique appellerait bientôt l'humidité sur cette poussière, qu'il s'y développerait de petites *moisissures*, des filamens de matière organique entrelacés, qu'on nomme *byssus*; que ceux-ci se détruiraient; que sur leurs débris ou détritus on verrait se produire des *lichens* crustacés, qui seraient à leur tour altérés par les vicissitudes des saisons; qu'à leurs places et sur leurs débris, il ne tarderait pas à naître des *mousses*; que lorsque celles-ci périraient, elle laisseraient un peu plus de cette terre première végétale, qu'on nomme humus et dans laquelle peuvent tomber les germes de quelques *fougères*; qu'enfin, sur le terreau produit par la décomposition de celles-ci, mêlé avec la silice, naîtraient des bruyères, puis des graminées, des liliacées, diverses plantes annuelles dicotylédonées, des arbrisseaux, et en dernier lieu, peut-être de très grands arbres; car telle est la succession des végétaux.

Mais sur ces plantes, disions-nous, se nourriront des variétés innombrables d'animaux. Pour n'en suivre qu'une seule race, que nous supposerons avoir été déposée sur les feuilles d'un peuplier, et que nous nommerons des Pucerons, nous ne tarderons pas à découvrir parmi ce troupeau ou dans cette famille d'insectes suceurs des larves de Coccinelles ou de cette espèce d'Hémérobe qu'on nomme Lion des Pucerons, qui s'en gorgent et s'en nourrissent uniquement; mais ces derniers, à l'état parfait, seront saisis au vol par des Asiles, sorte de diptères, qui sont aux insectes mous, ce que les Éperviers sont aux petits oiseaux. Ces Asiles eux-mêmes tomberont dans les filets tendus par les Araignées qui en suceront les humeurs. Ces Araignées, trouvant une foule d'autres êtres qui en sont avides, deviennent la proie des Hirondelles et des Moineaux; ceux-ci, s'ils n'ont pas été mangés par d'autres oiseaux carnassiers, serviront à la nourriture des Chats; mais les Chats eux-mêmes, par les débris de leurs cadavres et par le résidu de leurs alimens, peuvent alimenter un très grand nombre d'autres animaux. On voit

tion, ou par une analyse vitale intérieure, à l'état de
matière première, afin que leurs élémens primitifs
soient disjoints, désagrégés, tenus à distance les
uns des autres, pour être recomposés de nouveau;
car aucune des parties animales ne passe directement,
sous cette forme, dans les organes analogues à ceux
qu'elles composaient et qu'elles pouvaient peut-être
constituer chez un autre individu. La chair des muscles ne forme pas la chair; tout est nouveau et recon-
struit à neuf, avec des élémens impérissables et qui
sont par cela même inépuisables.

On comprend sous le nom d'organes de la nutrition, un très grand nombre de parties qui dépendent
en effet de cette fonction principale; mais celle-ci
exige beaucoup d'actions particulières que nous allons
énumérer. Il y a d'abord la *digestion*, dont les organes admettent les alimens et les préparent complètement, de manière à être absorbés sous forme de
fluides. Là commence une autre opération; c'est l'acte
qui met en mouvement et dirige dans des canaux divers l'humeur nourricière; c'est ce qui constitue la
circulation. Le plus souvent cette humeur est soumise, dans des organes particuliers, et par portions
successives, à l'action chimique et vitale des fluides
ambians, cet acte de la fonction se nomme la *respiration*. Avant ou après cette opération, l'humeur
nutritive, considérée dans son ensemble et qu'on appelle le sang, est poussée dans des instrumens divers
où sont séparées et formées des humeurs différentes,

---

donc que, sous un certain point de vue matériel, la métempsychose
de Pythagore et les opinions des Brachmanes et des idolâtres
Chinois n'étaient pas établies sur des idées tout-à-fait ineptes.

telles que la bile, la salive, l'urine, le lait, le sperme, etc. On désigne ces opérations diverses sous le nom commun de *sécrétions*. Enfin toutes les parties du corps retirent évidemment du sang les matériaux nécessaires, non seulement à leur accroissement, aux réparations qu'elles exigent, mais surtout aux élémens de l'action qu'elles produisent : c'est *l'assimilation* qui transforme en la propre substance des organes les particules absorbées.

Cet ordre d'énumération sera celui que nous suivrons dans l'étude à laquelle nous allons nous livrer ; en commençant ainsi par la digestion, nous indiquerons comment sont disposées, d'une manière générale, toutes les parties par lesquelles les alimens sont saisis et divisés. Nous traiterons d'abord des diverses structures de la bouche, des lèvres, des mâchoires, des dents, de l'os hyoïde, de la langue et de quelques parties accessoires, telles que celles qui fournissent de la salive, de la mucosité, une humeur vénéneuse ; puis nous indiquerons les muscles qui servent à mouvoir les parois de la bouche et les principales modifications de celles qui reçoivent, transportent la matière alimentaire, l'élaborent, en font une sorte d'analyse, ou de départ en plusieurs portions, dont les unes doivent être absorbées et les autres expulsées sous forme de résidu. Opérations diverses qui sont désignées sous les noms de déglutition, digestion proprement dite, chylification, absorption, défécation.

De la Digestion.

Les Reptiles étant considérés d'une manière générale d'après les différens modes dont ils s'alimentent ou pourvoient à leur nourriture, on observe qu'ils mangent et qu'ils boivent fort peu ; qu'ils peuvent supporter de longs jeûnes et de grandes abstinences ; qu'en particulier les espèces carnivores sont peut-être celles qui extraient le plus complètement et avec le plus grand avantage tout ce qui est susceptible de nourrir dans la proie avalée, qu'ils n'ont besoin de remplacer qu'à de forts longs intervalles.

Bien peu d'espèces se nourrissent uniquement de substances végétales, telles sont cependant quelques Chélonées ou Tortues marines et plusieurs de celles qu'on nomme terrestres et d'eau douce, ainsi que la plupart des Batraciens sans queue, mais seulement dans leur premier âge, ou lorsqu'ils sont têtards. Alors la disposition de leurs mâchoires, qui sont tranchantes et garnies de corne, facilite la division de l'aliment, de sorte que l'orifice de leur bouche a pu être fort rétréci.

La plupart des autres Reptiles sont carnivores, et presque tous sont obligés de saisir et d'avaler leur proie sans la diviser ; parmi ceux-là il en est peu qui recherchent les cadavres. Pour le plus grand nombre, la proie vivante peut seule exciter la faim ; elle doit être poursuivie agissante, attaquée et blessée à mort pour être avalée ensuite presque entière et d'une seule pièce. Il en est qui ont la bouche largement fendue, et qui peuvent y engloutir des animaux vertébrés ; tels sont, parmi un grand nombre, les Chélydes, les Crocodiles, les Serpens, les Crapauds, quelques grosses Grenouilles, les Pipas : d'autres ont la bouche pour ainsi dire calibrée ; ils doivent se contenter en avalant de petits animaux invertébrés, comme des Mollusques, des Insectes, des Annélides ; tels sont les Lézards, les Dragons, les Caméléons, les Scinques, les Orvets, les Tritons, les Protées.

Aucune espèce n'a des *lèvres* véritablement charnues et mobiles ; les Trionyx ou Tortues des fleuves ont cependant des replis de la peau destinés à recouvrir des mâchoires tranchantes, et peut-être à fermer la bouche plus complètement. Il en est de même de la plupart des têtards de Batraciens, et dans l'état adulte ceux-ci ont, pour le plus grand nombre, la mâchoire inférieure reçue ou engagée sous une peau molle qui recouvre et borde la mandibule. D'ailleurs chez presque toutes les espèces des autres ordres, la peau qui correspond aux lèvres est solidement fixée aux os et presque constamment revêtue d'écailles cornées, qui doivent émousser considérablement la sensation du toucher qui réside dans ces mêmes parties, chez la plupart des Mammifères. Cette privation des lèvres est une circonstance qu'il faut noter, car elle sert à expliquer pourquoi les Reptiles ne peuvent opérer la succion des liquides, comme on l'a dit de quelques Serpens, que l'on a faussement accusés de venir teter les vaches ou d'autres femelles de Ruminans.

La *bouche* des Reptiles, comme celle de tous les véritables animaux vertébrés, présente une fente transversale ou horizontale, située le plus souvent à l'extrémité ou à la partie la plus antérieure de la face. Chez quelques espèces elle est placée un peu en dessous ou cachée sous un prolongement du museau ; mais on n'en a pas encore observé chez lesquels

cette ouverture soit dirigée tout-à-fait en dessus,
comme cela a lieu dans quelques Poissons. Elle est très
large et fendue au-delà des yeux et même des oreilles
dans la Chélyde Matamata, les Crocodiles, les Geckos,
les Uroplates, les Caméléons, le plus grand nombre
Serpens, les Crapauds, les Grenouilles et surtout les
Strombes, comme chez la plupart des autres Batraciens;
tandis qu'elle est petite et peu étendue dans les Amphisbènes, les Typhlops, les Chirotes, les Orvets et
les Ophisaures.

Les *mâchoires* offrent les plus grandes différences
dans la classe des Reptiles, non seulement pour la
région supérieure qui fait continuité du crâne et qu'on
nomme la *mandibule*, mais encore pour la mâchoire
proprement dite ou l'inférieure; mais il y a tant de
diversité dans la manière dont elles sont armées,
dans les usages auxquels la nature les a destinées, et
pour la composition des parties qui les constituent,
que nous serons obligés, pour en donner une idée générale, de les considérer successivement dans chacun
des ordres. Cependant nous dirons d'avance que la
mandibule fait une portion continue de la face, solidement fixée aux os du crâne dans les Chéloniens, les
Sauriens et la plupart des Batraciens, qu'elle est au
contraire formée de pièces mobiles, articulées, sépa-
rables, protractiles, rétractiles et dilatables dans les
véritables Serpens et quelquefois dans les derniers
des Batraciens à queue; que la mâchoire inférieure
diffère constamment de celle des Mammifères et se rapproche de celle des Oiseaux, par son mode d'articulation garnie d'une fossette, couverte de cartilages pour
agir, comme un véritable condyle, sur un os distinct,
quelquefois soudé au crâne, mais le plus souvent mo-

bile lui-même et inter-articulaire, comme l'os carré
des Oiseaux ; que dans les Serpens, les deux branches
qui la composent ne sont presque jamais jointes entre
elles par une symphyse, et qu'au contraire elles peuvent se séparer, s'écarter et se disjoindre pour élargir
et raccourcir énormément la cavité de la bouche, et
qu'enfin, le plus souvent, elles ne servent qu'à retenir la proie et non à mâcher.

Dans les Tortues en général, les Chélydes ou Matamatas exceptées, la mâchoire supérieure, et même
l'inférieure, ont beaucoup de rapports avec le bec de
la plupart des Oiseaux, pour la forme, la structure et
même les usages. Les pièces principales qui bordent
la bouche sont formées par des os recouverts d'un étui
de corne tranchante destinée à diviser les alimens. La
totalité de la mâchoire supérieure, quoique composée
d'un assez grand nombre d'os, est fort solidement
articulée avec la portion antérieure du crâne qui se
prolonge jusqu'au bout du bec. Toutes ces parties
de la face se joignent entre elles et avec les os qui forment la boîte cérébrale, par des articulations immobiles, dont les traces ou les sutures s'effacent presque
toujours avec l'âge. Cependant on voit qu'il n'y a pas
d'os du nez proprement dits ; que les frontaux antérieurs s'étendent jusqu'à l'orifice des narines ; que les
incisifs ou prémandibulaires sont très peu développés, situés sur la ligne moyenne de l'arcade buccale
dont ils commencent le plancher en bordant aussi
en devant les trous des narines ; que l'ouverture postérieure de ces conduits se voit au palais, vers son tiers
antérieur, et qu'ils se trouvent divisés en droit et en
gauche par la lame postérieure du vomer ; que la
mandibule forme tout le reste du bord tranchant de

REPTILES, I. 8

la joue, en s'appuyant sur l'os malaire ou jugal, qui lui-même transporte tous les efforts qu'il reçoit, d'une part, sur le frontal postérieur en dedans, et de l'autre, en dehors, sur la portion écailleuse du temporal. On voit enfin que les Tortues de terre et celles de mer ont en général la tête plus bombée que les Émydes, et que la face s'aplatit tellement dans les Chélydes, qu'elle ressemble à celle des Pipas et des Crapauds, d'autant plus que les mâchoires sont plates et les orbites portées en avant.

Dans aucun Reptile, peut-être, les os qui forment la face ne sont-ils mieux et plus long-temps distincts que dans les Crocodiles ; ce qui a permis de les étudier avec facilité, et de s'en servir, pour ainsi dire, comme d'un type dans les comparaisons qu'on en a pu faire avec les autres Sauriens, et même avec les espèces des ordres différens. On sait que chez tous le museau est fort allongé, toujours aplati, assez large dans les Crocodiles et les Caïmans, et fort étroit, au contraire, dans les Gavials. Chez les Sauriens, l'orifice des narines se trouve placé tout-à-fait en avant et au-dessus du museau ; le pourtour osseux de cette ouverture est formé presque en entier par les os incisifs ou prémandibulaires, pièces qui terminent le museau en avant et supportent les premières dents. La mandibule, proprement dite, borde en dehors le palais qu'elle forme dans la plus grande partie de son étendue ; c'est dans son bourrelet externe que se trouvent creusés les trous profonds ou les alvéoles dans lesquels les dents nombreuses sont logées. On retrouve ici des os nasaux, jugaux, palatins ; ces derniers occupent la partie de la voûte de la bouche, et servent ainsi d'intermédiaire pour joindre les os mandibulaires aux

apophyses ptérygoïdes, qui sont très dilatées et au
dessus desquelles s'ouvrent, comme nous l'avons dit,
les arrière-narines; on y distingue, de plus, un os
particulier qui, sous diverses formes, se retrouve
dans tous les Reptiles et qui sert à joindre cette même
apophyse ptérygoïde à l'os jugal et à la mandibule (1).

Les os de la face et des mâchoires sont à peu près
les mêmes dans les autres Sauriens, quoique leurs
formes, leurs proportions varient à l'infini; ainsi, il
n'y a dans le Varan du Nil qu'un os prémandibulaire,
mais il se porte en arrière en une longue apophyse qui
pénètre dans une échancrure d'un nasal également impair et unique, lequel étant lui-même fendu ou fourchu en arrière, admet là une avance commune et
médiane des deux os frontaux antérieurs, qui reçoivent
ensuite les deux pointes de la fourche dans des mor-
taises disposées en queue d'aronde. Les mandibulaires
sont en général très développés, car ils reçoivent les
dents dont le nombre et la grosseur varient; aussi
forment-ils la plus grande étendue de l'ouverture de
la bouche. On retrouve d'ailleurs presque tous les
autres os de la face; on les reconnaît, au moins par
leurs articulations, comme les analogues de ceux que
nous avons tout à l'heure indiqués avec plus de détails
dans les Crocodiles.

Quoique les os de la face dans les Ophidiens soient
à peu près les mêmes que ceux des Sauriens, ils en
diffèrent essentiellement en ce que les mandibulaires,
les palatins et l'os particulier qui unit ceux-ci à l'apo-

---

(1) *Voyez* Cuvier, Ossemens fossiles, tome v, 2ᵉ partie, pl. iii,
fig. 2, lettre *d*, et pl. xvi, fig. 3, lettre *v*.

8.

physe ptérygoïde, jouissent d'une sorte de mobilité entre eux et avec le crâne. Cette conformation a quelque analogie avec ce qu'on connaît dans les Perroquets et chez quelques autres oiseaux qui peuvent mouvoir leur bec supérieur et qui le soulèvent quand leur mâchoire inférieure vient à s'abaisser. Au reste, cette disposition ne se retrouve que chez ceux qui ont les mâchoires dilatables, et c'est le plus grand nombre ; les Amphisbènes, les Tortrix, les Typhlops étant presque les seuls vrais Serpens qui ne soient pas doués de cette faculté, qu'on voit surtout très développée dans les espèces à crochets protractiles, comme les Vipères, les Crotales.

En général les os de la face sont faibles ; ils sont comme suspendus sous le crâne, où les quatre branches longitudinales glissent sur un point articulaire qui leur permet de faire des mouvemens de bascule et d'écartement ; ils ne servent pas réellement à la mastication ; ils sont destinés à saisir et à retenir la proie, souvent à la blesser ; mais ils n'offrent pas une très grande force ; l'os jugal manque ; on retrouve un petit os lacrymal, percé d'un trou pour livrer passage aux larmes ; les os palatins et ptérygoïdiens forment une double ligne sur laquelle des dents acérées sont implantées dans un espace étroit et allongé ; ils constituent une sorte de mandibule interne qui transmet en même temps le mouvement aux os incisifs dont le mécanisme sera développé par la suite, en traitant des crochets venimeux. Il y a, en outre, des os mandibulaires hérissés également de dents très pointues, courbées en arrière, qui font l'office d'une sorte de herse ; ces os bordent les lèvres et soutiennent la peau, qui est le plus souvent adhérente et écailleuse.

Enfin, dans les Batraciens l'ensemble des os de la face réunit les dispositions de ce qui existe dans les Tortues et dans les Sauriens; au moins dans les Crapauds, dans la plupart des Anoures, ainsi que dans les Salamandres, les os de la face font partie du crâne; on y distingue une arcade continue, formée par les mandibulaires et les incisifs ; cependant il y a d'assez grandes différences dans les dernières espèces, celles qui se rapprochent des Poissons, comme les Sirènes, le Protée Anguillard, les Amphisbènes. Un caractère particulier des os de la face chez la plupart des Batraciens sans queue, c'est que vus en dessous, du côté du palais, on remarque une ligne moyenne correspondante à la base du crâne, puis deux grands espaces libres bordés en dedans par les palatins, en devant et en dehors par les mandibules, en arrière par le sphénoïde; mais toutes ces pièces osseuses varient considérablement suivant les genres et même dans les diverses espèces. Il en est à peu près de même chez les Salamandres et les Tritons ; mais, ainsi que nous venons de le dire, chez les dernières espèces, comme les Sirènes, les arcades mandibulaires se raccourcissent et s'oblitèrent à un tel point, qu'on en retrouve à peine quelques rudimens suspendus dans les chairs ; on distingue seulement les prémandibulaires et les arcades palatines, et souvent même, à la place des os du palais, de petites plaques osseuses garnies de pointes ou de crochets rapprochés, très serrés et disposés par bandes, ou rangés en quinconce, à peu près comme dans quelques espèces de Poissons.

La *mâchoire inférieure* dans les Reptiles, quoique articulée à peu près de la même manière que dans les Oiseaux, c'est-à-dire par une cavité qui reçoit une

proéminence de l'os temporal ou une pièce inter-articulaire qui correspond à l'os carré, offre cependant
de très grandes différences dans les ordres et même
dans les genres. D'abord, il est très rare qu'elle présente une véritable apophyse coronoïde au devant du
condyle, et chez un assez grand nombre on voit au
contraire une éminence osseuse, au-delà de cette cavité articulaire qui donne en arrière attache à des
muscles destinés à ouvrir la bouche.

Une circonstance notable de l'articulation ainsi
portée en arrière et de l'absence de l'apophyse coronoïde, c'est que les branches des os sus et sous-maxillaire peuvent s'appliquer ainsi parallèlement dans la
plus grande partie de leur longueur, et que leur écartement réciproque peut devenir très considérable;
comme on le voit dans les Crocodiles, les Uroplates et
les Serpens, qui ont la bouche fendue au-delà des yeux
et des oreilles.

Dans les Chéloniens, les arcs maxillaires sont soudés
entre eux par une symphyse; leur bord supérieur ne
porte jamais de dents, quoiqu'il y ait souvent une rainure médiane et des enfoncemens et saillies denticu-
lées, mais constamment il est recouvert d'un étui
corné, excepté dans les Chélydes; on retrouve bien
les rudimens des pièces osseuses, qui sont beaucoup
plus distinctes dans les Crocodiles; mais ici elles sont
soudées plus tôt, et on n'en voit les traces que vers le
trou interne et postérieur qui livre passage aux nerfs
et aux vaisseaux internes.

C'est peut-être un caractère particulier aux Crocodiles d'avoir une mâchoire inférieure véritablement
plus longue que la tête proprement dite. Elle dépasse
en effet le crâne au-delà de l'articulation condylienne,

qui est déja très rejetée en arrière. On distingue dans les deux branches, qui sont unies par une véritable suture, six pièces dont les traces restent visibles : une supérieure et antérieure qui constitue le bord alvéolaire dans lequel les dents sont enfoncées : c'est à cette portion que correspond la symphyse ; une lame convexe qui recouvre le canal dentaire, avec trois autres lames osseuses qui entrent également dans la composition de ce canal osseux ; enfin une sixième et dernière pièce reçoit la cavité articulaire enduite de cartilages, et se prolonge en arrière pour former une apophyse sur laquelle s'insère le muscle digastrique.

La mâchoire inférieure des autres Sauriens présente beaucoup de modifications pour la forme, la longueur et les bords alvéolaires dans chacun des genres ; mais en comparant les pièces qui concourent à la constituer, on y reconnaît, au moins pour le mode de jonction, à peu près les mêmes parties que chez les Crocodiles.

Il en est bien autrement de l'os sous-maxillaire des Ophidiens, au moins chez ceux qui ont les mandibules susceptibles de s'écarter. Car dans ce cas la mâchoire inférieure est elle-même composée de deux branches non soudées vers le point qui formerait à la symphyse. Ces os sont à peu près droits et correspondans aux mandibulaires. Chez les Amphisbènes, qui se rapprochent des Sauriens parce que les branches sont soudées et courbées en parabole, on remarque une sorte d'apophyse coronoïde destinée à l'insertion du muscle crotaphite.

Enfin chez les Batraciens les branches de l'os maxillaire inférieur sont rarement soudées à la symphyse. Quelquefois il n'y a dans ce point de jonction qu'un cartilage qui permet une sorte de mobilité,

comme on le voit dans les Grenouilles et les Rainettes.
Le nombre des pièces qui composent chacune des
branches varie ; il y en a trois dans les Grenouilles et
dans les Urodèles. Une des pièces correspond à la symphyse : elle est armée de dents ; la seconde sert à l'articulation, et la troisième est située en arrière et se
prolonge en dessous. On en distingue quatre dans la
Sirène, deux de ces pièces sont garnies de petites dents.

Nous avons déja dit que constamment la mâchoire
inférieure était articulée sur un condyle saillant qui
est fixé sur le temporal dans les Tortues et les Crocodiles, et qui est une pièce distincte chez quelques Sauriens, toujours dans les Ophidiens et le plus souvent
dans les Batraciens. Mais le mécanisme que remplit
cet os inter-articulaire, qui correspond à celui qu'on
nomme carré dans les Oiseaux, varie beaucoup suivant
les genres et même dans les espèces. Il est toujours lié
aux mouvemens que peut produire la bouche pour
saisir et retenir la proie avant qu'elle soit avalée.

Les *dents*, chez les Reptiles, n'existent pas constamment ; il n'y en a jamais dans les Tortues ; et chez
les autres ordres, on en trouve rarement qui soient
réellement composées d'un cément et d'une partie ébur-
née propres à moudre ou à écraser. Nous ne connaissons même que les Dragonnes, parmi les Sauriens, qui
aient des dents à tubercules mousses. Les Iguanes et
quelques Monitors les ont tranchantes sur les bords et
quelquefois comme crénelées. Chez la plupart, elles
sont coniques. Mais comme en général on a emprunté
de la forme et du nombre des dents, ainsi que de leur
position et de leur longueur respective, les caractères
des genres, nous ne les indiquerons pas ici. Nous re-
marquerons seulement qu'outre les dents dont sont

garnis les bords alvéolaires des os de l'une et de l'autre mâchoire, il en existe encore d'autres qui sont implantées sur les os palatins et les ptérygoïdiens. C'est ce qu'on observe dans plusieurs Sauriens, comme les Iguanes, les Anolis, quelques Lézards et plusieurs Scinques. On retrouve ces mêmes crochets beaucoup plus prononcés sur le palais des Couleuvres et de la plupart des Serpens à mâchoires dilatables. On en voit également sur la voûte palatine de plusieurs Batraciens sans queue ; mais ces dents sont pointues et non tuberculeuses, ainsi qu'on l'avait cru en désignant plusieurs variétés de dents de poissons fossiles, comme provenant de Crapauds, en les désignant sous le nom de *Bufonites*. Elles sont également très fines et en crochets dans les Urodèles, et en particulier dans les Sirènes, le Protée Axoloth et les Cécilies. Un caractère particulier des dents coniques des Crocodiles, c'est qu'elles sont creuses à la base, et que, dans cette cavité de la base se développe le germe de la dent qui doit succéder ; de sorte qu'à quelque âge qu'on observe ces animaux, sauf la grosseur et toutes les autres dimensions, le nombre des dents est toujours le même, et la disposition semblable dans chaque espèce. Dans les autres Sauriens, les dents ne sont pas enfoncées dans des alvéoles ; elles semblent être soudées par la base et faire la continuité des os, et quand elles doivent être remplacées, elles sont en partie détruites à la base et poussées par d'autres germes qui se développent latéralement. Dans les Batraciens et les Ophidiens, les dents coniques du palais et des mâchoires font partie des os auxquels elles se sont soudées, comme cela s'observe aussi dans les Poissons.

Nous ne parlons pas ici des crochets à venin des

Vipères et des Crotales, et des dents canaliculées de
quelques autres espèces de Serpens venimeux. Ce sont
bien des sortes de dents creusées dans leur longueur;
mais on doit plutôt les considérer comme des instrumens propres à inoculer une sorte de poison, et leur
disposition sera indiquée par la suite en traitant de la
glande venimeuse qui le sécrète, et surtout quand
nous traiterons de ce groupe d'Ophidiens dans l'histoire générale de cette famille.

La *langue*, que nous devrions maintenant faire
connaître, est principalement mise en action par un
appareil osseux qui le plus souvent pénètre dans
l'intérieur de cet organe, en lui servant de base en
même temps qu'il aide à son action, ainsi qu'à la déglutition et à la respiration. Nous avons cru nécessaire
de présenter ici quelques notions générales sur cet
appareil. Son ensemble est ordinairement désigné
comme un seul os qu'on nomme hyoïde; mais il est
formé de pièces distinctes qui sont encore plus complexes que dans les Oiseaux. En effet, chez les Reptiles il commence à prendre les formes et les usages
qu'on lui reconnaît dans les Poissons.

Cet appareil hyoïdien varie tellement dans les
genres et même d'une espèce à l'autre, qu'il nous a
paru impossible d'en faire connaître ici tous les détails; mais nous indiquerons par la suite les ouvrages
où on pourra les trouver; nous dirons seulement qu'il
consiste en deux régions; l'une moyenne, formée de
pièces souvent impaires qu'on nomme le corps de l'os,
et en pièces latérales symétriques qu'on nomme les
cornes : la plupart de ces portions restent cartilagineuses, ou ne s'ossifient que dans certains points. Le
corps, ou la partie centrale, présente un grand

nombre de variétés depuis une pièce unique jusqu'à sept, et constamment l'impaire située en avant se porte sous la langue. Des os latéraux, qu'on nomme les cornes, les uns correspondent aux styloïdiens et servent à l'articulation avec le crâne en formant ou entourant aussi l'entrée du canal charnu qui mène de la bouche à l'estomac; les autres se portent en bas et soutiennent une sorte de goître ou de poche gutturale; enfin les dernières se prolongent dans le sens de la trachée qui conduit aux poumons. Nous nous bornerons à indiquer les modifications principales offertes par les quatre ordres de Reptiles.

Dans les Chélonées, l'os moyen de l'hyoïde est impair et unique, en forme de bouclier, prolongé en avant en une pointe sous-linguale; les deux cornes antérieures sont fort courtes, non articulées; celles du milieu ou intermédiaires sont plus longues et plus solides; les postérieures sont moyennes en longueur et presque cartilagineuses. Dans les Chélydes, la portion médiane est formée de deux régions; l'antérieure, plus large, reçoit les quatre premières cornes, à peu près comme dans quelques Batraciens; les antérieures sont très courtes, soudées, et formant des apophyses; les suivantes sont longues, articulées, composées de trois pièces coudées, la seconde pièce centrale est grêle, étroite, prismatique, et supporte à son extrémité libre la troisième paire de cornes, qui sont longues et forment un stylet courbé en arc, dont la pointe reste cartilagineuse. Dans les Trionyx, il y a sept pièces moyennes et seulement quatre grandes cornes articulées.

Dans le Crocodile, l'hyoïde est analogue à celui des Chélonées. Il est formé au centre d'une large plaque cartilagineuse, bombée en dehors ou en dessous, et concave supérieurement pour loger le larynx ; il ne porte que deux cornes articulées bien distinctes. Chez les autres Sauriens, l'hyoïde a généralement beaucoup plus de rapports avec celui des Oiseaux (1). Le corps est grêle et pénètre en devant dans la langue; il porte deux ou trois paires de cornes grêles, cartilagineuses, souvent recourbées sur elles-mêmes, surtout celles qui soutiennent la peau du fanon ou du goître chez les Iguanes, Dragons, Lophyres, etc. ; c'est dans le Caméléon que la partie antérieure qui pénètre dans la cavité de la langue à sa base, offre le plus de longueur et de ténuité.

Dans les Ophidiens, l'os hyoïde a les plus grands rapports avec celui des dernières espèces de Sauriens, seulement la partie antérieure est double, et les deux longs filets osseux qui la forment se terminent par des cartilages pointus, qui s'introduisent parallèlement dans le tissu charnu de la langue, et qui se trouvent séparés entre eux par le muscle hypoglosse.

Dans les Batraciens, qui offrent, comme chacun le sait aujourd'hui, le passage évident de la classe des Reptiles à celle des Poissons, la conformation de l'hyoïde et les changemens qui s'y opèrent à l'époque où ces animaux prennent une autre manière de respirer, est très curieuse à étudier ; elle a donné lieu à de savantes recherches publiées successivement par M. Cuvier (2) , et par MM. Dugès (3) et Martin

---

(1) *Voyez* Cuvier, Reptiles fossiles, tome v, 2° partie, pag. 280, pl. xvii du n° 1 à 8.

(2) *Idem, ibidem*, page 396, du n° 8 à 27.

(3) Dugès, Mém. des Savans étrangers, Institut, pl. 3, 13, 14, 15.

Saint-Ange (1). On peut dire, d'une manière générale, que, sous l'état parfait, les parties centrales et
latérales peuvent être comparées à celles des autres
Reptiles, mais les modifications sont trop nombreuses
pour qu'elles puissent être indiquées dans cet exposé
général.

La langue, dont nous avons déja indiqué les dispositions et les variétés les plus remarquables en traitant de l'organe du goût, ne sera considérée ici que
sous le rapport de ses mouvemens et comme aidant
soit à saisir rapidement les alimens, soit à les mouvoir
dans la bouche avant qu'ils soient avalés. A cet égard,
les Reptiles varient beaucoup entre eux, d'après les
ordres auxquels ils se rapportent, et même dans ces
groupes quelques uns, comme ceux des Sauriens et
des Batraciens, présentent-ils d'assez grandes dissemblances.

Les Chéloniens ont pour la plupart la langue charnue, à peu près comme celle des Perroquets ; elle
remplit toute la partie inférieure de la bouche, et se
trouve pour ainsi dire moulée dans la concavité du
bec inférieur ; c'est même dans cet ordre que le tissu
de la langue est le plus charnu ; et comme elle a plus
de largeur et d'épaisseur, quoiqu'elle soit courte, les
différens muscles qui la forment sont-ils plus faciles
à distinguer.

Parmi les Sauriens, les Crocodiles ont une langue
large, mais très peu mobile, car elle paraît adhérente par la membrane muqueuse qui provient des
gencives et parce qu'elle est retenue également par l'os

---

(1) MARTIN SAINT-ANGE, Annales des Sciences naturelles,
tome xxiv, décembre 1834, pl. 19, 20, 21, 25, 26.

hyoïde. Les autres genres offrent de nombreuses différences. Ainsi dans quelques Geckos, et particulièrement dans les Tockaies et les Uroplates, cet organe a de grands rapports avec ce qui existe dans les Crocodiles et dans les Salamandres ; tandis que dans les Iguanes, les Dragons, les Sauvegardes et même les Lézards, la langue peut sortir de la bouche, servir à laper et se mouvoir en dehors pour nettoyer les lèvres. Enfin dans les Caméléons la langue est un appareil très singulier : c'est quelque sorte un tuyau charnu, cylindrique, semblable à un ver de terre, qui peut sortir de la bouche et être lancé rapidement à une distance presque égale à celle de la longueur du corps ; son extrémité libre se termine par un disque concave, visqueux, qui sert de moyen d'attraction, parce que, poussé sur les insectes et les autres petites proies vivantes, celles-ci y adhèrent, et l'animal retirant rapidement la langue, les amène ainsi dans la bouche pour y être divisées par les dents ou avalées tout entières, le fourreau de la langue dans lequel pénètre l'hyoïde se repliant et formant alors un bourrelet charnu sur le plancher de la bouche. Quoique la forme de la langue soit bien différente dans les Mammifères qu'on nomme Fourmiliers, et dans les oiseaux du genre des Pics, il y a de l'analogie dans la manière dont cette langue est portée au dehors et par le fourreau charnu qui la revêt et qui la fait rentrer dans la bouche, où elle se replie de la même manière.

Chez les Serpens, c'est une disposition analogue, mais bien moins développée. Il y a aussi une gaîne cylindrique charnue ; mais l'extrémité de cette langue est fourchue ou divisée en deux pointes mobiles, vibrantes, susceptibles de se mouvoir indépendamment

l'une de l'autre, de s'écarter et d'être lancées pour ainsi
dire : ce qui la fait regarder par le vulgaire comme une
sorte de dard auquel même quelques peintres ont donné
dans leurs tableaux la forme d'un fer de flèche. Le vrai
est que cette langue est molle, humide, très faible, et
que l'on a fait des conjectures, plutôt sur les usages auxquels on l'a cru destinée, que sur l'utilité réelle dont
elle peut être aux Serpens dans l'acte de la déglutition;
car les Serpens ne mâchent jamais leurs alimens.

Dans les Batraciens, on trouve deux dispositions
principales pour la langue. Chez la plupart des Anoures, ou de ceux qui sont privés de la queue, la structure est tout-à-fait anomale, ainsi que son mode d'insertion, dont il n'y a aucun exemple chez les autres
animaux vertébrés. Cette langue, qui est très molle,
presque entièrement charnue, n'est pas soutenue à sa
base par l'os hyoïde. Son attache est tout-à-fait inverse
de celle qu'on retrouve partout; elle est fixée dans la
concavité que forment, par leur rapprochement vers
la symphyse, les deux branches de la mâchoire. Dans
l'état de repos, et lorsque la bouche est fermée, l'extrémité libre de la langue correspond à l'arrière-
gorge, au devant de l'ouverture des voies aériennes ;
mais lorsque l'animal la fait sortir de la bouche, il l'allonge considérablement et il la lance vivement comme
en la crachant par une sorte d'expuition, et il la porte
à une assez grande distance en la renversant sur elle-
même, de manière que la face inférieure devient supérieure et réciproquement. Cette langue est enduite
d'une viscosité tenace, et lorsqu'elle s'applique sur
une proie, elle y adhère si fortement que celle-ci est
entraînée lorsqu'elle rentre dans la bouche. Là, le plus
souvent, cette proie se trouve comprimée, engluée

de nouveau par une bave glutineuse, et soumise presque immédiatement à l'acte de la déglutition. Nous
avons déja annoncé que dans les Salamandres, les
Tritons et les autres Batraciens Urodèles, la langue
ressemble à celle des Crocodiles. Elle n'est pas libre,
et cette adhérence au plancher de la bouche semble
être d'accord avec la manière dont les animaux saisissent leurs alimens sous l'eau.

Les dernières parties de la bouche qui nous restent
à examiner dans les Reptiles, sont destinées à fournir
les matières muqueuses et liquides, en particulier
cette sorte de bave qui suinte des diverses surfaces,
qui non seulement lubrifient l'intérieur de la cavité,
mais même en recouvrent les matières alimentaires qui
y sont introduites pour être avalées plus facilement.

L'humeur muqueuse provient de cryptes ou folli-
cules dont toute la membrane interne de la bouche est
garnie, principalement sur la langue, aux gencives et
même sur le palais. On n'en a pas fait une étude spéciale, mais on les a supposées par analogie. Il n'en est
pas de même des véritables *glandes salivaires*. Celles-là
ont été décrites. Telles sont les sublinguales, les sus-
mandibulaires, les sous-maxillaires, auxquelles il faut
ajouter les glandes qui sécrètent le poison chez certains Serpens venimeux, et celles qui, après avoir
fourni à la surface de l'œil l'humeur des larmes, laissent pénétrer ce liquide dans la bouche, dont il peut
contribuer à humecter les parois.

La position, la structure et le volume de ces glandes
varient beaucoup, suivant que les espèces de Reptiles
sont obligées de couper ou de diviser les alimens dans
la bouche : ce qui exige une certaine quantité de salive
pour en former une pâte, comme dans les Tortues, ou

suivant que la proie est avalée tout entière , sans être altérée à sa surface : circonstance qui n'exige que la production d'une matière gluante pour rendre le glissement plus facile, comme on l'observe dans certaines espèces de Serpens , tels que les Couleuvres et les Boas.

Une circonstance plus importante à faire connaître , et qui intéresse beaucoup la physiologie , c'est la sécrétion de l'humeur venimeuse dont sont armées certaines espèces de Serpens. Qu'il nous suffise d'indiquer ici que dans les Vipères , les Crotales , et dans plusieurs autres , ce venin est sécrété par une glande dont le tissu n'est pas conglobé, ou formé de petits grains réunis. Il est produit par une sorte de tissu mou, aréolé et comme spongieux , d'où provient un canal unique qui aboutit à la base d'un crochet canaliculé ou creusé à l'intérieur par un conduit correspondant à une rainure qui se prolonge jusqu'à la pointe d'une dent souvent supportée par une pièce osseuse. Celle-ci se meut , afin que la dent puisse se redresser ou se cacher dans une cavité qui lui a été ménagée sur les parties latérales du palais. La glande sécrétoire, enveloppée d'un tissu fibreux, est pour ainsi dire comprimée mécaniquement par les os de la mandibule et par le muscle crotaphite, lorsque les mâchoires tendent à se rapprocher. On a retrouvé depuis quelque temps d'autres dents canaliculées propres à insérer le poison et placées sur d'autres parties de la bouche. Nous les ferons mieux connaître lorsque nous traiterons de ces genres de Serpens venimeux (1).

_____

(1) DUVERNOY, Annales des Sciences naturelles, tome XXVI , page 113, pl. 5, 10, et tome XXX, pl. 4.

REPTILES, I. 9

Les *muscles*, ou les agens qui sont destinés à mouvoir tous les os, les cartilages et les autres parties de la bouche que nous venons d'énumérer, agissent en particulier sur la mâchoire, quelquefois sur les os de la mandibule et sur la langue, soit directement, soit par l'intermédiaire de l'hyoïde. Au reste, parmi les os de la face, il n'y a guère que la mâchoire inférieure qui soit mobile, à l'exception de la plupart des Serpens. Les faisceaux de fibres charnues sont à peu près analogues. Ainsi on retrouve un ou plusieurs crotaphites ou temporaux qui naissent des parties latérales du crâne, et qui viennent en grande partie s'insérer sur le bord supérieur de la mâchoire, en avant de l'articulation condylienne. Ce muscle est très fort chez la plupart, parce qu'il remplace le plus souvent le masséter. Dans les grandes Tortues de mer, et chez beaucoup d'autres Chéloniens, il est placé sous la voûte que forment par leur réunion l'os jugal avec le frontal postérieur; aussi ces animaux ont-ils une force prodigieuse lorsqu'ils serrent un corps solide entre leurs mâchoires. Les ptérygoïdiens, qu'on retrouve très distinctement dans les Serpens qui font mouvoir leurs mâchoires de devant en arrière, sont généralement à peine indiqués chez ceux des Reptiles dont les mâchoires, par leur mode d'articulation, ne peuvent exécuter aucun mouvement de protraction ou de rétraction. Il en est autrement du muscle digastrique ou mastoïdo-maxillaire. C'est en général un muscle court et très fort qui ne s'insère pas vers la jonction des branches de la mâchoire, mais tout-à-fait en arrière de leur articulation, sur un prolongement de l'os, qui est surtout très remarquable, comme nous l'avons dit, chez les Crocodiles, où cet os a réellement plus de

longueur que le crâne auquel il sert de point d'appui,
lorsque la bouche vient à s'ouvrir. La mâchoire inférieure ne pouvant s'abaisser, c'est la supérieure qui
s'élève. Ce même muscle offre de semblables insertions
dans les Tortues, chez la plupart des Sauriens et jusque chez les Batraciens.

Il y a trop de modifications des muscles des mâchoires chez les Serpens, pour que nous essayions de
les faire connaître ici. On conçoit qu'il a fallu des
agens pour porter en avant les mandibules et les prémandibulaires sur lesquels sont soudés les crochets
à venin ; que d'autres étaient nécessaires pour les ra-
mener dans l'état primitif; qu'il y en a pour rapprocher
et pour écarter les os mandibulaires et toute l'articulation maxillaire. Aussi en trouve-t-on de très particuliers qui proviennent des vertèbres, des côtes (1).

Les muscles qui agissent sur la langue et sur l'os
hyoïde ne sont pas moins compliqués ; ils présentent
des variétés en si grand nombre dans les ordres et
même dans les différens genres, que nous avons craint
d'entrer ici dans ces détails, qui sont tout-à-fait anatomiques et exposés ailleurs avec beaucoup de précision (2).

Après avoir indiqué ainsi la structure de la bouche
et des parties qui concourent à la former, nous allons
raconter, d'après nos propres observations, comment
s'exécutent, dans chacun des ordres, la préhension
des alimens et les actions diverses qui sont exercées

---

(1) Duvernoy, Annales des Sciences naturelles, tome xxvi,
1830, page 113, pl. 5 à 10.

(2) Dugès, même ouvrage, tome xii, 1827, page 337 ; Cuvier,
Leçons d'Anatomie comparée, tome iii, page 252.

9.

sur eux avant qu'ils soient introduits dans le canal qui mène de la bouche à l'estomac. Nous devons rappeler cependant que, dans le plus grand nombre des Reptiles, le conduit des narines aboutit non en arrière, mais dans la partie moyenne du palais, quelquefois même tout-à-fait en devant, et qu'il n'y a pas de voile mobile, les Crocodiles faisant presque seuls exception à cet égard. Il faut aussi savoir que la glotte, ou l'ouverture du larynx dans la bouche, n'est pas recouverte d'une soupape ou d'une épiglotte, ni même d'une sorte de herse cartilagineuse, comme dans les Oiseaux, et que son orifice correspond à peu près à la terminaison des arrière-narines. Ces circonstances sont importantes à connaître, parce qu'elles sont en rapport avec le mode de déglutition et avec celui de la respiration; aucun animal n'employant autant de temps à avaler, que n'en mettent la plupart des Reptiles.

A l'exception des Chélydes, toutes les Tortues forment une section à part parmi les Reptiles, par la structure de leur bouche qui est un véritable bec tranchant, recouvert d'une substance cornée, propre à couper par fragmens l'aliment saisi, de manière qu'il n'en reste dans la cavité de la bouche que ce qu'elle peut contenir; aussi, ces animaux sont-ils presque les seuls qui puissent se nourrir de matières végétales; les Chélonées ou Tortues marines, et les véritables Tortues de terre, ont même une sorte de préférence pour cette nature d'aliment qu'on leur voit attirer avec la langue et couper entre leurs mâchoires qui, quoique cornées, offrent des rainures, des enfoncemens et des saillies faisant l'office de dents; d'autres, comme les Trionyx et les Émydes, semblent plus spécialement rechercher les animaux vivans, qu'elles

saisissent à l'aide du tranchant de leur bec, et qu'elles
déchirent avec les ongles acérés et coupans dont leurs
pattes antérieures sont armées; quelques unes lan-
cent, pour ainsi dire, leur tête, supportée par un long
cou, jusque sur la proie; ou après s'être avancées en
tapinois, comme les chats, jusqu'à la distance calculée,
elles étendent subitement toutes ces parties pour que
l'action de leurs mâchoires puisse s'exercer d'une manière certaine. Cependant les Chélydes, dont les mâchoires sont plates, sont obligées d'avaler la proie
qu'elles ont saisie, sans la diviser; sous ce rapport,
comme par la conformation générale de la tête et de l'os
hyoïde, elles se rapprochent des Crapauds et surtout
des Pipas; comme eux, elles sont forcées de se contenter
d'une proie de petite dimension, et pour ainsi dire calibrée sur l'entrée de la bouche, qui est fort large, à la vérité. Une circonstance importante, à ce qu'il paraît,
dans les mœurs de ces animaux, c'est qu'ils ne se dé-
cident à saisir la proie qu'autant qu'ils ont pu s'assurer
par les mouvemens qu'elle produit, qu'elle est bien
vivante, car ils ne s'attaquent jamais aux cadavres.

Parmi les Sauriens on trouve de fort grandes différences, suivant les genres, pour la manière dont la
nourriture est saisie et avalée; on sait que les Crocodiles et les Tupinambis poursuivent et attaquent les
animaux vivans, qu'ils s'efforcent de submerger,
et que lorsqu'ils les ont noyés, ils font en sorte de
les diviser par portions, à l'aide des dents, ou de
les broyer de manière à ce que les fragmens puissent
passer à travers l'isthme du gosier. Les Iguanes, les
Sauvegardes, et presque tous les Lézards, dont les
mâchoires sont garnies de dents, saisissent également
leur proie vivante; ils la secouent vivement et l'étour-

dissent par des mouvemens brusques et réitérés quand elle veut s'échapper ; les crochets qu'on voit à leur palais retiennent cette substance, et aident ainsi à la déglutition ; leur langue charnue et exertile leur sert également pour en recueillir les débris, ainsi que pour leur donner les moyens de boire en lapant ou en léchant les corps humectés. Chez les Geckos, la gueule est très fendue, et la proie calibrée est reçue tout entière dans sa cavité, qui se referme ensuite complètement ; ainsi emprisonnée et fortement comprimée, souvent écrasée par l'action des muscles de l'os hyoïde, elle se trouve alors poussée en arrière par la langue et engagée dans le canal charnu, qui sous le nom d'œsophage la dirige dans l'estomac. Dans le Caméléon, la langue vermiforme et gluante s'applique sur les Insectes, les Annelides, les Mollusques, avec tant de prestesse et de rapidité, qu'on a vu ces Reptiles saisir en passant les Insectes ailés qui voltigeaient à une assez grande distance et dans une sorte d'atmosphère qui semblait les attirer. Nous n'avons jamais vu de Reptiles Sauriens se nourrir de végétaux ou de fruits ; on le dit cependant des Iguanes et surtout de la Dragonne, seule espèce qui ait les mâchoires garnies de dents tuberculeuses, mousses ; c'est ce qui reste à vérifier ; il est cependant bon de noter que la plupart des Sauriens peuvent réellement mâcher ou diviser leurs alimens par portions qu'ils avalent successivement, en recueillant les restes solides ou liquides qui s'échappent ou s'écoulent de leur bouche.

Quant aux véritables Serpens, il n'en est pas qui mâchent réellement, de même qu'il est évident qu'aucun ne peut sucer ou opérer le vide dans la bouche, et que, par conséquent, c'est un préjugé de croire que

plusieurs de ces animaux, comme les Boas et les Couleuvres, puissent téter les vaches; outre l'absence des
lèvres charnues, le défaut de voile du palais et de
l'épiglotte qui rendraient la succion impossible, il
est évident que les crochets acérés et recourbés en
arrière, qui garnissent leurs mâchoires et leur palais,
s'accrocheraient comme des hameçons aux tétines des
Mammifères et qu'ils ne pourraient s'en détacher.
Quoiqu'on ignore le véritable usage de la langue humide et charnue que les Serpens brandissent et font
continuellement sortir de la bouche et vibrer dans l'air,
il est facile de concevoir, qu'à cause de sa forme cylindrique, et de son étroitesse, elle ne pourrait faciliter
la mastication, quand même les dents seraient propres
à cet usage. Tout au plus, cette langue fort longue
sert-elle, comme on l'a observé quelquefois, à faire
pénétrer un peu de liquide dans la bouche, car nous
avons vu nous-même des couleuvres laper ainsi l'eau
que nous avions placée auprès d'elles, dans la cage
où nous les tenions renfermées pour les observer à
loisir. La mobilité des mâchoires, l'écartement dont
elles sont susceptibles, par une sorte de déduction
naturelle et volontaire qui permet à la bouche de s'é-
largir en même temps que sa longueur diminue, doivent être rappelés ici pour faire concevoir comment
la nourriture est saisie par les Serpens. Au moment
où l'animal se jette rapidement sur sa proie, il écarte
vivement les deux mâchoires, et la gueule béante,
hérissée de pointes, il l'applique sur la proie qu'il
attaque. Si la peau de la victime est molle, les crochets pointus y pénètrent comme des griffes, ils la
déchirent ou la retiennent comme des grappins, et
dans ce cas, si l'animal résiste, il est bientôt étranglé

ou étouffé, écrasé même dans quelques cas, et ses os sont rompus par les replis et les contractures du corps du Serpent. Alors seulement l'action alternative de l'une et l'autre mâchoire s'exerce, comme les deux palettes d'une carde ; les pointes crochues dont elles sont armées font peu à peu avancer vers le gosier la proie sur la surface de laquelle se dépose une bave gluante, qui la lubrifie pour la faire glisser plus aisément.

Chez les Batraciens, la nourriture, toujours de nature animale, est saisie diversement par les espèces, suivant qu'elles appartiennent aux Urodèles qui conservent leur queue pendant toute leur vie, comme les Salamandres, les Tritons, les Protées, ou qu'elles en sont privées, comme les Grenouilles et les autres qu'on nomme Anoures ; les premières saisissent les animaux avec les bords des mâchoires et les retiennent à l'aide des dents crochues dont elles sont garnies, et à la suite de mouvemens successifs, elles les attirent peu à peu vers le fond de la bouche pour les faire engager dans l'œsophage sans pouvoir les diviser. Dans les Grenouilles, les Crapauds, les Rainettes, la bouche est énorme par son ampleur et la largeur de son orifice ; mais ici, c'est la langue gluante et si bizarrement organisée, comme nous l'avons dit, qui peut être lancée, comme par une sorte d'expuition, allongée et portée à une grande distance dans une position renversée et rapidement rétractée, puis ramenée dans la bouche comme pour être avalée, pour ainsi dire, avec la proie saisie qui s'y est collée et se trouve transportée comme avec une pelle. Le petit animal englué, écrasé, ou fortement comprimé, ne tarde pas à franchir le gosier, et aussitôt commence l'acte de la déglutition, qui s'opère avec une rapidité extrême.

Cet acte de la déglutition a déja commencé dans la bouche, et se continue jusqu'à ce que la proie ou l'aliment soit parvenu dans l'estomac. Dans les Mammifères on nomme pharynx, ou cavité du gosier, la portion du canal commun qui offre à la fois les orifices des arrière-narines, de la bouche, des trompes de l'oreille, du canal aérien des poumons, enfin de celui des alimens, qu'on nomme œsophage. Chez les Reptiles il n'y a pas de véritable pharynx : car les narines, ainsi que la glotte, s'ouvrent dans la bouche, et l'œsophage commence immédiatement après les mâchoires; ce sont les muscles de ces parties, de la langue et surtout de l'os hyoïde, qui commencent l'acte de la déglutition. Cela est tellement évident chez les Chéloniens et les Batraciens, que ces animaux emploient, comme nous le ferons connaître par la suite, le mécanisme de l'action d'avaler afin de forcer l'air destiné à la respiration de pénétrer par gorgées dans la glotte et de là dans la trachée, pour en charger la cavité des poumons.

Le canal qui porte le manger ou l'œsophage est plus ou moins allongé; c'est la première portion du tube intestinal : il est composé de fibres contractiles, disposées par couches entrelacées en longueur et en travers ou obliquement circulaires, qui ont une très grande force. Dans le plus grand nombre des cas il ne présente pas de portion dilatée d'une manière constante, comme ce qu'on nomme le jabot dans les Oiseaux; cependant il est susceptible de beaucoup d'extension; dans les Serpens en particulier, il peut admettre une proie d'un très grand diamètre et s'élargir considérablement.

Parmi les particularités les plus notables, nous indiquerons les papilles cartilagineuses, comme cornées

et coniques, qui semblent garnir l'intérieur de l'œsophage chez les Tortues de mer, où cette sorte de surface hérissée de pointes toutes flottantes, dont l'extrémité libre est dirigée vers l'estomac, semble s'opposer au retour de la matière alimentaire. Dans
le plus grand nombre des autres Reptiles, la portion
œsophagienne du tube digestif ressemble tout-à-fait
à celle de l'estomac qui en est la continuité, et qu'on
nomme cardiaque, pour la distinguer d'une autre qui
est un peu rétrécie, souvent plus épaisse, et qu'on appelle pylorique.

On remarque que les intestins sont d'autant plus
courts et moins flexueux, que l'animal est plus carnassier ; ce qui est démontré d'ailleurs d'une manière
positive par l'observation des changemens qui arrivent
dans ce canal chez les têtards des Grenouilles et des
autres Batraciens sans queue, lesquels, à l'époque de
leur vie fétale, se nourrissent de matières végétales
et ont un tube digestif excessivement allongé, tandis
que sous l'état parfait, l'animal étant carnassier,
perd les quatre cinquièmes de la longueur de ses intestins qui se sont ainsi raccourcis. Cette disposition est
l'inverse de ce qu'on observe chez d'autres animaux, et
spécialement chez quelques larves d'Insectes, en particulier de celles des grands Hydrophiles d'eau douce,
qui, de carnassiers qu'ils étaient lorsqu'on les nom-
mait des vers assassins et qu'ils avaient un tube digestif
de la longueur du corps, offrent au contraire une am-
pliation extrême, et un développement des intestins
tel que, sous l'état parfait, il acquiert cinq ou six
fois la longueur primitive.

Les Tortues, qui se nourrissent plus particulièrement de végétaux, ont aussi les intestins très longs

et fort sinueux, tandis que les Serpens et beaucoup de Sauriens ont, proportionnellement à la longueur de leur corps, des intestins très courts et peu flexueux.

L'estomac, considéré isolément, est courbé et un peu dirigé en travers chez les Tortues et les Batraciens sans queue ; il est arrondi dans les Crocodiles, en forme de poire conique, non courbé et plus large vers l'œsophage dans le Dragon, petit et recourbé sur lui-même dans les Caméléons ; dans les Salamandres il est plus large au milieu, allongé, fusiforme. Chez les Sirènes le tube intestinal semble de même longueur dans toute son étendue, et il a les plus grands rapports avec celui des Serpens ; chez ceux-ci la portion dila-tée, qui correspond à l'estomac, paraît composée de deux parties ; l'une plus large qui semble terminer une sorte de cul-de-sac, et l'autre plus étroite, plus épaisse, correspondante à la région pylorique.

On peut, jusqu'à un certain point, distinguer deux régions dans le reste de l'étendue du tube diges-tif, ou dans la portion du canal qui suit l'estomac. L'une correspond aux intestins grêles, et une autre, plus large et qui commence là où ceux-ci paraissent se replier en formant une valvule circulaire, qu'on retrouve chez presque tous, mais plus particulière-ment dans l'Iguane. Cependant il n'y a réellement ni véritable cœcum, ni aucun appendice, ce qui les distingue des parties correspondantes chez les Mam-mifères et les Oiseaux. Cette portion dilatée repré-sente le rectum ou le dernier intestin ; on trouve dans son intérieur des replis circulaires, des espèces de cloisons mobiles, sortes de valvules conniventes qui sont surtout fort évidentes dans quelques Serpens, et dont la dernière forme une poche à part très re-marquable dont nous allons parler.

Chez tous les Reptiles, le tube digestif se termine à l'extrémité du ventre, au-delà du bassin, par une seule ouverture correspondant, comme dans les Oiseaux, à une sorte de poche où aboutissent les organes génitaux, quelquefois des canaux qui établissent une communication avec la cavité du péritoine dans l'abdomen, les uretères ou conduits qui amènent l'humeur sécrétée par les reins et le résidu, le plus souvent solide, des alimens ; cette cavité commune est nommée le *cloaque*, son orifice extérieur varie pour la forme et pour la position. Dans les Tortues, par exemple, ainsi que chez les Batraciens sans queue, comme les Crapauds, les Grenouilles et dans les Cécilies, l'ouverture du cloaque est arrondie et plissée ; tandis qu'elle présente une fente ou ligne, tantôt suivant le sens de la longueur du corps dans les Batraciens à queue comme les Salamandres, et le plus souvent une fente en travers garnie d'une sorte de valvule dans tous les Serpens et le plus grand nombre des Sauriens. Chez les Tortues, le cloaque s'avance et se termine sous la base de la queue, tandis que chez les Batraciens Anoures il se voit immédiatement au dessous d'un coccyx mobile, qui lui-même s'appuie au dessus des cuisses, de sorte qu'il paraît supérieur au tronc. Chez les Serpens, le cloaque s'ouvre vers la fin de l'abdomen, au dessus de l'origine de la queue qui est souvent très longue ; dans les Batraciens Urodèles et les Sauriens, quoique placé de même, il se voit immédiatement après les cuisses et toujours vers le point de leur jonction.

Les alimens introduits dans le canal, dont nous venons d'indiquer les principales dispositions depuis la bouche jusqu'au cloaque, y éprouvent diverses altérations ; séjournant d'abord dans l'œsophage et l'es-

tomac, si ce sont des animaux vivans, ils y sont bientôt comprimés, suffoqués. Leur corps ainsi privé de
la vie ne tarde pas à être macéré par l'action chimique
et vitale de sucs qui suintent de toutes les parois du
canal. Cette sorte de décomposition rend liquides, ou
du moins change en une espèce de bouillie, les matières
organiques qui les formaient, et qui se trouvent alors
forcées de passer au-delà du pylore, sous l'apparence de chyme. Bientôt abondent dans le canal de
nouveaux sucs, qui aident encore à cette action qu'on
appelle digestive. Ce sont des glandes spéciales qui
fournissent ces humeurs qu'on nomme en particulier
la bile et le suc pancréatique. Pendant tout ce trajet,
la portion la plus nutritive des humeurs qu'on désigne
sous le nom de chyle, se trouve pompée, absorbée
soit par des pores, soit à travers les parois des intestins, par une sorte d'imbibition qu'on a appelée endosmose. Bientôt ces sucs passent dans les radicules
de petits vaisseaux dont les uns sont nommés chylifères, parce que le chyle paraît y cheminer sans mélange; tantôt il pénètre dans les petits canaux veineux
pour se mêler immédiatement au sang et pour être
transporté avec lui dans le cours de la circulation,
comme nous l'indiquerons plus tard.

Nous allons donc faire connaître d'une manière générale ces organes accessoires de la digestion dans la
classe des Reptiles, en traitant successivement du foie
et des canaux qui transmettent la bile, ainsi que de la
rate, qui semble tenir comme en réserve les matériaux
de cette sorte de sécrétion, et enfin du pancréas, qui
fournit, pour être mêlée au chyme, une humeur analogue à celle de la salive.

Le *foie* existe dans les Reptiles comme chez tous les

autres animaux vertébrés ; il a les mêmes fonctions.
C'est la plus grosse de toutes les glandes. Elle offre un
appareil de sécrétion tout particulier, dans lequel l'humeur semble provenir, non du sang rouge ou actif,
mais de celui qui a déja circulé ou qui est passé à l'é-
tat veineux. Cet organe paraît destiné à dépouiller ce
sang, qui provient en grande partie des intestins, de
certaines parties âcres, avant qu'il soit soumis par la
respiration à l'action chimique du fluide ambiant. Les
granulations dont la masse du foie est composée, séparent chacune du sang qui y arrive, une certaine quantité de l'humeur qu'on nomme la bile. Les petits conduits particuliers qui en proviennent, se réunissent
bientôt, comme les divisions de la rafle d'une grappe
de raisin, en un dernier canal qu'on nomme hépatique. Celui-ci, le plus ordinairement, avant d'arriver à
l'intestin, fournit une branche appelée cystique, qui
aboutit à une vésicule ou réservoir membraneux, où la
bile reste en provision, jusqu'à ce qu'elle se rende soit
directement dans l'intestin par un canal séparé, soit
qu'elle retourne par la première voie jusqu'au premier
canal, qui se continue et prend alors le nom de cholédoque.

Toutes les parties que nous venons de nommer se
retrouvent dans les Reptiles, mais avec quelques variations dans le volume, la forme et la position relative, tant du foie lui-même que de ses parties accessoires.

Dans les Tortues et les Crocodiles, le foie forme
deux masses ou lobes placés en travers, au dessous
du cœur et au devant de la jonction de l'œsophage
avec l'estomac. Dans les Batraciens sans queue, il a généralement trois lobes. Chez la plupart des Sauriens et

chez tous les Ophidiens, il n'y a qu'un lobe de forme
allongée, placé à droite ou dans la région moyenne,
au devant du long œsophage, et il accompagne l'estomac en fournissant des canaux hépatiques et cysti-
ques tout-à-fait distincts. Dans les Batraciens Urodèles,
et particulièrement dans la Salamandre terrestre, le
foie n'a également qu'un seul lobe; mais il est court,
de forme presque tricuspide, concave du côté de l'estomac, sur lequel il s'applique; il est échancré en haut
pour recevoir la poche du péricarde, et allongé en bas
pour s'unir à un réservoir aqueux dont nous parlerons
en plusieurs occasions.

On observe une vésicule du fiel contenant une bile
verdâtre ou brune dans tous les Reptiles. Quelquefois,
comme nous l'avons dit, et en particulier dans les
Serpens, le canal cystique provient du foie directement, et se trouve tout-à-fait distinct de l'hépatique;
de sorte que chacun a son insertion séparée, mais rapprochée, dans l'intestin qui correspond au duodénum.
Dans les Tortues et les Batraciens, la vésicule est
adhérente et cachée dans la concavité du foie, très haut
chez les Grenouilles et les Salamandres, et presque
tout-à-fait en bas dans les Tortues et les Crocodiles.
Dans les Serpens, la vésicule du fiel est tout-à-fait séparée du foie et à une assez grande distance de son
lobe long et unique. Souvent les canaux cystique et
cholédoque se joignent en un seul qui s'insinue obliquement dans les parois de l'intestin.

La *rate*, chez les Reptiles, est en général réduite à
de très petites dimensions; elle est le plus souvent
fort éloignée du foie et même de l'estomac; quelquefois à droite, plus souvent dans la région moyenne ou
tout-à-fait à gauche. Sa forme est ordinairement ar-

rondie et sa couleur d'un rouge foncé qui contraste
avec la teinte des intestins sur lesquels elle repose, s'y
trouvant liée par beaucoup de vaisseaux. Dans quelques Tortues, on l'a observée près du cœcum et du côté
de l'échine. Dans les Serpens, on l'a trouvée à droite,
près de l'insertion du canal cholédoque. Dans le Crapaud, la Grenouille, elle est arrondie, située dans la
région moyenne, sous le lobe intermédiaire du foie;
tantôt adhérente au duodénum, tantôt placée au côté
gauche de l'estomac, et de forme allongée, comme on
l'a vue dans la Salamandre.

Le *pancréas* est une autre glande dont la structure
est analogue à celle des salivaires. Il a été reconnu
dans presque tous les Reptiles. Il est situé immédiatement sous la jonction de l'intestin avec le sac stoma-
chal sous le péritoine. Le conduit qui verse l'humeur
qu'il a sécrétée est quelquefois double, triple et même
plus divisé. Ces tuyaux s'abouchent en général assez
près de ceux qui y apportent l'humeur biliaire.

Dans les considérations générales par lesquelles
nous avons cru devoir faire précéder l'étude de la digestion chez les Reptiles, nous avons énoncé que ces
animaux supportaient pendant très long-temps la privation des alimens; qu'ils en consommaient en général très peu, et qu'ils en extrayaient tous les sucs.
C'est en effet une particularité fort curieuse que celle
de l'excessive faculté absorbante dont sont doués les
intestins des Serpens en particulier, quand on examine ce qui est survenu à la proie qu'ils ont avalée. Il
n'est pas rare de rencontrer dans nos bois ces sortes
de déjections fécales. Elles offrent pour ainsi dire
l'extrait sec d'un animal tout entier, dont les seules
parties qui n'ont pu être liquéfiées se **retrouvent**

inaltérées, absolument dans la même situation qu'elles occupaient dans le cadavre, avant que celui-ci eût parcouru toute la longueur du tube digestif. Si c'était un Rat, par exemple, on reconnaît, dans cette masse sèche et informe, la place qu'occupait le museau de l'animal, les longues moustaches qui garnissaient ses joues, le duvet qui recouvrait les minces cartilages de ses oreilles, les poils de diverses longueurs et couleurs qui correspondaient au dos, au ventre et surtout à la queue ; enfin jusqu'aux ongles qui sont restés dans leur état d'intégrité absolue. Tout ce qui était chair ou matière molle dans ce corps, a été complètement absorbé ; cependant le sel terreux qui donnait, par son union avec la gélatine, de la consistance aux os, indique encore par sa présence et surtout par sa couleur, la place que ceux-ci occupaient. C'est donc l'analyse la plus complète, opérée par la voie de la dissolution, de la compression et de l'absorption, dont on retrouve le résidu dans cette matière desséchée qui pourra cependant encore devenir, en grande partie, la pâture de quelques larves d'insectes de la famille des Dermestes.

Il y a un grand rapport de structure dans la terminaison des voies digestives entre les Oiseaux et les Reptiles, en tant que chez tous il existe un cloaque. Mais les Oiseaux, qui mangent beaucoup plus et qui répètent plus souvent leurs repas, ne paraissent point tirer de leurs alimens un aussi grand profit. En général, les Reptiles mettent autant de lenteur à expulser le résidu de cette sorte d'analyse digestive, qu'ils en ont montrée dans l'action d'avaler ou dans l'acte de la déglutition. C'est pour eux, à ce qu'il paraît, un travail long et difficile, car il s'opère à des intervalles

souvent plus éloignés encore que ceux de leurs repas,
qui sont très rares.

Nous avons vu les changemens qu'éprouve la substance alimentaire engagée dans les voies digestives ;
comment, après avoir été dissoute et réduite en pulpe
dans l'estomac, elle se trouve ensuite combinée avec
les sucs salivaires et gastriques, et ultérieurement encore avec les humeurs sécrétées par le pancréas et le
foie. Alors, elle est tellement dénaturée que les
matériaux qui la composaient, soumis à une force chimique et vitale de désorganisation, se trouvent désagrégés, isolés et comprimés avec violence, et deviennent aptes à se combiner de nouveau et de toute autre
manière sous forme liquide, pour produire un composé nouveau qu'on nomme le chyle. C'est la matière
nutritive élémentaire qui a besoin de nouvelles actions
vitales avant d'être déposée dans les organes où elle
sera employée à leur nutrition, à l'accroissement, à la
réparation, et à leurs fonctions particulières ; car nous
aimons à le répéter, il ne se fait rien de rien, il n'y a
pas d'effet sans cause, ni d'action sans agent.

Jusqu'ici, on n'a pas découvert dans les animaux la
première introduction du chyle. On suppose que les
pores qu'il traverse sont trop ténus pour qu'on ait pu
les observer ; mais on ne tarde pas à en reconnaître la
présence dans les vaisseaux particuliers qui le contiennent, et qu'on nomme veines chylifères. Ils sont
situés dans l'épaisseur ou la duplicature d'une membrane séreuse très ténue, qu'on nomme le péritoine.
Cette membrane recouvre toutes les parties renfermées
dans la cavité de l'abdomen. Elle enveloppe le tube
intestinal, de la surface duquel elle se replie pour
former le mésentère. Ces vaisseaux ont été reconnus et

démontrés par un mode d'injections que nous avons indiqué pour les rendre perceptibles à l'aide du lait qu'on
y introduit et qu'on rend solide ensuite par l'action de
l'eau acidulée. On les a décrits d'après des Tortues,
des Crocodiles, des Couleuvres et même dans les Grenouilles. Tous ces faits portent à penser, par conséquent, qu'ils existent dans les Reptiles en général. Le
liquide qu'ils renferment n'est pas du sang : c'est un
fluide presque tout-à-fait translucide et aqueux dans les
Chélonées, mais d'une teinte blanche et laiteuse chez
les espèces qui se nourrissent de matières animales. Les
canaux par lesquels il chemine, aboutissent dans d'autres vaisseaux analogues qu'on nomme lymphatiques,
et qui proviennent du tronc et des membres ; ils se rendent dans de grosses veines sanguines, et mêlent ainsi
cette humeur à celle du sang avant qu'il soit parvenu
vers l'agent général d'impulsion qu'on nomme le cœur.
Telles sont les voies qui dirigent la matière nutritive
dans la masse du sang pour servir à la réparation générale, à l'accroissement, aux sécrétions et à toutes les
fonctions qui s'exécutent dans l'économie animale.

Maintenant que nous avons terminé l'examen de
cette première partie de l'acte de la nutrition, et indiqué les modifications principales des organes digestifs
dans la classe des Reptiles, il sera assez utile de résumer les particularités les plus notables que chacun des
ordres nous a offertes. C'est cette analyse que nous
allons présenter.

Les Chéloniens peuvent jeûner très long-temps.
Nous avons vu une Émyde à long col rester plus d'une
année sans prendre de nourriture, et beaucoup d'espèces de genres différens ont offert la même particularité. Les Chélonées et les Tortues préfèrent en général

10.

les végétaux ; les Trionyx et les Chélydes recherchent les Poissons et les petits oiseaux aquatiques ; les Émydes attaquent les animaux faibles, tels que les Mollusques, les Crustacés, les Vers, les Insectes. Tous les Chéloniens ont un bec sans dents. Ils mordent sans lâcher prise. Leur mâchoire inférieure est seule mobile, l'os carré ou intra-articulaire étant soudé au crâne. Leurs muscles temporaux sont très forts étant divisés en plusieurs faisceaux qui ont des attaches étendues sur les os du crâne et de la face. Les Trionyx sont les seuls Reptiles dont les mâchoires soient munies d'une peau molle en forme de lèvres, et les Chélydes les seules Tortues dont les mâchoires soient plates et la bouche très fendue. Tous les Chéloniens ont la langue charnue, peu exsertile, à papilles nerveuses très distinctes. L'œsophage des Chélonées est garni intérieurement de pointes cartilagineuses dirigées de devant en arrière dans le sens de l'estomac. Celui-ci est dans une position transverse. Les intestins sont longs ; le foie est volumineux, à deux lobes, logeant en haut le cœur, et dans sa concavité la vésicule du fiel ; la rate est arrondie, médiane et fort éloignée du foie. Le pancréas est une très grosse glande. Chez tous les Chéloniens, le cloaque est arrondi, situé sous la queue ; on trouve dans son intérieur l'orifice de canaux qui aboutissent dans la cavité du péritoine.

Les Sauriens offrent d'assez nombreuses variétés dans leurs organes de la digestion, à cause de la diversité de leurs mœurs ; en général ils mangent et boivent peu, ils digèrent lentement ; quoiqu'on ait dit de quelques uns qu'ils étaient herbivores ou frugivores, la plupart sont très carnassiers. Les Crocodiles, les Gavials, les Varans se nourrissent de Poissons, de petits Mammifères et autres vertébrés ; les Monitors, les Iguanes, les Dragonnes recherchent les nids des Oiseaux pour en dévorer les œufs ou la progéniture ; les Lézards, les Dragons, les Caméléons poursuivent les Insectes et font la chasse aux Lombrics, aux Chenilles ; les Geckos attaquent les Mollusques et d'autres petites espèces d'animaux. Tous lapent l'eau et le sang ; aucun ne peut sucer ou faire le vide dans la bouche ; leur mâchoire inférieure est le plus souvent la seule mobile, quoique l'os carré ou temporal-maxillaire ne soit pas uni solidement au temporal, mais par ce mode d'articulation, la mâchoire inférieure peut avancer ou reculer en totalité sur la supérieure ; les Crocodiles font exception, car chez eux l'os carré étant soudé en arrière du crâne, ils peuvent soulever la mâchoire supérieure quand l'inférieure, étant arrêtée, lui offre un point d'appui. Les dents des Sauriens varient beaucoup pour la forme dans les différens genres ; cependant elles sont toujours simples ou non composées et sans cément intermédiaire dans la couronne ; quand elles sont coniques, elles ne servent qu'à retenir ou à transpercer la proie ; quand elles sont tranchantes ou dentelées en scie, elles servent à mâcher les chairs. Les seules Dragonnes ont des dents à tubercules mousses. Outre les dents qui garnissent l'une et l'autre mâchoires, les Iguanes, les Lézards, les Anolis et plusieurs autres genres en ont aussi qui sont implantées sur les os palatins et sur les ptérygoïdiens. La langue est charnue et protractile, souvent fendue à l'extrémité, excepté dans les Crocodiles, où elle est adhérente aux gencives. A l'exception de ces mêmes Crocodiles, aucun Saurien n'a de voile du palais, aucun n'a d'épiglotte ; chez aucun la glotte ne

s'ouvre dans le pharynx. L'os hyoïde a le plus souvent
six cornes ou appendices osseux et cartilagineux, deux
se portent vers le goître, quand cette poche gutturale
existe : c'est le cas des Iguanes et des Dragons, qui y déposent des Insectes comme dans des abajoues. Le foie
offre beaucoup de variétés pour le développement et le
nombre des lobes, ainsi que pour la position et le volume de la vésicule du fiel ; le cloaque est constamment à deux lèvres mobiles, et présente une fente dont
le grand diamètre est en travers.

Les Serpens sont tous carnassiers et n'avalent qu'une
proie vivante ou qu'ils viennent de blesser ; mais ils diffèrent beaucoup entre eux, suivant qu'ils s'attaquent
à des animaux d'un grand ou d'un petit volume ; ceux
qui sont dans ce dernier cas ont en général de moindres dimensions ; leur peau n'offre guère d'écailles
de formes et de grandeur différentes entre elles ; leur
bouche est à peine dilatable, car les branches de leur
mâchoire inférieure sont, le plus souvent, soudées par
une symphyse ; jusqu'ici on n'a pas trouvé d'espèces
venimeuses parmi ces derniers. Les Serpens à bouche
dilatable ont leurs mâchoires supérieure et inférieure
mobiles par la singulière disposition de l'os carré qui
pousse en haut l'une et la fait avancer, quand l'autre
s'abaisse et recule, et réciproquement. Leurs dents
maxillaires et palatines sont toujours coniques, pointues, courbées et ne peuvent servir à mâcher, mais elles
agissent seulement comme des crochets pour retenir
la proie. Ces Serpens sont plus actifs et plus souples,
ou bien ils sont doués d'une force prodigieuse. La forme
de leurs écailles est très différente ; celles du ventre
forment en général de grandes plaques ; aucun n'a de
voile du palais ni d'épiglotte et par conséquent ne

peut faire le vide dans la bouche. Leur langue est cylindrique; elle est formée par un tuyau charnu rétractile; elle est fendue et se divise en deux pointes molles à l'extrémité, qui peut se porter hors de la bouche et y vibrer. La plupart, au moment où ils avalent la proie entière, sécrètent beaucoup de salive ou une bave gluante dont ils enduisent la surface de leur victime; leur œsophage est large : c'est une sorte de jabot ou de premier estomac; leur tube intestinal est court, à peine d'un tiers plus long que l'abdomen; leur foie, composé d'un seul lobe, est de forme oblongue, il recouvre le haut du tube digestif. Il y a chez eux un canal hépatique et un autre distinct pour la vésicule du fiel, qui est toujours fort éloignée du foie; mais la bile arrive par ces deux conduits vers le même point du tube intestinal après l'estomac; c'est au dessous de ce point qu'on observe la rate, qui est arrondie et située sur la ligne moyenne de l'abdomen. Le cloaque est à l'origine de la queue; il offre une fente transversale à peu près comme dans les Oiseaux; les deux lèvres mobiles qui le bordent sont garnies d'écailles de formes diverses. La Cécilie, sous ce rapport, et sous beaucoup d'autres, fait seule exception à cette règle, son cloaque étant arrondi, comme dans tous les Batraciens sans queue, telles que les Grenouilles.

Les Batraciens, et surtout ceux qui ne conservent pas la queue, diffèrent beaucoup, sous le rapport des organes de la digestion, suivant qu'ils sont encore têtards ou sous la forme d'embryons, ou lorsqu'ils sont parvenus à leur dernier état. Dans le premier âge, ils ont une bouche munie de lèvres et de pièces cornées ou coupantes qui leur servent de mâchoires pour diviser par fragmens les matières végétales dont

ils font leur principale nourriture, et alors leur tube
intestinal se recourbe et se roule en spirale dans la
capacité d'un très vaste abdomen arrondi ; mais ces
mêmes animaux, lorsqu'ils sont parvenus à l'état parfait, sont tout-à-fait changés au dedans comme au
dehors, ainsi que dans leurs mœurs et dans leurs habitudes obligées. Ils ont la bouche excessivement large,
fendue au-delà des yeux ; ils avalent leur proie vivante et tout entière ; ils peuvent supporter long-
temps la privation presque absolue des alimens ; ils
croissent lentement, et leur vie se prolonge considérablement ; c'est sous ce dernier état que nous les
avons considérés jusqu'ici et que nous allons rappeler
les principales observations auxquelles ils ont donné
lieu. La peau qui borde leurs mâchoires est molle, elle
forme une espèce de gencive ou de lèvre extérieure.
Leur mâchoire inférieure est reçue dans une sorte
de rainure qui règne dans toute la longueur de la supérieure, et ses deux branches sont légèrement mobiles
vers la symphyse ; cette jonction des deux mâchoires
est complète et se ferme hermétiquement comme la
gorge d'une tabatière par son couvercle. Cette mollesse
des bords maxillaires est encore plus notable dans la
Sirène et le Protée Anguillard, chez lesquels la mandibule est incomplète en devant ; la plupart ont les
mâchoires munies de petites dents coniques, aiguës,
égales entre elles ; on en voit d'autres distribuées
symétriquement et sur plusieurs rangs, soudées aux
os du palais, des prémandibulaires ou des os ptérygoïdiens. Chez tous la langue existe, mais elle offre une
particularité dans les espèces qui sont privées de
queue, à l'exception des Pipas, cette langue est très
contractile, quoiqu'elle adhère par sa base non à l'os

hyoïde en arrière, mais vers la concavité des deux branches de l'os sous-maxillaire, et l'animal, lorsqu'il la porte au dehors, la renverse et la retourne, pour la retirer ensuite avec la proie qui se trouve entraînée et comme en fournée sur une pelle qui l'abandonne quand son service est fini. Les Batraciens à queue, telles que les Salamandres, ont, au contraire, la langue adhérente aux gencives ; ils ne peuvent la porter au-dehors, et c'est un des caractères qui les distingue. Chez tous l'œsophage est un canal large, mince, à replis longitudinaux, c'est une sorte de jabot ou de premier estomac qui ne se distingue guère du véritable que par la position, celui-ci étant transversal dans les espèces sans queue, comme dans quelques Tortues. En général le tube digestif est très court, à peine a-t-il une fois et demie la longueur totale du corps, tandis que dans les têtards il avait plus de sept fois cette étendue ; cette modification suivant la nature des alimens est un des faits physiologiques des plus intéressans.

Le foie est très gros dans les Batraciens, il est ordinairement formé de trois lobes au-dessous desquels on voit la vésicule du fiel qui y est adhérente ; la rate est ronde surtout dans les Anoures, car dans la Salamandre elle est de forme allongée et adhérente à l'estomac. On trouve chez les Batraciens des replis très singuliers du péritoine dans l'épaisseur desquels se dépose ou se sécrète une matière grasse, ordinairement colorée en jaune qui varie beaucoup pour la disposition dans les diverses espèces ; on a regardé ces corps jaunes et la la matière adipeuse qu'ils contiennent, comme des sortes de réservoirs, dans lesquels la nature a fait déposer une substance nutritive qui sera employée à l'époque où ces animaux, comme nous le verrons plus tard, éprouvent une sorte d'engourdissement ou de sommeil léthargique pendant les saisons les plus froides, car au printemps ces masses frangées ont diminué considérablement de grosseur. La forme du cloaque présente encore un caractère tout particulier dans les Batraciens; quoique essentiellement disposé de même, son orifice extérieur est très différent. Dans les Anoures, comme les Grenouilles, les Crapauds, il est de forme arrondie comme dans les Tortues; mais il est placé à l'extrémité du dos et presque au dessus des cuisses, tandis que dans les Salamandres, les Tritons, les Sirènes, les Amphisbènes, il est de forme allongée avec deux lèvres latérales qui se tuméfient et se colorent diversement à certaines époques de l'année, et cette fente est toujours placée au dessous et à l'origine de la queue, immédiatement après les pattes postérieures.

De la Circulation.

Le chyle, ou l'humeur extraite des alimens par l'acte de la digestion, est le principe nutritif par excellence; car c'est seulement sous la forme liquide que la matière nouvelle peut s'introduire dans les corps organisés pour s'identifier, pour servir aux développemens de leurs parties, à leur réparation, à l'accroissement de l'ensemble, et pour fournir sans cesse des matériaux aux glandes qui sécrètent, et aux divers organes qui ont des fonctions à remplir. Nous avons dit par quelles voies le chyle extrait des intestins chez les Reptiles, à travers leurs parois, se trouvait transporté, charrié par les vaisseaux absorbans pour pénétrer dans la masse des autres humeurs, et en particulier dans cette portion du sang qui cheminait dans d'autres canaux qu'on nomme des veines ou conduits veineux. Ces veines qui contiennent du sang ayant déja servi, ou dont les organes ont déja retiré les matériaux qui convenaient à leur action, est mélangé avec d'autres humeurs précédemment absorbées. Toutes ces veines viennent aboutir à un organe creux, formé de fibres charnues contractiles, sorte de muscle creux jouissant de la double faculté de pouvoir se distendre et de se dilater pour recevoir une quantité déterminée de ce sang; pouvant ensuite se resserrer avec force, contracter ses parois de manière à pousser ce sang dans d'autres canaux appelés des artères. Cet organe, faisant l'office d'une pompe aspirante et foulante, qui est destiné à produire ce mécanisme d'attraction et d'impulsion, se nomme le *cœur*. Enfin ce mouvement continu par lequel le sang parvenu au cœur au moyen des veines se trouve de nouveau poussé dans toutes les parties du corps, se nomme la circulation.

Pour faire mieux comprendre les modifications principales que cette fonction secondaire éprouve dans les différens ordres de la classe des Reptiles, il nous devient indispensable de rappeler, en peu de mots, comment elle s'exécute chez les animaux vertébrés. Nous dirons même comment elle s'opère chez l'homme, afin de reproduire en même temps les dénominations dont nous aurons besoin pour désigner les variations des différentes parties du système d'organes destinés à cette importante opération, qui fournit un véhicule ou des moyens de transport aux matériaux de la nutrition, et qui se trouve liée à plusieurs autres modifications dans les organes respiratoires.

La structure du cœur varie beaucoup, quoique le

mécanisme suivant lequel il agit reste à peu près le même ; le cœur est toujours placé, chez les animaux vertébrés, près des organes respiratoires et renfermé dans une poche membraneuse, véritable sac en partie fibreux, dans lequel il peut se mouvoir librement, c'est ce qu'on nomme le *péricarde*. Le sang qui arrive au cœur par les vaisseaux qu'on nomme les veines, est d'abord admis dans un ou deux appendices, sortes de cavités à parois musculeuses et minces qui sont calibrées de manière à n'admettre qu'une portion fixe et déterminée de cette humeur. Ce sont des vestibules, ou chambres d'attente, garnis à l'entrée et à la sortie de soupapes, de clapets ou de valvules qui s'abaissent ou se soulèvent pour laisser entrer le sang d'un côté et permettre sa sortie par l'autre ; c'est ce qu'on nomme les *oreillettes* ou les sinus du cœur ; les parois, quoique peu épaisses, sont cependant très contractiles ; ces oreillettes sont appliquées sur la masse charnue du cœur qui consiste en un ou deux muscles creux principaux, à fibres très compliquées, dont les cavités adossées l'une contre l'autre sont tantôt tout-à-fait distinctes, et tantôt communiquent entre elles ; c'est ce qu'on nomme les *ventricules* du cœur ; leurs parois sont beaucoup plus épaisses et ont beaucoup plus de force. Les orifices par lesquels le sang arrive ou sort de ces ventricules sont également munis de soupapes membraneuses disposées de manière que le sang qui les a soulevées pour passer dans un sens, les abaisse ou les ferme s'il tend à revenir dans le cours inverse ou à retourner d'où il vient.

On nomme *artères* les vaisseaux qui proviennent du cœur et qui sont destinés à recevoir le sang qui a traversé les ventricules par lesquels il est poussé avec force dans les organes; ces canaux ont des parois plus épaisses, élastiques ; ils vont toujours en diminuant de calibre quand ils s'éloignent du cœur, ils n'ont pas de cloisons ou de soupapes à l'intérieur, excepté à leur origine ; ils vont en se divisant et en se ramifiant à l'infini ; le sang y circule du tronc aux branches.

On est convenu d'appeler *veines* les vaisseaux dont l'origine, d'après le cours ou la direction de l'humeur qu'ils contiennent, semble commencer par des racines qui naissent de toutes les parties par des canaux excessivement déliés et qui se réunissant successivement en rameaux, en branches et en troncs, viennent aboutir au cœur. Il y a des veines fort différentes les unes des autres; telles sont celles du foie, des organes respiratoires, des intestins; aucune de celles-ci n'a de cloisons mobiles ou de soupapes à l'intérieur; mais la plupart des autres en sont munies, de manière que le sang ou le fluide nutritif qu'elles charrient ne puisse rétrograder. Les veines sont distinguées en lymphatiques, en chylifères et en sanguines ; celles-ci renferment toujours un sang plus foncé en couleur, ou moins rouge que celui qui est poussé par les artères.

Le système des organes circulatoires est constamment lié au mode de respiration, ou peut-être réciproquement les organes respiratoires sont-ils modifiés par ceux de la circulation. Aucun animal ne le prouve mieux qu'un Reptile, car nous verrons que les principales modifications dans les organes de la circulation, sont toujours dépendantes de la manière dont s'opère l'acte de la respiration dans les différens ordres de cette classe.

Afin de mieux faire apprécier les changemens que l'acte de la circulation éprouve dans les Reptiles, nous allons d'abord en faire connaître le mécanisme général. Nous avons dit que le sang parvient au cœur par les veines, qui toutes se dirigent comme un fleuve vers cet agent d'impulsion ; il y arrive avec les matériaux divers qui ont été puisés dans la masse des organes ; mais ce sang n'est admis que par portions mesurées, et en quantités déterminées, dans la cavité de l'oreillette qui se dilate au moment où le sang, pénétrant dans son intérieur, force une valvule qui lui livre ainsi passage. Aussitôt que cette oreillette est remplie, elle se contracte, et pendant cette action comprimante sur la dose du sang veineux, ainsi mesurée, il s'opère deux effets : la valvule qui a servi à l'introduction se trouve repoussée contre le cours du sang veineux, et une autre valvule, qui s'ouvre du côté du ventricule, y est abaissée de sorte qu'il y a une communication libre avec l'oreillette. Bientôt cette portion de sang admise dans le ventricule le force à se contracter à son tour, et il se produit là également un double effet ; les valvules situées du côté de l'oreillette se trouvent soulevées et oblitèrent complètement cette ouverture ; mais en même temps d'autres soupapes, placées à l'origine du tronc des artères, le plus ordinairement au nombre de trois, viennent à se soulever et à permettre au sang de pénétrer avec violence dans le canal des artères : celles-ci ont des parois élastiques qui se prêtent d'abord à une légère dilatation, mais revenant bientôt sur elles-mêmes, elles réagissent sur le sang, les trois valvules qui lui ont livré passage se réunissent en s'appliquant les unes contre les autres, et le sang est ainsi forcé de cheminer par la seule voie libre qui lui reste

ouverte jusqu'aux dernières extrémités ou vers la terminaison de ces vaisseaux.

Nous avons dit que la couleur du sang contenu
dans les artères était d'une teinte rouge-vif; mais cette
couleur s'altère, se ternit quand les dernières arté-
rioles s'abouchent dans les veinules correspondantes,
ou quand les radicules des veines pompent cette humeur dans les organes où il s'est opéré quelque nutrition, quelque sécrétion; le sang est alors de couleur
bleue ou d'un rouge-brun violet, il a en effet cette
apparence quand il arrive au cœur.

Nous venons de donner une idée de ce qu'on nomme
la circulation générale; mais chez tous les animaux
qui ont un cœur, et particulièrement dans ceux qui
ont des vertèbres, le sang est poussé soit en totalité,
soit en partie dans des organes spéciaux où il est soumis, à travers les parois des vaisseaux, à l'action du
fluide gazeux ou liquide qui sert à la respiration. Là,
comme nous le ferons connaître avec plus de détails
par la suite, le sang veineux change de nature et de
propriétés; sa teinte devient d'un rouge plus vif; enfin
il prend tous les caractères du sang artériel : c'est ce
qu'on nomme l'hématose. Ainsi modifié, il est re-
pompé par des veines qui se réunissent peu à peu en
branches plus grosses, pour se rendre enfin dans l'une
des oreillettes du cœur, au moins chez les animaux
qui respirent dans l'air. Ce sang alors rentre dans la
circulation générale, et il est de nouveau mis en mouvement par la contraction du ventricule, comme
nous venons de l'exposer plus haut.

Il était nécessaire de rappeler ces généralités avant
de faire connaître comment la circulation s'opère dans
la classe des Reptiles, et pour faire apprécier les mo-

difications que cet acte de la vie présente dans chacun des ordres.

Dans les Mammifères et les Oiseaux, il y a une double circulation complète. La totalité du sang veineux est forcée de passer par les vaisseaux des poumons pour y recevoir les caractères et les propriétés du sang artériel, avant d'être chassée de nouveau dans le système circulatoire général ; de manière que l'acte de la respiration est continuel, régulier ; qu'il ne peut être suspendu long-temps sans que le sang ne soit complètement altéré. Or, on a acquis la preuve positive que le sang complètement veineux ne peut servir à maintenir l'action régulière des organes ; de sorte que chez tout animal dans lequel la masse du sang est obligée de passer en entier dans les poumons, quoique par portions successives, la vie cesse dès le moment où la respiration est tout-à-fait arrêtée. Il n'en est pas de même des Reptiles, chez lesquels les poumons ne reçoivent qu'une partie fractionnée de la masse du sang veineux ; de sorte que leur respiration n'agit jamais sur cette humeur que d'une manière partielle, car une grande portion du sang retourne aux parties avant d'avoir éprouvé ce changement ou cette modification de veineuse en artérielle, qu'on appelle l'hématose. Cette circonstance semble exercer la plus grande influence sur leur mode d'existence. D'abord leur circulation s'opère généralement avec lenteur, et se trouve influencée d'une part par leur volonté, en tant qu'ils peuvent respirer plus ou moins lentement, et d'autre part, d'après l'état de l'atmosphère dans laquelle ils vivent, parce que l'action en est accélérée par la chaleur et ralentie par le froid. De là l'inconstance ou la variabilité de la chaleur propre de leur corps. La température ne restant pas la même, comme dans les animaux dits à sang chaud, c'est ce qui les a fait désigner à tort sous le nom d'hémacrymes ou à sang froid; leur chaleur s'élevant beaucoup dans quelques cas et s'abaissant presque comme celle des milieux dans lesquels ils sont plongés. Dans le premier cas, leur circulation semble être plus active, et par suite leur respiration, ainsi que toutes les autres fonctions; dans l'autre, les facultés paraissent se ralentir et même pouvoir être suspendues. On a vu en effet des Reptiles vivre encore très long-temps après avoir été privés du cœur ou de l'agent destiné à mettre leur sang en mouvement.

Cependant tous les Reptiles ont un cœur renfermé dans un péricarde. Il est constamment situé au dessus du foie et à la base ou sous l'origine des poumons. Cet organe présente des variations quant au nombre des oreillettes et à leur situation relative, et surtout quant aux cavités ou loges plus ou moins complètes et distinctes dont le ventricule est composé. Chez tous on a observé des vaisseaux lymphatiques, chylifères, veineux et artériels, et dans ces derniers un mouvement de pulsation, savoir : un mouvement de resserrement ou de systole et un autre de diastole, c'est-à-dire de relâchement ou de dilatation. C'est même chez les Grenouilles et dans l'épaisseur des membranes minces qui réunissent les doigts des pattes postérieures que l'on a pu, à raison de leur transparence et à l'aide du microscope, bien constater comment s'opère le passage du sang artériel dans les premières racines des veines.

Nous n'entrerons pas dans les détails anatomiques de la distribution des vaisseaux artériels et veineux chez les Reptiles, car elle a beaucoup de rapports avec

REPTILES, I. 11

ce qu'on en connaît dans les animaux d'un ordre plus
élevé; mais comme l'agent de cette circulation présente d'assez grandes différences dans trois de ces
ordres, nous allons les faire connaître, au moins dans
ce qu'ils offrent de plus remarquable.

Le cœur des Tortues, par sa forme et sa structure
tout-à-fait singulières, a excité les recherches de grands
anatomistes, qui en ont donné de très bonnes figures(1).
La masse en est généralement courte et épaisse, elle
offre surtout beaucoup de largeur transversale; le
ventricule unique en apparence quand il est vu au
dehors, occupe la partie inférieure du péricarde, qui
est logé lui-même dans une excavation de la région
médiane et supérieure du foie; la partie inférieure de
la masse charnue ou ventriculaire est convexe, arrondie; les principaux vaisseaux qui en naissent, et les
oreillettes, sont situés dans la région supérieure. Il y
en a deux qui sont adossées et séparées par une cloison moyenne qu'on n'aperçoit point au dehors; elles
ont de très grandes dimensions et elles peuvent admettre beaucoup plus de sang que la cavité du ventricule ne peut en contenir. C'est dans l'oreillette droite
que viennent aboutir les grandes veines générales du
corps, tandis que celles qui proviennent des poumons,
pour en rapporter du sang rouge, se rendent dans
l'oreillette gauche qui est un peu plus petite. Bien
qu'il y ait deux oreillettes séparées complètement, le
ventricule n'a cependant qu'une cavité commune, et
les deux sangs, veineux et artériel, quoique passant

(1) DUVERNEY et MÉRY, Mémoires de l'Académie des Sciences.
Paris, 1699, 1703.

BOJANUS, Anatome Testudinis Europeæ, pl. xxix, fig. 160 à 169.

par des trous munis de soupapes différentes , se trouvent bientôt unis et confondus par leur mélange, en
traversant le tissu fibreux musculaire qui cloisonne
les parois de ce ventricule ; de manière que la majeure partie du sang artérialisé se dirige vers les gros
troncs qui correspondent à l'aorte, et que le sang veineux pénètre dans une sorte de loge, qui par ses contractions le pousse plus spécialement vers le tronc
commun des artères pulmonaires pour y être soumis
à l'action vivifiante de l'air atmosphérique.

Dans les Crocodiles la structure du cœur est encore
plus compliquée que chez les Tortues ; il y a aussi deux
oreillettes , mais le ventricule est ovalaire ou conique.
On trouve dans l'intérieur de cette partie charnue des
poches incomplètes ou dont les parois sont percées de
trous par lesquels le sang communique de l'une à l'autre ; l'une de ces loges en particulier correspond à
l'oreillette droite , par laquelle arrive tout le sang veineux du corps. La majeure partie de ce sang, au moment où s'opère la systole, ou le mouvement de
contraction , se trouve poussée dans le tronc de l'aorte
descendante gauche, qui se distribue entièrement aux
viscères abdominaux : les deux autres loges admettent
des portions de ce sang veineux, mais surtout celui
qui revient des poumons , et ce sang ainsi revivifié
prend de suite une autre route ; il se rend dans l'aorte
descendante droite , laquelle fournit les artères des
membres , en même temps que celles de la tête ou les
carotides.

Dans les autres Sauriens le cœur n'est plus en général aussi voisin du foe ; sa forme est conique, il a
deux oreillettes et deux loges qui communiquent entre
lles , creusées dans le ventricule, l'une très grande

II.

qui admet tout le sang veineux , et l'autre plus petite, qui reçoit le sang artérialisé dans l'épaisseur des poumons, est destinée à le diriger ainsi à son retour et directement dans les organes de la vie animale, c'est-à-dire aux muscles et au système nerveux, à peu près comme dans les Crocodiles.

Il y a trop peu de différences entre le cœur des Serpens et celui de la plupart des Sauriens, pour que nous croyions nécessaire de les rappeler ici.

Mais dans les Batraciens, les organes qui servent à la circulation présentent les modifications les plus remarquables. Cet acte de la fonction nutritive s'opère par un mécanisme qui varie suivant les époques de la vie de l'animal quand il subit des métamorphoses, et c'est le cas du plus grand nombre. Dans les premiers temps de leur existence, la totalité de leur sang est chassée par le cœur dans les vaisseaux des branchies, et alors le mode de la circulation est absolument le même que celui des Poissons, au moins chez les espèces que l'on a pu bien étudier ; ainsi il n'y a qu'une oreillette au cœur, ou plutôt la cloison qui s'y trouve vers le point où le sang artérialisé y arrive par les veines pulmonaires, est à peine distincte, et le sang veineux qui y parvient par la grosse veine cave, pénètre de suite dans un ventricule unique ; celui-ci , en se contractant, pousse le sang dans un seul tronc artériel qui porte à sa base, près des valvules, une sorte de bulbe ou de renflement contractile. Cette artère contient du sang noir ou veineux, elle se divise alors en deux troncs, chacun de ceux-ci se porte l'un à droite, l'autre à gauche, et alors ils se subdivisent en deux, en trois ou quatre branches, selon le nombre des houppes ou feuillets branchiaux en suivant leurs

arceaux; là ces vaisseaux, dans leurs dernières extrémités, s'abouchent avec des troncs veineux, mais
déja le sang a pris la couleur et les propriétés de celui
des artères. Ces veines artérieuses se réunissent successivement pour former, par deux gros troncs principaux, l'origine d'une aorte ou grosse artère unique,
descendante, qui, dès sa formation, se trouve placée
sous la tête, à laquelle elle fournit beaucoup de rameaux, et le plus ordinairement à l'un et à l'autre
membre antérieur; cette grosse artère continue de
descendre au devant de la colonne vertébrale. Nous
venons par conséquent de rappeler ce qui a lieu dans
la plupart des Poissons. Nous avons suivi nous-même
les détails de cette circulation. C'est ainsi que Rusconi
les a figurés dans ses recherches anatomiques sur le
Protée Anguillard, et que Cuvier les a décrits chez
la Sirène, l'Axolotl, les larves des Salamandres et
dans les têtards des autres espèces de Batraciens sans
queue.

Nous avions besoin d'exposer d'avance ces particularités qui se trouvent dans la dépendance du mode de
la respiration, pour expliquer les modifications que
présentent la structure des principaux organes de la
circulation et la distribution des vaisseaux dans les
Batraciens, lorsqu'ils ne respirent plus uniquement
que par des poumons. A cette époque, et à mesure que
les branchies du têtard se détruisent et se trouvent
absorbées, les artères veineuses qui s'y distribuaient
diminuent de calibre, et finissent enfin par s'oblitérer
complètement : mais alors l'une d'elles, qui est la
première, se développe et reçoit l'une à droite, l'autre
à gauche, la totalité de ce sang, et de là proviennent
des troncs principaux au nombre de trois, l'un pour

la tête correspondant à la carotide, un autre pour les membres antérieurs ou une brachiale, et enfin, une plus grosse pour le poumon celluleux ou aérien, qui prend un très grand développement. Le reste du tronc principal se rapproche de la ligne médiane, se réunit à son congénère pour constituer la véritable aorte qui fournit aux viscères et aux autres parties, et spécialement aux membres abdominaux, qui acquièrent de très grandes dimensions à cette époque.

Nous résumerons ces principales variations des organes circulatoires dans les Reptiles, quand nous aurons fait connaître les différences qu'ils offrent dans ceux de la respiration.

De la Respiration.

Chez tous les animaux dont les organes de la respiration sont bien connus, on sait que le chyle, ou l'humeur nutritive par excellence, qui provient des alimens, a besoin d'être soumis à l'action du fluide dans lequel ces êtres se trouvent appelés à vivre, pour y acquérir d'autres qualités, et surtout de nouvelles propriétés. Des instrumens particuliers sont consacrés à cette grande opération, que l'on nomme la *respiration*. Ce chyle, d'abord renfermé dans des vaisseaux spéciaux, vient à être versé dans des veines; il est là mélangé avec du sang noir qui a déjà circulé dans le reste du corps, où il avait été poussé par les artères, après avoir abandonné certaines parties constitutives, et s'être chargé aussi de diverses humeurs, qui ont été absorbées ou reprises dans les différens organes où leurs racines sont plongées.

Aucun être organisé ne peut vivre sans air; les végétaux et les animaux aquatiques le retirent de l'eau. L'oxygène sert à la vie comme à la combustion, et le feu s'éteint, comme l'existence, lorsque l'oxygène est usé. L'air qui en a été épuisé par la respiration n'agit plus sur le sang. La couleur du sang artériel tient à cette action, car il devient noir chez un animal que l'on empêche de respirer. Chez le fœtus, qui n'a pas reçu l'air, le sang est noir ; et du sang veineux devient rouge quand il est mis en contact avec l'oxygène. L'acte de la respiration consiste en ce que le sang est étalé sur une grande surface ; là, malgré les parois des vaisseaux, il éprouve une sorte de combustion lente. Il devient propre à exciter l'irritabilité de la fibre organique, et d'autant plus que la circulation est plus rapide. Quand la respiration est suspendue, elle amène l'engourdissement et la léthargie.

Les organes respiratoires diffèrent dans les animaux vertébrés, suivant la nature du fluide à l'action duquel le sang doit être soumis. Quand c'est l'air atmo-sphérique, ce gaz pénètre dans l'intérieur de vésicules membraneuses, dont les parois, d'une ténuité excessi-ve, sont presque entièrement formées de ramifications vasculaires. La masse totale de ces vésicules aériennes porte le nom de *poumons*. Chez les espèces auxquelles l'eau sert à la respiration, les instrumens de la vie appelés à remplir cette fonction forment des appareils membraneux qui ont l'apparence de feuillets, de houppes ou de panaches ramifiés, dans l'épaisseur desquels le sang se distribue par des divisions et subdivisions nombreuses de vaisseaux ; mais c'est toujours sur la surface de ces membranes appelées *branchies,* que l'eau fournit les principes de l'hématose, ou que s'opère le changement du sang veineux noir qui devient rouge et artériel.

Dans les deux modes principaux de la respiration que nous venons d'indiquer, il se passe trois ordres de phénomènes ou d'effets naturels, qui s'exercent constamment ; ils varient beaucoup, surtout parmi les Reptiles. Les premiers sont tout-à-fait mécaniques, mais ils dépendent de la disposition appropriée, mais variable, des os et des muscles, qui font l'office de leviers et de puissances actives mises en jeu pour attirer successivement des portions du fluide, et pour les mettre en contact avec les vaisseaux des poumons ou des branchies. Ils agissent ensuite pour les expulser, et pour en appeler de nouvelles quantités dans le même but. Aux seconds, que nous avons nommés chimiques, se rapportent les modifications que le sang éprouve dans l'acte respiratoire, pendant lequel du gaz oxygène est absorbé, tandis que de l'eau et du gaz acide carbonique sont dégagés dans des proportions qui varient d'après le nombre et la grosseur des canaux par lesquels le sang noir est poussé dans des poumons ou dans des branchies dont l'étendue est sujette à varier, et dans des intervalles de temps plus ou moins rapprochés ou éloignés. La troisième circonstance qu'il faut apprécier est l'influence que doivent exercer sur l'existence de l'animal ces actions physiques et chimiques, en tant qu'elles excitent ou ralentissent la plupart des phénomènes de la vie ; la circulation étant modifiée par la respiration, et déterminant ainsi plus ou moins de mouvemens, d'excitation dans la sensibilité, d'abondance et de variétés dans les sécrétions, de chaleur naturelle, ou de résistance au froid, etc.

Les faits principaux relatifs à ces phénomènes seront exposés, et résulteront de l'étude que nous allons faire d'abord de la fonction respiratoire dans la

classe des Reptiles, comparée à celle des Mammifères
et des Oiseaux d'une part, et de l'autre à celle des Poissons, animaux avec lesquels certaines espèces semblent former une sorte de passage ou de liaison naturelle. Nous indiquerons ensuite les particularités qui
pourront être offertes dans chacun des ordres que
nous serons obligés d'examiner successivement, tant
ils présentent de différences.

L'un des principaux caractères qui distinguent les
Reptiles d'avec les Oiseaux et les Mammifères est le
mode de leur respiration, et les conséquences qu'il
entraîne. On sait en effet que dans ces trois premières
classes d'animaux vertébrés, la respiration s'opère
dans des poumons, organes vésiculaires dans lesquels
l'air atmosphérique entre et sort par une seule et même
ouverture ; que ces gaz, mis ainsi en contact médiat
avec le sang veineux, le font changer de nature en lui
donnant tous les attributs qui le rendent propre à parcourir de nouveau l'économie animale, pour exercer
son influence sur toutes les parties dans lesquelles il
est distribué. Chez les animaux à mamelles et chez les
Oiseaux, le cœur est composé de deux appareils distincts, mais tellement rapprochés qu'ils semblent se
confondre. Ce sont cependant, à vrai dire, deux
cœurs ; l'un veineux, occupant la partie droite,
formé d'un ventricule et d'une oreillette, reçoit tout
le sang noir et le chasse en entier dans les poumons,
sans interruption et de la manière la plus régulière et
la plus constante. Mais dans le même temps et pour
ainsi dire par un seul mouvement, le second appareil
formant la partie gauche du cœur, qu'on nomme aor-
tique ou artérielle, et qui est également composée
d'une oreillette et d'un ventricule, reçoit d'abord et

uniquement le sang vivifié dans les poumons; puis il
le pousse en totalité dans un tronc commun qui fournit par suite toutes les artères destinées à se distribuer
dans les diverses parties du corps.

C'est à cette disposition et à ce jeu régulier des organes de la circulation, que les physiologistes attri-
buent le besoin qu'ont les animaux de ces deux classes
de respirer d'une manière continue, et la faculté dont
ils sont doués de conserver et de produire un degré de
chaleur qui reste presque constamment le même dans
des températures plus basses ou plus élevées.

Dans les Reptiles, plusieurs circonstances modifient
cet état de choses. D'abord, comme nous l'avons dit,
il n'y a réellement pas deux cœurs distincts; ensuite,
la totalité du sang veineux n'est pas poussée dans leurs
poumons. Il en résulte que chez ces animaux, la respiration peut être ralentie, suspendue même complètement, sans que pour cela la circulation se trouve
arrêtée. De sorte que la plupart peuvent plonger
très long-temps, être ensevelis sous la terre, et continuer de vivre pendant un espace de temps considérable.

Le mécanisme de la respiration aérienne des Reptiles
diffère beaucoup de celui qu'on a observé dans les
deux classes supérieures, et que nous croyons nécessaire de rappeler pour en faire mieux apprécier les modifications.

D'abord, chez les Mammifères en général, la cavité
qui renferme les poumons et le cœur, et qu'on nomme
la poitrine ou le thorax, est tout-à-fait close en bas,
quoique séparée sur sa longueur en deux portions à
peu près égales. La région du dos reçoit autant de
côtes qu'il y a de vertèbres. Ces côtes elles-mêmes se

joignent en avant et sur la ligne médiane, par l'intermède de cartilages, à un ou plusieurs os qui constituent
le sternum. Les espaces compris entre ces côtes sont
complètement remplis par des membranes et des
muscles, et au bas de la poitrine se trouve constamment une cloison musculeuse qui la sépare de la cavité
de l'abdomen : c'est ce que l'on nomme le diaphragme.
Le mécanisme de toutes ces pièces est tel qu'il représente un véritable soufflet pneumatique, et que, par
leurs mouvemens combinés, tantôt l'espace intérieur
qu'elles enclosent tend à être augmenté ou agrandi en
diverses dimensions, et qu'alors le vide viendrait à
s'opérer ; mais un canal qui communique avec l'air extérieur, et qu'on nomme la trachée, s'oppose à cet effet. Cette trachée, dont les ramifications dans les poumons sont appelées bronches, vient se terminer
du côté de l'arrière-bouche, dans un appareil particulier nommé le larynx ; et là, ce canal se trouve en
communication avec l'air atmosphérique, qui pénètre
par son poids dans la cavité des narines avec d'autant
plus de facilité, qu'il s'y trouve pour ainsi dire attiré
par l'action du vide qui a lieu dans la poitrine. Voilà
comment s'opère le mouvement inspiratoire. L'effet
contraire, ou l'expiration, est produit par le même
mécanisme, agissant en sens inverse. La capacité de
la poitrine venant à diminuer, les poumons se trouvent
comprimés et l'air en est chassé par la même route qui
lui avait livré passage.

Quoique dans les Oiseaux cet arrangement soit un
peu différent, l'action est à peu près la même. Les
côtes sont moins mobiles, il est vrai, sur l'échine ;
mais le mouvement est surtout déterminé par l'éloi-
gnement et le rapprochement alternatif du sternum et

des pièces osseuses qui joignent cet os aux côtes, lesquelles sont à peu près fixes. Les poumons ne sont pas
non plus renfermés dans une cavité particulière ; cependant le vide tend aussi à se produire sur leur surface : ce qui les fait gonfler en attirant l'air qui y pénètre également dans des bronches et par une trachée
dont les dispositions varient beaucoup, mais pour un
autre usage ; car elle communique toujours avec la
bouche par une glotte ou par une ouverture mobile, et
elle reçoit également l'air qui y pénètre par les arrière-
narines, dont l'orifice extérieur se voit au-dessus du
bec.

Le tissu des poumons, dans ces deux classes, est
entièrement composé de vaisseaux et de membranes
formant des vésicules dont les cellules sont excessivement déliées. Quelquefois cependant, comme dans la
plupart des Oiseaux, ces organes communiquent avec
des sacs aériens qui se portent dans divers organes ;
de plus, l'action de ces poumons est continue et reste
absolument la même pendant toute la durée de la
vie.

La structure et le mécanisme des organes respiratoires que nous venons de rappeler ne sont plus absolument les mêmes chez les Reptiles. Il y a bien quelques dispositions générales de structure analogues, et
qui se retrouvent dans le plus grand nombre, de sorte
que l'effet produit est à peu près semblable chez tous ;
mais l'action mécanique, ou les procédés suivant lesquels la respiration s'opère, présentent de si grandes
différences dans chacun des quatre ordres de cette
classe, que nous sommes obligés d'aller les y étudier
successivement.

Les poumons des Reptiles ne sont pas conformés de

manière à recevoir la totalité du sang veineux qui arrive au cœur ; ils n'en admettent que des portions déterminées dans chaque mouvement de systole. Il n'y a même pas de nécessité absolue que le sang y pénètre ; car le défaut de dégorgement n'arrête pas la circulation générale. C'est ce qui fait que la respiration de ces animaux est pour ainsi dire incomplète, et jusqu'à un certain point volontaire ; qu'elle est ralentie ou accélérée arbitrairement, suivant qu'ils veulent bien y faire pénétrer plus rarement ou plus fréquemment l'air atmosphérique. Tout porte à croire que c'est à cette différence dans le mode de la circulation pulmonaire qu'on doit attribuer le peu de constance, la variabilité de la température de leur corps, qui tend sans cesse à se mettre en unisson avec la chaleur des objets qui les avoisinent ou des fluides dans lesquels ils sont plongés. De sorte qu'aucun de ces animaux ne peut développer de chaleur artificielle, soit pour la communiquer à sa progéniture, comme le font les Mammifères, soit pour couver ses œufs, ainsi que nous le voyons dans la plupart des Oiseaux.

Les espèces qui ont des poumons n'offrent jamais de véritable diaphragme ; mais leurs poumons sont en général plus libres dans la cavité abdominale que chez les Oiseaux. Le plus souvent, leur trachée ne s'y divise pas en bronches, et les cellules qui les forment présentent dans leurs dimensions, toujours appréciables, des modifications nombreuses. Aucun n'a de véritable épiglotte destinée à recouvrir le larynx ; les seuls Crocodiles semblent avoir une sorte de voile du palais mobile sur les arrière-narines. Chez tous les autres, en effet, la glotte s'ouvre dans la bouche et non dans l'arrière-gorge, comme dans les Mammifères.

Quoique le mécanisme de la respiration ait, dans quelques cas, assez de rapports avec celui des Oiseaux, les différences sont le plus souvent très notables, ainsi que nous allons l'exposer.

Les Lézards et les Serpens sont véritablement les seuls Reptiles qui puissent respirer mécaniquement avec les os de la poitrine, ou plutôt à l'aide des côtes qui sont mobiles sur l'échine, et qui semblent soutenir et faire mouvoir les parois d'un soufflet. Encore y a-t-il de grandes différences, sous ce rapport, entre les deux ordres; les Sauriens ayant les côtes réunies par leur partie antérieure, soit entre elles, soit avec un sternum plus ou moins large, et dont la mobilité varie; et les Ophidiens ayant toujours les côtes libres à l'extrémité antérieure : ce qui permet ainsi au ventre de se dilater considérablement.

Dans les Chéloniens et les Batraciens, jamais les côtes ne sont employées à l'acte de la respiration. D'abord, dans les Tortues, tous ces os sont soudés entre eux et avec l'échine, le plus souvent même avec le sternum, pour former la carapace et le plastron; ensuite, dans les Grenouilles, les Salamandres et les autres genres voisins, ou les côtes n'existent pas, ou bien elles sont trop courtes pour être employées à cet usage. En effet, dans l'une ou l'autre circonstance, le mécanisme de la respiration est complètement changé; il se rapproche tout-à-fait du mode qui a été observé dans les Poissons. L'inspiration s'opère par de petits mouvemens successifs d'une sorte de déglutition de l'air.

Après avoir ainsi rappelé ces dispositions générales des organes de la respiration des Reptiles, nous allons les étudier dans chacun des ordres.

Toutes les Tortues ont deux poumons situés dans

l'intérieur et au dessous de la carapace, au dessus des viscères abdominaux, l'un à droite et l'autre à gauche. Quand ils sont gonflés, ils occupent un très grand espace, et ils peuvent ainsi contenir beaucoup d'air, comme dans une sorte de réservoir. La trachée fournit à chacun d'eux une bronche principale cylindrique, mais dont les parois élastiques, quoique cartilagineuses, ne sont pas soutenues par des anneaux ou bandes circulaires, ou en demi-cercles. Il existe là une sorte de réseau solide qui disparaît aussitôt que les embranchemens pénètrent dans une des grandes cellules qui semblent être séparées les unes des autres par des cloisons membraneuses dont les traces sont même le plus ordinairement apparentes au dehors, surtout quand les poumons sont dilatés par l'air. Chacune de ces grandes cellules se trouve creusée d'autres petites cavernes dans les parois membraneuses desquelles se ramifient des vaisseaux sanguins en très grand nombre. Des artères veineuses y pénètrent et sont fournies par les troncs, qui sont sous l'impulsion de la loge pulmonaire du ventricule du cœur. Les veines artérieuses qui en sortent viennent aboutir dans l'oreillette gauche; mais le sang qu'elles y apportent se trouve en grande partie mêlé avec celui des veines, et c'est ainsi qu'il est poussé dans les grosses artères.

L'air ne peut arriver dans ces poumons que par un mécanisme particulier, si nous nous rappelons que les côtes et le sternum ne sont pas en général susceptibles de mouvement; qu'il n'y a ni épiglotte, ni voile du palais, ni diaphragme; que la glotte qui s'ouvre par une fente longitudinale se voit dans la bouche, un peu en arrière de la langue, dont la base peut la recouvrir lorsqu'elle se dirige en arrière, et lui communique au

contraire plus de longueur lorsqu'elle se porte en
avant. Il résulte de cette conformation et de la manière
dont les narines s'ouvrent sous la partie antérieure de
la voûte palatine, que l'air doit pénétrer facilement
dans la cavité buccale, car la partie inférieure, ou le
plancher mobile compris dans la concavité et l'écartement des branches de la mâchoire, peut d'abord s'a-
baisser, puis se relever par la contraction des muscles
qui agissent sur l'os hyoïde. Dans le premier cas, la
bouche est remplie d'air, et la partie libre et charnue
de la langue s'applique, comme une soupape, sur les
orifices des arrière-narines. Le gaz introduit se trouve
donc emprisonné et comprimé; il est forcé d'entrer
dans la trachée par l'orifice de la glotte, qui s'élargit
et puis se ferme; de manière qu'à chacun des mouvemens de ces sortes de déglutition d'air, le poumon s'en
trouve successivement chargé, comme la crosse d'un
fusil à vent est remplie à l'aide de coups de piston.
Toutes les autres modifications de l'acte respiratoire
des Tortues, dans ce qui est relatif à sa suspension
momentanée ou prolongée, à la formation de la
voix, etc., rentre dans les circonstances générales
que nous aurons à reproduire pour tous les autres
Reptiles.

Chez les Sauriens, le mécanisme des os de la poitrine est complet, et c'est par les mouvemens des côtes
et du sternum que s'exécutent les deux actions qu'exige
la respiration; d'une part, quand le sternum étant éloi-
gné de l'échine, les arceaux qui ceignent la poitrine se
trouvent distendus; et de l'autre, lorsque pendant
l'expiration, les diamètres de la cavité diminuent. C'est
par conséquent à peu près le cas des Oiseaux, et,
quoiqu'il y ait d'assez grandes différences entre les

espèces de Sauriens dans le nombre et la forme des côtes, dans la nature de leurs mouvemens, et surtout dans la disposition et le mode de leurs jonctions avec le sternum, ce n'est pas sous ce rapport que la respiration offre le moins de différences. Il nous suffira de citer dans les Crocodiles le sternum abdominal, qui s'étend depuis les épaules jusqu'aux os pubis; dans les Caméléons et les Lophyres, laplupart des côtes se joignant entre elles par des cartilages très flexibles vers la ligne médiane; et enfin dans les Dragons, comment quelques unes des côtes grêles, très prolongées et insinuées dans la duplicature de la peau des flancs, comme les touches flexibles d'un éventail entre les deux lames de l'étoffe ou du papier qui les garnit, servent ainsi à soutenir l'animal dans l'air à l'aide d'un véritable parachute.

Au reste, c'est un des caractères distinctifs des Reptiles de cet ordre d'avoir un sternum entre les côtes, quoiqu'il se trouve réduit, pour ainsi dire, à un simple rudiment dans les dernières espèces, celles qui, comme les Ophisaures et les Orvets, ont été même rangées pendant long-temps avec les Serpens, parce qu'elles sont en outre privées de membres articulés.

Un autre caractère, non moins constant, c'est d'avoir deux poumons distincts et à peu près de même volume, placés à droite et à gauche au-dessus des viscères. En général ils sont moins prolongés vers le bassin que chez les Tortues, et même dans les Crocodiles ils ne pénètrent pas dans la cavité abdominale. Les Caméléons et les Lophyres ont ces organes excessivement développés et munis, en outre, d'appendices frangés qui s'insinuent entre les viscères contenus dans la même cavité. La trachée se comporte à peu

près comme dans les Tortues ; cependant dans les Crocodiles elle est membraneuse en arrière, et les bronches cartilagineuses restent plus long-temps distinctes
dans le tissu des poumons. Ceux-ci forment, dans la
plupart des Sauriens, deux sacs coniques, dans l'intérieur desquels on observe des cellules polygones qui
vont successivement en augmentant d'étendue vers les
parties les plus éloignées de celles par lesquelles l'air
pénètre dans la trachée.

Dans quelques genres, comme les Anolis, les Caméléons, il existe une sorte de poche sous la gorge, qui
communique avec la trachée et qui représente un goître analogue à celui des Iguanes et des Dragons ; mais
chez ceux-ci, cette loge est destinée à remplir l'office
d'abajoue, de garde-manger, ou de réservoir pour les
alimens.

Au reste, chez tous les Sauriens la circulation pulmonaire est à peu près la même que chez les Tortues,
et les résultats de la respiration ont les plus grands
rapports.

Les Serpens sont les seuls animaux à poumons qui
aient de longues et très nombreuses côtes toutes osseuses, absolument libres en devant, et qui soient totalement privés de sternum. Quelques espèces, comme le
Boa devin, en ont même au delà de cinq cents, deux cent
cinquante au moins de chaque côté de l'échine. Ces
côtes sont très mobiles sur le corps des vertèbres correspondantes, les ligamens qui les retiennent vers les
articulations sont élastiques, leurs fibres tendent à revenir sur elles-mêmes ou à se raccourcir quand elles ont
été allongées, de sorte que tous ces os font effort pendant la vie pour s'écarter d'un côté à l'autre, et par
conséquent pour dilater la cavité dont ils constituent

l'enceinte. Des muscles intercostaux et d'autres qui sont situés dans les gouttières vertébrales sont destinés à mouvoir les côtes, soit en rapprochant les plus voisines de devant en arrière et réciproquement, soit dans le sens transversal; il résulte de ces mouvemens combinés, d'une part la dilatation générale ou partielle de la cavité abdominale, et de l'autre son resserrement; ce qui suffit pour opérer les deux actes obligés d'un soufflet pneumatique.

Un autre caractère fourni par les organes respiratoires chez les Serpens, c'est qu'ils n'ont réellement qu'un seul poumon, l'autre se trouvant représenté par un rudiment, ou comme avorté. Ce poumon est un sac extrèmement dilatable et d'une grande longueur, car il occupe toute l'étendue de l'échine au dessous de cette longue partie de la colonne vertébrale qui porte les côtes; c'est une sorte de vessie conique dont les parois fibro-membraneuses sont très vasculaires à l'intérieur; des replis nombreux et courts y forment un réseau admirable de mailles lâches, très fines, qui sont elles-mêmes creusées de petites cellules, ce qui donne à la totalité l'aspect d'un tissu spongieux.

La trachée artère est courte, presque membraneuse, elle ne se divise pas en bronches; mais elle pénètre directement dans le poumon unique qui commence derrière l'œsophage.

Le mode de respiration des Serpens est très facile à concevoir; leur glotte, qui est à deux lèvres et qui représente un larynx très simple, s'ouvre dans la bouche derrière le fourreau de la langue; au moyen des muscles de l'hyoïde qui la poussent, elle s'élève pour se présenter dilatée sous les arrière-narines; le vide opéré par l'action des côtes dans le ventre,

12.

tend à dilater le poumon qui, par l'intermédiaire de sa trachée, admet aussitôt l'air; celui-ci s'introduit pendant que se continue une inspiration qui s'opère lentement, et qui dure plusieurs secondes. Cet air, quand il a rempli son but et qu'il a été dépouillé de son oxygène, est chassé de la même manière, mais par un mécanisme inverse qui est tout-à-fait dû à l'action des muscles qui tendent à rapprocher les côtes les unes des autres. Lorsqu'il est poussé un peu plus vivement, il laisse entendre une sorte de vibration qui, le plus souvent, ne consiste que dans le bruit d'un soufflement. La respiration étant volontairement accélérée ou retardée, les actions chimique et vitale qui en résultent doivent être naturellement excitées ou ralenties par cette cause.

Les Batraciens, sous le rapport des organes respiratoires, forment, comme nous l'avons dit, le passage naturel de la classe des Reptiles à celle des Poissons; tous, dans le jeune âge, avalent l'eau, ou du moins la font passer dans la cavité de la bouche avant de la pousser sur les vaisseaux des branchies; c'est un mode particulier de respiration sur lequel nous allons bientôt revenir. Cependant il est important de reconnaître qu'il existait ainsi, car le mécanisme suivant lequel s'opère, pendant le reste de leur vie, l'entrée de l'air dans les poumons, est resté le même et n'a pas été modifié autrement que par l'oblitération de certaines parties et par le développement de quelques autres.

Tous les Batraciens, lorsqu'ils ont acquis la forme qu'ils doivent conserver, ont deux poumons à l'intérieur, dont la configuration, le volume et la structure varient; mais comme leurs côtes, ou n'existent pas, ou sont trop courtes, elles ne peuvent être mises en action ni pour dilater ni pour resserrer la capacité de ces organes ; aussi l'appareil destiné à faciliter la déglutition a-t-il été, plus évidemment encore que chez les Tortues, employé à l'acte de la respiration. Les muscles qui agissent sur l'os hyoïde et qui occupent la partie inférieure de la bouche, dans l'espace compris entre les deux branches de la mâchoire, sont les puissances mises en jeu pour faire mouvoir le plancher de cette cavité. Nous avons dit comment les narines s'ouvrent presque directement par de simples trous, au devant du palais ; comment la langue, dans les espèces sans queue, telles que les Grenouilles, vient s'appliquer comme une soupape sur les arrière-narines ; comment la trachée se termine par une glotte dans la bouche. Rien donc n'est plus simple que la manière dont l'air est attiré dans cette cavité, dont il s'y trouve emprisonné et obligé de passer dans cette glotte à chaque mouvement de déglutition pour en charger les poumons, par autant de coups de piston, de sorte que, comme l'a exprimé Laurenti (1), la gorge produit l'inspiration. Tous les faits observés démontrent cette particularité de l'organisation, ainsi que nous aurons occasion de le prouver par la suite. Chez les Batraciens qui conservent la queue, ou Urodèles, la langue, quoique autrement disposée, facilite aussi ce mode de respiration gulaire, et nous ne devons pas être plus étonnés de voir ici la déglutition servir à la respiration, que quand nous voyons l'Éléphant, lorsqu'il veut boire, employer le mécanisme de ses organes respiratoires pour aspirer l'eau dans sa trompe et pour la

_____

(1) *Synopsis Reptilium*, page 28 ; *Vicaria gula.*

refouler à l'aide d'une prompte et violente expiration
qui la pousse dans l'œsophage pour être ainsi avalée.

Les poumons, dans les deux familles de Batraciens,
ont une structure différente ; chez les Anoures ils sont
très amples, et les cellules tellement distinctes,
qu'elles ont permis aux physiologistes d'y suivre beaucoup mieux que dans aucun autre animal vertébré, les
phénomènes de la transformation du sang veineux et
artériel, d'autant plus que quand l'abdomen d'une
Grenouille est ouvert, les parties supérieures restant
entières, on voit les poumons se remplir et se gonfler
d'air, ce qui ne peut arriver dans aucun animal des
deux classes supérieures. Dans les Salamandres et
autres genres voisins, les poumons sont deux simples
sacs, dans les parois desquels on distingue seulement
des cellulosités analogues à celles dont nous avons
parlé en traitant des Serpens.

Quant à la distribution du sang veineux, elle est à
peu près la même que dans les Tortues et les Lézards ;
cependant l'action des muscles du bas-ventre sur les
poumons a permis quelques modifications importantes
pour la formation de la voix.

Mais dans leur jeune âge, les Batraciens ont un
autre mode de respiration : à cette époque de leur vie,
tous ont des branchies et ne respirent que par l'eau ;
il en est même quelques uns, comme les Sirènes et
les Protées, qui paraissent rester avec cette organisation. Dès le moment où les Batraciens sortent de l'œuf,
ces branchies sont apparentes au dehors, elles représentent des espèces de franges ou de panaches colorés
situés sur les parties latérales du cou, et attachés sur
les bords des fentes qui correspondent à la gorge ; elles
persistent sous cette forme, dans tous les Batraciens

qui conservent leur queue, tant que leurs poumons ne sont pas assez développés pour servir uniquement à la respiration. Dans les Grenouilles et autres genres voisins sans queue, le premier état ne dure que pendant un temps très court. Bientôt l'animal prend une autre forme, celle d'un têtard à ventre énorme confondu avec la tête et avec une longue queue. Les branchies sont alors cachées et contenues dans une cavité; l'eau arrive dans la bouche par les orifices des narines qui ont des valvules; renfermée dans la cavité de la bouche qui se trouve close de toutes parts, excepté dans la gorge où sont les fentes branchiales, elle traverse ces espaces et baigne ainsi les branchies pour en sortir, au moyen de la contraction des muscles qui les couvrent, par des trous simples ou doubles; le sang qui est poussé dans ces branchies, s'y distribue absolument comme chez les Poissons; il passe des vaisseaux artériels veineux dans les veines artérielles qui se réunissent pour former une aorte. Mais toute cette conformation, si importante à connaître pour les physiologistes, exigerait beaucoup de détails qu'il conviendra mieux d'exposer dans les généralités qui précèderont l'histoire des Batraciens, dans le dernier volume de cet ouvrage.

Comme dans les animaux, la respiration pulmonaire se trouve liée d'une manière très directe avec certaines facultés, telles que la production de la voix, l'action qui excite la chaleur et qui fait résister au froid, la possibilité de suspendre cet acte respiratoire; nous allons nous occuper d'abord de ces particularités. Nous traiterons ensuite des autres petites modifications qui se rallient à la circulation, telles que l'absorption, l'exhalation, les sécrétions et les excrétions diverses.

De la Voix.

Les animaux qui ont des poumons peuvent seuls produire des sons appréciables, en poussant sur des points rétrécis et mobiles de leurs voies respiratoires, l'air qu'ils y avaient attiré, afin de l'y faire vibrer. De sorte que, dans ce cas, les organes de la respiration font l'office des soufflets dans les instrumens à vent, en attirant d'abord l'air atmosphérique, puis en le comprimant pour le faire passer avec rapidité dans un canal ou par un trou, à l'entrée ou à la sortie desquels se trouvent disposées ou appliquées des languettes, des lames élastiques qui peuvent osciller ou être ébranlées comme les pièces d'une anche de clarinette et de basson, ou comme les lèvres qui vibrent à l'embouchure d'un clairon.

La voix véritable n'est réellement produite que par les animaux à poumons ; les sons émis par quelques autres, comme les Insectes, sont des bruits qu'ils font entendre et qui dépendent d'un tout autre mécanisme. La transmission du mouvement ainsi imprimé à l'air par les animaux, leur est d'une très grande utilité. C'est par ce moyen qu'ils se communiquent leurs craintes, leurs désirs, leurs besoins ; qu'ils s'appellent ou cherchent à se fuir. Et le plus ordinairement, la voix, les chants ou les cris, mettent en rapport les espèces entre elles, et souvent des sons ainsi produits sont destinés à faire connaître réciproquement à des individus de sexe divers leur existence plus ou moins éloignée, pour faciliter leur rapprochement.

La plupart des Reptiles sont à peu près dans le

même cas que les Mammifères, sous le rapport du mécanisme à l'aide duquel ils peuvent émettre des sons.
C'est à l'extrémité supérieure de leur trachée, vers la
glotte, que l'air chassé du poumon vient à vibrer.
Cette glotte, comme nous l'avons dit, n'est pas recouverte d'une épiglotte, ni le plus souvent située sous un
voile du palais ; et quoique leur voix ne puisse être
modifiée dans la cavité de la bouche, ni à son orifice
extérieur, puisqu'il n'y a jamais de véritables lèvres
charnues, les sons produits sont véritablement guttu-
raux, car ils sont souvent formés sans que la bouche
soit ouverte ; et quand l'air en sort, ce qui n'arrive pas
constamment, il n'y a ordinairement d'issue réelle
que par les trous des narines.

En apparence, la glotte des Reptiles a la plus grande
analogie avec le larynx supérieur des Oiseaux ; mais
chez ceux-ci, la voix n'est que modifiée par les bords
de cette glotte qui ferme la trachée à l'endroit où elle
se termine dans la bouche : les sons ayant été véritablement produits par un larynx inférieur qu'on retrouve
au point de jonction des deux branches qui forment
l'origine de la trachée. Quand les voies aériennes des
Reptiles émettent des sons, ils sont spécialement produits vers le larynx unique, où se trouve la glotte.
Ces sons ne peuvent être modifiés que par des circonstances autres que celles qui dépendraient de l'épiglotte, du voile du palais ou des lèvres mobiles, puisque la plupart de ces parties n'existent pas, ou sont
à peine indiquées.

Cependant, dans quelques Tortues, on voit, derrière la langue et à sa base, une lame membraneuse
flottante qui peut-être est soulevée et mise en vibration
quand l'air est chassé brusquement des poumons, et

quand l'animal porte alors la langue en arrière. C'est
probablement à ce frôlement qu'on doit attribuer les
cris que produisent, dit-on, certaines Tortues dans
des circonstances assez rares, comme on le rapporte
des Sphargis et de plusieurs Tortues terrestres.

Dans quelques Crocodiles, on trouve un larynx supérieur assez compliqué, car il est composé de cinq
pièces cartilagineuses qui correspondent à peu près à
celles des Mammifères ; mais leurs formes sont assez
différentes. Il y a une sorte de glotte et, comme nous
l'avons vu, un voile du palais ; aussi dit-on que ces
animaux poussent des cris très aigus. Chez les autres
Sauriens, peu d'espèces ont de la voix. On dit cependant que certains Geckos, tels que le Tockaie et le
Sputateur, émettent des sons particuliers. On sait que
d'autres, comme les Anolis et en particulier le Roquet,
les Caméléons, les Lophyres, ont des sacs à air qui
communiquent avec leur bouche, et dans lesquels très
probablement la voix doit être modifiée.

Quant aux Serpens, nous avons peine à croire qu'ils
puissent, comme on le dit de quelques Couleuvres,
produire des sifflemens ou des sons bien aigus à l'aide
de leurs poumons ; car, quoique ceux-ci aient une
grande capacité et qu'ils puissent fournir long-temps
de l'air, nous n'avons jamais pu entendre qu'une sorte
de soufflement, tel que celui qui résulterait de l'issue
rapide d'un filet d'air par un tuyau simple comme celui
d'une plume.

Il en est autrement des Batraciens : le coassement
des Grenouilles, très différent dans son mécanisme,
suivant les diverses espèces ; les cris des Rainettes et
surtout ceux des mâles ; les sons flûtés et quelquefois
analogues à ceux qui sont émis, au moment du choc,

par les timbres métalliques ; une sorte de grognement ou de ventriloquie dont sont douées certaines espèces de Crapauds ; le gargouillement qui est produit par la plupart des Batraciens à queue, sont de véritables voix émises au-dessus du larynx, dans la cavité buccale ou dans quelques poches accessoires ; mais le mécanisme en est si varié que nous croyons devoir en renvoyer les détails à l'histoire particulière de cet ordre de Reptiles, qui est fort intéressante sous ce rapport comme sous beaucoup d'autres.

Nous verrons, quand nous aurons occasion de traiter de la reproduction, que chez la plupart des Reptiles, comme dans les Oiseaux, la voix n'est produite qu'à certaines époques de l'année, et principalement par les mâles, pour déceler leur présence, afin de mettre en rapport les individus de sexe différent, pour se faire connaître réciproquement leurs besoins. Aussi ces mâles ont-ils des instrumens sonores, variés, à l'aide desquels ils peuvent produire leurs chants d'amour, pour entonner ces sortes d'épithalames, en nous servant de l'expression de Plutarque, qui, dans les Batraciens, sont si prolongés, si monotones, et par lesquels ils espèrent rendre leurs femelles sensibles à leurs vœux, à leurs besoins.

De quelques Facultés annexes de la Respiration.

Nous avons annoncé que nous ferions connaître quelques circonstances de la vie des Reptiles qui se lient à la circulation et à la respiration, telles que la chaleur et le refroidissement, l'absorption de l'air et de l'eau, l'exhalation, la transpiration. Mais avant de traiter de chacune de ces actions, il nous paraît convenable d'exposer quelques faits qui nous mettront à même de mieux en apprécier les effets et les causes.

Sous le rapport de la fonction respiratoire et de son importance sur toute l'économie des animaux vertébrés, il y a une très grande différence entre ceux qui peuvent conserver une température constante et ceux qui n'ont de chaleur que celle du milieu dans lequel ils sont appelés à vivre. Dans les premiers, la vie se trouve détruite presque aussitôt qu'il y a cessation complète de la circulation ou de la respiration pulmonaire. Chez les autres animaux à poumons, on a reconnu que, par l'ablation du cœur, des poumons, ou par d'autres expérimentations analogues, telles que la ligature des vaisseaux sanguins principaux ou de la trachée, l'excitabilité nerveuse et l'irritabilité musculaire persistaient dans l'ensemble de l'économie, et même pendant un temps assez prolongé, dans des parties totalement séparées du corps de l'animal. Des Tortues, des Crocodiles, des Serpens, des Tritons, des Grenouilles, auxquels on avait tranché la tête, excisé le cœur, enlevé les poumons, ou qui étaient véritablement privés de la vie depuis quelques jours, ont encore donné des signes de sensibilité ou de motilité partiels, soit par l'action des stimulans chimiques, soit par l'emploi des irritans mécaniques.

On a reconnu que, chez les Batraciens en particulier, dont la peau est tout-à-fait nue, les tégumens peuvent agir sur l'air et remplir à peu près les fonctions des poumons; que l'eau aérée peut aussi servir à cette sorte de respiration cutanée. Des Grenouilles forcées de séjourner dans des vases et sous une eau chargée d'air et qu'on avait soin de renouveler; des Crapauds, des Salamandres adultes, qu'on a tenus submergés dans des filets plongeant dans une eau courante et à basse température, y ont vécu des mois entiers sans avoir les moyens de respirer l'air atmosphérique. Quelques faits semblent aussi prouver que des Tortues, des Serpens et même des Lézards peuvent, à l'aide de l'action de l'air sur leurs tégumens, se passer de la respiration pulmonaire; mais des observations très curieuses, consignées dans les annales de la science par des auteurs consciencieux (1), et répétées depuis avec les soins les plus éclairés et les plus scrupuleux (2), ont prouvé que des Reptiles enfermés dans des corps solides, et qu'on y a retrouvés vivans long-temps après, avaient pu y subsister à l'aide de la porosité de la matière de leurs enveloppes, et par d'autres circonstances qu'on est parvenu à apprécier. Ce sont principalement des Grenouilles, des Crapauds, des Vipères qui ont été le sujet de ces observations.

La température du milieu dans lequel vivent les Reptiles, et surtout l'état hygrométrique de l'air, influent beaucoup sur les phénomènes de leur respiration; mais plusieurs circonstances dépendantes de l'organisation, telles que les facultés de transpirer et d'absorber, viennent encore modifier ces résultats.

De la Chaleur animale.

On sait que les Mammifères et les Oiseaux conservent une température élevée et qui reste à peu près la même sous tous les climats et dans toutes les saisons.

---

(1) Guettard, Mémoire sur différentes parties des Sciences et des Arts, 1771, tome IV, page 615 et suiv., et page 685.

(2) W. F. Edwards, de l'Influence des agens physiques sur la vie, Paris, 1824, in-8°, page 15.

On croit généralement que chez eux, la chaleur animale est produite ou entretenue par l'acte de la respiration qui admet la totalité du sang veineux mis en circulation; que cette chaleur libre est le résultat de l'absorption du gaz oxygène contenu dans l'air, qui disparaît en effet et qui, devenu fluide, en se mêlant au sang qu'il artérialise, abandonne, au moment où la combinaison est intime, la matière de la chaleur qui le gazéifiait. C'est ainsi que ces animaux réparent continuellement le calorique qu'ils peuvent perdre par le contact des corps moins chauds avec lesquels ils sont en rapport. Les physiologistes sont aussi à peu près d'accord pour penser que le calorique, lorsqu'il est en excès, se trouve enlevé par l'évaporation des liquides, effet qui s'opère plus ou moins rapidement par les surfaces de la peau ou des poumons.

Les Reptiles, d'après ce que nous avons fait connaître du mode de leur respiration et de leur circulation, ne pouvaient pas être régis par les mêmes circonstances, puisque leur sang ne passe qu'en partie par leurs poumons, et que ceux-ci sont arbitraires, ou n'agissent pas d'une manière régulière et constante. Il en résulte que dans nos climats tempérés, où l'air atmosphérique est rarement élevé à une température qui égale celle de l'homme, la plupart des Reptiles que nous venons à saisir nous impriment une sensation de perte de chaleur qui les a fait quelquefois désigner sous le nom d'animaux à sang froid (HÉMACRYMES). Cependant, quand un Lézard ou un Serpent a été exposé pendant quelques heures aux rayons d'un soleil ardent, la peau de l'animal, par la chaleur qu'elle communique à nos mains, témoigne qu'elle a subi et conservé cet excès de calorique.

Une autre particularité notable, qui dépend du défaut de caloricité, c'est que les Reptiles ne peuvent subsister que dans les climats dont la température est élevée, au moins pendant un certain temps de l'année; que les animaux de cette classe n'habitent que les régions hyperboréennes; que la plupart des genres, et même des espèces, paraissent avoir leur existence limitée aux latitudes chaudes ou tempérées; que ceux qui se trouvent dans les lieux où les degrés de chaleur s'abaissent et s'élèvent par trop, à certaines époques de l'année, suspendent alors, et pour ainsi dire volontairement, leurs fonctions vitales, par une sorte de sommeil ou de léthargie déterminés par ces retours réguliers d'hivernation ou d'estivation. La température des Reptiles se modifie dans certaines limites, à peu près comme celle des milieux où leur corps est plongé. La nature leur a concédé les moyens de s'opposer au froid, qui suspend leur vie en les engourdissant; comme à l'action trop vive d'une chaleur interne lorsqu'elle n'est pas trop prolongée, ou lorsque les variations n'en sont pas trop subites.

C'est l'exhalation des fluides aqueux par la peau, ou l'évaporation rapide de certains liquides absorbés, pour l'accumulation desquels la nature leur a accordé des réservoirs particuliers, qui donne à quelques espèces, et, par exemple, aux Grenouilles, les moyens de résister à la chaleur. Ces animaux, plongés dans une eau dont on élèverait la température à quarante degrés centigrades, ne pourraient y vivre plus de deux minutes, même lorsqu'ils peuvent respirer librement, tenant la tête hors du liquide; tandis qu'ils supportent l'action d'un air humide, à cette même chaleur, pendant **plus de cinq heures consécutives. Ce fait, observé** par Blagden, a été depuis beaucoup mieux établi par MM. Delaroche et Berger ; de sorte que la résistance aux effets nuisibles d'une trop grande chaleur, ou le refroidissement des Reptiles, tient à une cause physique dont les moyens sont fournis par l'organisation spéciale ; c'est le résultat de l'évaporation d'un liquide, de la matière de la transpiration, dont la quantité augmente en raison de ce que la chaleur extérieure est plus considérable. L'animal résiste à la chaleur tant qu'il n'est pas desséché par l'air. Il périt quand il ne peut plus réparer les pertes de sa madéfaction, par une nouvelle absorption de liquides qui s'opère avec une rapidité extrême, au moyen d'une sorte d'endosmose ou de perspiration à travers la peau. Sous ce rapport, les Grenouilles ont été comparées aux alcarazas, vases dans lesquels on met de l'eau à rafraîchir, par l'effet de la transsudation que permet la matière poreuse avec laquelle on les confectionne. Le refroidissement de l'animal tient à une cause essentiellement physique, quoiqu'elle soit aidée par la disposition des organes.

Nous avons dit que la transition brusque d'une température basse à une plus élevée, fait subitement périr ces animaux. Nous avons fait nous-même cette expérience, et depuis il a été constaté que des Grenouilles périssaient lorsqu'elles passaient d'un liquide dans un autre, élevé seulement de six degrés centigrades. L'activité de la respiration croît en raison de l'élévation de la température de l'air environnant, de sorte que les phénomènes chimiques sont augmentés ou diminués par des circonstances extérieures, comme par la volonté même de l'animal. Delaroche a observé que les Grenouilles exposées à une **température** de vingt-sept degrés centigrades absorbaient quatre fois plus d'oxygène que lorsqu'elles étaient soumises à l'action d'une température élevée de six ou sept degrés seulement.

D'autres expériences positives ont démontré que dans les Reptiles, et surtout chez les Batraciens, la peau remplit évidemment les fonctions des poumons. Les Rainettes et les Crapauds ont même un plus grand besoin de la respiration cutanée que de la pulmonaire. Dans les Tortues et les Serpens, la respiration qui s'opère dans les poumons, suffit pendant l'été.

De l'Absorption de l'air et de l'eau ; de l'Exhalation et de la Transpiration.

On s'est assuré, comme nous l'avons dit, que l'air atmosphérique est décomposé par la peau des Reptiles qui en absorbe l'oxygène ; que de l'eau contenant ce même gaz, et mise en contact avec les tégumens de ces animaux, en est bientôt dépouillée ; de manière qu'il s'opère ici une sorte de respiration externe, analogue à celle qui a lieu sur les feuilles et les parties vertes des végétaux. Mais c'est principalement l'absorption de l'eau par la peau, surtout dans les Batraciens, qui a été démontrée comme un fait positif, et ensuite comme une nécessité de leur manière de vivre (1).

Les Grenouilles, les Rainettes, les Salamandres ne boivent pas ; elles n'avalent guère de matières liquides, et cependant elles rendent, dans beaucoup de circon-

---

(1) Robert Townson, Observationes physiologicæ de Amphibiis. Fragmentum de Absorptione. Gottingæ, 1795, in-4°.

stances, une humeur aqueuse, abondante, et surtout elles ont la faculté de transpirer considérablement, afin de maintenir leur température au dessous de celle d'une atmosphère trop chaude. Quand une Grenouille ou tout autre Batracien est privé long-temps d'humidité, ou quand il l'abandonne à des corps qui en sont très avides, on le voit s'amaigrir, pour ainsi dire, à vue d'œil, et diminuer, sans exagération, de plus de la moitié de son poids primitif. Si quelque Grenouille intimidée, ou prise au dépourvu, veut s'échapper par un saut rapide, elle se hâte de s'alléger, en lançant une assez grande quantité d'un liquide aqueux qui s'échappe de son cloaque. Cette humeur est aussi pure que de l'eau distillée; on sait qu'elle est contenue dans une poche, ordinairement à deux lobes, située dans la partie inférieure de l'abdomen, sous les viscères. Il y a tout lieu de croire qu'elle est apportée là par des vaisseaux particuliers qui ne sont certainement pas les urétères ou les canaux urinaires provenant des reins, dont l'issue particulière se retrouve plus bas dans ce même cloaque. On s'est assuré que cette eau est absorbée avec rapidité par les diverses parties de la peau, mais surtout chez les Rainettes, par la partie inférieure du ventre; de là elle passe dans l'économie, et vient se mettre en dépôt dans la poche que l'on a regardée d'abord et figurée comme la vessie urinaire; c'est cette humeur qui est réellement employée pour la transpiration, laquelle s'opère d'autant plus vite, que l'animal a besoin de combattre la chaleur extérieure; de sorte que le procédé employé dans cette circonstance par la nature, est absolument le même que celui dont elle a fait usage pour les Mammifères en général, et pour l'homme en particulier, qui jouit aussi de la faculté de transpirer; car quand le corps est échauffé, aussitôt arrive la sueur qui rafraîchit, et le besoin des boissons qui fournissent à cette transsudation. Seulement, dans ce cas, c'est par une autre voie que le liquide pénètre.

On a reconnu que les Crapauds, les Salamandres, absorbent de la même manière les gouttelettes d'eau qui sont déposées par la rosée pendant la nuit, et que ces animaux ont l'instinct de s'enfouir dans le sable ou dans la terre humide pour en pomper ainsi les portions liquides qui leur sont absolument nécessaires.

Il paraît que la nature, dans le même but que nous venons de faire connaître, c'est-à-dire pour obvier à l'élévation de la température des Reptiles dans l'air, aurait accordé aux Tortues, aux Crocodiles, et peut-être à d'autres espèces, le moyen d'introduire de l'eau dans une toute autre cavité, pour fournir à la transpiration par un procédé fort différent. Déja Townson avait indiqué (1) le fait que les Tortues font entrer de l'eau dans leur cloaque : nous avions vu nous-même une petite Tortue faire entrer et sortir, par ce même orifice, le liquide dans lequel elle était plongée; et depuis on a décrit et fait connaître, par des figures (2), les canaux qui, du cloaque sous-caudal de la poche commune, dans laquelle aboutissent tous les organes sécréteurs, viennent se rendre dans la cavité du péritoine, par des orifices qui ne paraissent pas avoir de valvules. C'est ce qui a porté à

---

(1) Loco citato, pag. 39. *Sugit aquam per anum, cum tegmen parùm aptum sit ad absorbendum.*

(2) Isid. Geoffroy et Martin Saint-Ange, Annales des Sciences naturelles, 1828, tome XIII, page 153. Sur les canaux péritoneaux de la Tortue et du Crocodile.

13.

penser que cette eau ainsi pompée pouvait être employée à la transpiration, lorsque l'animal qui en avait fait provision se trouvait exposé dans l'air à la dessication ou à une température trop élevée, dont il aurait à combattre les effets nuisibles.

Des Sécrétions.

Le dernier résultat, le but, pour ainsi dire essentiel de la nutrition, est la séparation qui doit s'opérer dans toutes les parties du corps, des humeurs absorbées, destinées, non seulement au développement matériel, à la réparation continuellement exigée; mais qui doivent en outre fournir à l'exercice de la fonction particulière de chacun des organes qui ont été donnés dans ce but à l'être vivant.

Dans les animaux d'un ordre élevé ou dont l'organisation est plus compliquée, tels que ceux qui ont des agens moteurs et de véritables canaux propres à la circulation, c'est du sang même et en nature, le plus ordinairement après qu'il a été soumis à l'influence de la respiration, que se sont séparées ces humeurs diverses qu'on dit sécrétées; et les opérations très variées qui les produisent ont été désignées sous le nom de *sécrétions.*

Tous les êtres organisés doivent leur existence aux sécrétions. Ils ont été eux-mêmes produits par cette voie; car leurs élémens ont été primitivement liquides, et tous les phénomènes de la vie sont, en dernière analyse, pour le philosophe, ou pour l'homme qui désire connaître l'origine des choses, des décompositions et des combinaisons nouvelles des élémens ou des principes de la matière.

Tantôt les matériaux introduits dans les organes y

restent momentanément, ou pour un temps limité; ou bien ils en deviennent partie constituante; ils y sont assimilés; tantôt, destinés à une nouvelle composition, ils doivent être employés à des usages nouveaux; ou bien enfin ils sont élaborés derechef, et la plus grande partie en est extraite, quand elle doit être éliminée ou expulsée de l'économie, comme pouvant lui nuire, ou lui étant désormais inutile.

La nutrition proprement dite, cet acte de la vie par lequel le principe nourrissant des alimens pénètre dans le tissu des organes pour l'augmenter, le réparer, et fournir à leurs actions, est dûe à la digestion et à tous les annexes de cette fonction, qui finissent par permettre l'assimilation de certaines parties du sang. Dans le partage qui résulte du bénéfice de la nutrition c'est le premier et principal lot de cette suite ou succession d'actions qui nous reste à énumérer.

Viennent ensuite en effet les sécrétions qu'on a nommées excrémentitielles, parce que l'humeur séparée dans quelques organes pour être employée à certains usages, après avoir rempli cet office, paraît devoir être expulsée en partie, ou pénétrer de nouveau dans le torrent de la circulation. Nous avons déjà eu occasion d'indiquer ces sortes de sécrétions, et même de les faire connaître avec détail, en traitant des autres fonctions. C'est pourquoi nous n'y reviendrons pas ici; il suffira de rappeler qu'en traitant de la vision, nous avons parlé des larmes et des glandes lacrymales qui les produisent (pag. 103); qu'à l'occasion de la digestion, nous avons traité des glandes salivaires, muqueuses (pag. 128), venimeuses (pag. 122), du pancréas (pag. 144), du foie (pag. 141), qui sécrète la bile, et de la rate (pag. 143); qu'en faisant connaî-

tre comment les Reptiles résistent au froid, nous avons
parlé de l'humeur de la transpiration (pag. 193). Mais
il nous reste encore à faire connaître plusieurs organes sécrétoires importans, tels que les reins et leurs
annexes, qui sécrètent, conduisent ou retiennent les
urines en dépôt; beaucoup d'organes qui sont propres à
la reproduction, et qui sont fort différens dans les mâles
et dans les individus femelles, dont nous croyons
devoir renvoyer l'examen au moment où nous étu-
dierons la génération ou cette dernière fonction animale. Cependant nous aurons à faire connaître ici la
sécrétion de la graisse ou d'une humeur analogue, et
un grand nombre d'excrétions particulières qui s'opèrent au-dehors de l'animal, telles que la matière mus-
quée de la mâchoire des Crocodiles, les glandes anales
fétides des Serpens, les pores des cuisses ou du cloaque de plusieurs Sauriens, les parotides des Crapauds
et des Salamandres, et les émonctoires par lesquels
s'échappent des humeurs acides, alliacées, sulfureu-
ses, que plusieurs Batraciens emploient comme
moyens de défense. Enfin il nous restera à parler d'un
effet bien singulier de la nutrition, c'est la force reproductrice qui fait réparer les portions du corps qui ont
été soustraites à l'animal dans certaines circonstances.

Des Reins et de la Sécrétion des Urines.

Chez tous les animaux à vertèbres, il y a des organes
destinés à sécréter ou à retirer du sang une humeur
particulière chargée de sels, qu'on nomme l'*urine*,
et qui doit être éliminée de l'économie au moyen de
tuyaux de conduite qui aboutissent vers des cavités
membraneuses où cette humeur s'accumule peu à peu

pendant que s'opère la sécrétion ou la filtration, jusqu'à ce qu'elle soit réunie en assez grande quantité pour être chassée au dehors. Ces organes sécrétoires, appelés les *reins*, sont deux glandes ordinairement situées dans l'abdomen, le long de la colonne vertébrale, sous le péritoine, l'une à droite, l'autre à gauche. Leur forme et leur volume varient beaucoup, ainsi que la nature apparente du fluide ou de la matière qui s'y trouve élaborée.

Le parenchyme des reins est évidemment composé de granulations réunies dont chacune reçoit une petite quantité de sang pour en séparer une portion distincte qui passe de là par des séries de canaux, à peu près comme la rafle d'une grappe de raisin se rend à chacune des petites baies qu'elle soutient. Le dernier de ces canaux, qui réunit tous les autres, se nomme l'*urétère*. Celui-ci aboutit soit dans un réservoir membraneux spécial qu'on appelle *vessie urinaire*, soit dans le cloaque qui termine l'intestin rectum, et où viennent se déposer toutes les matières qui sortent par l'orifice du tube intestinal opposé à la bouche.

Tous les Reptiles sans exception ont deux reins, mais de forme, de grosseur et de structure variées ; ils ont également tous des urétères, mais la terminaison de ceux-ci est différente dans les divers ordres et même dans quelques genres de ces mêmes divisions.

Dans les Tortues, par exemple, les reins sont courts, arrondis, quoique légèrement comprimés ; plats d'un côté, convexes de l'autre, à plusieurs échancrures ; sur le bord externe, leur surface est comme vermiculée. On voit aussi le long de leur bord interne, une sorte d'appendice granulé correspondant à la capsule surrénale. Les petits canaux qui en proviennent, et qui sont les origines des urétères, se réunissent de chaque côté en un seul tronc aboutissant presque de suite à la partie inférieure de la vessie urinaire, vers la portion rétrécie qui en forme le col. Dans quelques espèces même, les urétères se terminent directement dans le cloaque ; cependant Bojanus (fig.186) a représenté la première disposition dans l'Émyde d'Europe.Cette vessie, qui est tout-à-fait distincte et remarquable dans cet ordre, offre plus de largeur en travers que dans le sens longitudinal. Au reste, les Chéloniens sont presque les seuls Reptiles qui offrent une véritable vessie urinaire. Les espèces des autres ordres sont à peu près dans le même cas que les Oiseaux ; car il n'y en a point dans les Serpens, les Lézards, ni les Batraciens, quoique tous ces animaux aient des reins et des urétères. Les Sauriens ont ces glandes placées très près du bassin ou au moins de la terminaison du tube intestinal. Dans les Serpens, les reins ne sont point aussi adhérens à la colonne vertébrale ; ils suivent les mouvemens des intestins, étant compris dans la duplicature du péritoine, et ils sont beaucoup plus allongés. Chez les Batraciens, ils sont courts et situés sur la région des lombes avec les testicules. On a de plus observé que, dans les Salamandres, les canaux déférens, provenant des testicules, semblent être les mêmes que ceux qui ont pris leur naissance dans le tissu des reins, car ils en sont la continuité.

Nous avons déja dit, en parlant de la transpiration, que la prétendue vessie urinaire des Grenouilles, des Rainettes et des Crapauds, ainsi que celle des Salamandres, est une sorte de citerne où une humeur

aqueuse, presque pure, destinée à l'exhalation cutanée, semble être apportée, soit par les veines sanguines, soit par les lymphatiques.

Quant à la nature de l'urine elle-même, c'est, dans
les Sauriens et les Ophidiens, une sorte de bouillie
blanchâtre qui contient, à peu près comme celle des
oiseaux, des sels à base de chaux ou d'ammoniaque.
On prétend même qu'on a recueilli en Égypte cette
sorte de matière d'une blancheur extrême et à molécules très déliées, pour en préparer une espèce de fard
qui était vendu sous le nom de cordylées (1). Nous
avons déja dit que dans certaines circonstances, les
Grenouilles et les Crapauds, pour rendre leur fuite
plus facile, se débarrassent de l'eau déposée dans le
réservoir de l'humeur de la transpiration, mais que ce
n'est pas une urine véritable.

Sécrétion de la graisse.

Chez les Mammifères et les Oiseaux on trouve déposée dans les mailles écartées du tissu cellulaire, une
matière grasse ou huileuse qui semble séjourner là
comme dans un dépôt où elle pourra être résorbée ou
reprise par la suite, afin de subvenir aux besoins de
l'alimentation ; ce sont surtout les animaux destinés à
subir des jeûnes ou des abstinences prolongées par l'effet de l'engourdissement du sommeil d'hiver, ou par
de longs voyages d'émigration, qui semblent faire une
plus ample provision de cette matière nutritive qui se
trouve repompée quand ils sortent de leur léthargie,

---

(1) *Ex stercore candidissimo , friabili , ad faciem erugandam un-
guentum meritrices parabant.* PLINII , Histor. nat. , lib. 28 , cap. 8.

ou à l'époque de leur retour périodique dans nos climats tempérés. On ignore comment s'opère cette sécrétion, mais on conçoit parfaitement le but de son
absorption, qu'on voit même s'opérer chez la plupart
de ces animaux à la suite de leurs maladies ou de leurs
longues abstinences.

Les Reptiles ont peu de graisse généralement, et
celle qui se développe chez eux en quantité plus notable se rencontre dans les replis de leur péritoine,
dans l'épaisseur du mésentère et dans quelques appendices particuliers qu'on a regardés comme correspondans aux épiploons.

Cependant les Chélonées ont aussi de la graisse déposée dans le tissu cellulaire, principalement dans les
intervalles des muscles destinés à mouvoir les parties
supérieures de leurs mâchoires. Cette graisse varie
pour la couleur, pour la consistance, et même pour
l'odeur, dans les diverses espèces. Dans les Tortues en
général, elle est d'une teinte verdâtre et presque
fluide dans les cellules, comme une huile à peine figée.

Dans les Crocodiles et dans les Caméléons, où nous
l'avons rencontrée, et très probablement dans les
Iguanes, le tissu cellulaire qui occupe les intervalles
des muscles de l'échine en présente quelquefois en
assez grande abondance.

Chez les Serpens, nous n'avons guère observé de
graisse solide que dans l'épaisseur des mésentères; quoique leurs muscles soient imprégnés d'une matière
grasse huileuse qui quelquefois même transsude à travers leurs tégumens lorsqu'ils sont exposés à l'action
du soleil au premier printemps, comme nous nous en
sommes assurés en les maniant avec des linges qui en
sont restés imbibés.

Mais dans les Batraciens cette matière grasse se trouve isolée et déposée constamment dans les appendices frangés qui flottent dans la cavité du péritoine, et dont la configuration et le volume varient presque autant que ceux des différentes espèces des genres Grenouilles, Crapauds, Rainettes, Salamandres et Tritons, de sorte qu'il nous serait impossible d'entrer ici dans ces détails. Il nous suffira de dire d'avance que ce tissu se trouve en rapport avec les organes de la reproduction mâles et femelles, par leur adhérence à la capsule des reins, des testicules et des ovaires; que sa couleur varie beaucoup dans toutes les teintes, depuis le jaune pâle jusqu'à celle de l'orangé le plus foncé; que cependant on retrouve ces appendices frangés même dans les tétards; que leur forme varie ou est différente après la métamorphose; que leur volume augmente considérablement à l'époque de l'hivernation, et qu'il diminue notablement après la ponte. Enfin il convient de rappeler que vers cette époque de l'année, les Batraciens, quoique très motiles, se passent presque entièrement d'alimens, ou semblent soumis à un jeûne absolu. Cette opinion, qui est celle de Ratke (1), n'a pas été adoptée par Funk, qui pense que ces corps jaunes sont destinés à fournir la matière colorante de la peau (2).

Excrétions diverses.

Beaucoup de Reptiles portent de l'odeur, la plupart paraissent la produire par l'évaporation d'humeurs

---

(1) RATKE (Heinrich), de Salamandrarum corporibus adiposis. Berlin, 1818, in-4°.

(2) FUNK, page 30 et 52, de Salamandra terrestri; in-f°. Berlin, 1827.

volatiles qu'ils sécrètent en diverses parties du corps ;
mais surtout qu'ils émettent par l'orifice du cloaque,
dans certaines circonstances. On trouve en effet dans
presque toutes les espèces, sur la marge de l'anus et à
l'intérieur, dans l'épaisseur de la base de la queue,
deux poches ou vésicules plus ou moins étendues,
remplies d'une humeur particulière que l'on désigne
sous le nom de bourses anales. Elles ont été très bien
décrites par Bojanus, et dans les Crocodiles, par le
père Plumier. Ce dernier dit positivement que dans
l'état frais, ces sacs sont remplis d'une humeur jaunâtre, épaisse, qui porte une odeur de musc. Presque
tous les Sauriens et les Ophidiens en présentent de
semblables ; aussi, quand on saisit les Couleuvres, les
Vipères, et même les Orvets, ces animaux, par l'effet
d'une crainte salutaire, se hâtent-ils de laisser échapper cette humeur, dont l'odeur pénétrante, désagréable
et très tenace, dégoûte la plupart des animaux qui les attaquent. On n'a pas observé ces poches, ou du moins
elles n'ont pas été indiquées dans les Batraciens ; cependant chez les Urodèles, les lèvres longitudinales du
cloaque qui se tuméfient et se colorent si diversement
à certaines époques, contiennent, dans leur épaisseur,
un amas de cryptes ou de petites glandes qui fournissent une humeur particulière, dont l'odeur varie, et
qui dans certaines espèces de Tritons, ressemble un peu
à celle que répandent les Insectes Coléoptères qu'on
nomme Coccinelles. Les Crapauds, les Salamandres
terrestres ont, outre les verrues poreuses dont la
peau de leur corps est parsemée, deux masses glandu-
leuses situées sur les parties latérales de la tête, qu'on
a nommées des parotides, et qui, lorsqu'on les com-
prime, laissent sortir, par de petits trous, des gouttelettes d'une humeur jaunâtre et épaisse, qui porte une

odeur de musc. D'autres Reptiles ont des pores nombreux répandus sur la surface du corps, situés autour
ou au centre même des écailles, disposés de la manière
la plus régulière. Les plus remarquables sont ceux
qui sont placés sur une même ligne, le long de la
partie interne des cuisses des Sauriens ; ils ont servide
caractères pour les genres par leur présence, et aux
espèces par leur nombre, qui varie de douze à vingt-
quatre ; on les nomme des pores fémoraux. Les écailles
qui les supportent ont une autre forme que celles qui
les avoisinent, et souvent les bords du trou ou l'é-
caille elle-même, sont d'une couleur différente. Ces
mêmes pores se retrouvent sur la marge antérieure du
cloaque dans les Ophidiens qu'on appelle Amphisbènes, et dans un genre de Sauriens qu'on trouve au
Brésil, et qui n'a que des pattes antérieures, nommé
à cause de cela Chirote. On a encore décrit dans les
Crocodiles, d'autres glandes qui existent sous la mâchoire inférieure et qui sécrètent une matière onc-
tueuse, comme une pommade d'un gris noirâtre dont
l'odeur rappelle celle du musc ; elle est contenue dans
une poche qui s'ouvre au dehors par une petite fente.

Parmi les odeurs qui émanent du corps des Reptiles,
il n'en est peut-être pas de plus remarquables que
celles qui sont produites par les diverses espèces du
genre des Crapauds. Déja Roësel en a fait connaître
quelques-unes dans son grand ouvrage, et il les acom-
parées tantôt à l'odeur de l'ail ou de sulfure d'arsénic
volatilisé, tantôt à celle du foie de soufre ou hydrosul-
fure, ou même de la poudre à canon brûlée ; pour
d'autres espèces, il a indiqué une odeur aigre qu'il a
dit analogue à la sensation que produit dans le nez la
vapeur du raifort, de la moutarde ou de la feuille

fraîche de la capucine froissée entre les doigts. Il a recherché inutilement, et par des dissections soignées, quelle pouvait être la source de ces émanations. Il en a indiqué plusieurs dont il n'était pas certain. Dans un seul cas, à l'article de l'espèce qu'il nomme aquatique, et qu'on a désignée depuis sous le nom de Crapaud de Roësel, il énonce comme très probable que cette odeur provient du cloaque. C'est aussi ce que nous pensons d'après quelques expériences et observations que nous ferons connaître plus tard. Nous dirons cependant ici que nous nous sommes assurés que, dans certains cas, l'eau dans laquelle quelques uns de ces animaux avaient été déposés, puis irrités ou excités à dessein, était devenue tellement acide que des têtards de Grenouilles et de Salamandres qu'on avait tenus renfermés dans les mêmes bocaux, n'avaient presque pas survécu à cette sorte d'immersion.

De la Reproduction des Membres.

Il nous reste à faire connaître à la suite, et comme une conséquence de la fonction nutritive, l'un des faits physiologiques les plus curieux, c'est la faculté dont jouissent certains animaux, et les Reptiles en particulier, de reproduire ou d'opérer la régénération des parties du corps qu'ils ont perdues par accidens ou quand on les leur a retranchées dans certaines expériences. L'observation en a été faite de tout temps : on a reconnu que chez les Lézards, les Scinques et les Orvets, qui sont sujets à perdre la queue, soit en totalité, soit en partie, cette portion du corps paraisse renaître et se reformer peu à peu ; de manière à ce que cette mutilation semble disparaître complètement.

On trouve ce fait consigné dans les plus anciens auteurs (1); mais ce n'est que dans ces derniers temps qu'on a suivi avec exactitude tous les détails de cette reproduction, non seulement de la queue; mais des membres qui se sont complètement réintégrés sous les yeux des observateurs. Nous-mêmes nous avons répété quelques unes de ces expériences, dont les résultats ont été constatés par des pièces conservées que nous pouvions soumettre à l'examen des personnes devant lesquelles nous avions, comme ici, l'occasion de raconter les faits principaux que nous allons exposer.

Blumenbach (2) a répété l'expérience du fait indiqué par Pline, en détruisant avec une pointe de fer les yeux d'un Lézard vert, et en plaçant cet animal dans un vase de terre neuf qu'il a ensuite déposé dans la terre humide, et, au bout de très peu de temps, les yeux ont été tout-à-fait reproduits (*in integrum restitutos*).

Des Lézards et des Scinques, dont la queue avait été cassée accidentellement et reproduite, comme il était facile de le reconnaître , à la forme particulière et à la couleur de leurs plaques écailleuses, ont été disséqués, et l'anatomie a démontré que dans leur squelette les vertèbres avaient été remplacées par des substances cartilagineuses analogues qui peut-être ne reprennent jamais complètement la nature ni la solidité des os. Quelques uns même de ces animaux, qui sont conservés dans nos collections , ou dont les figures ont été

---

(1) PLINE , Historia mundi, lib. XXIX, chap. 38. ÆLIEN, Περὶ ζώων ἰδιότητος, édit. de Schneider , Lipsiæ, 1784, lib. v, 47.

(1) BLUMENBACH , Specimen Physiologiæ comparativæ, Gotting., 1787, pag. 31.

gravées, offrent, au lieu de la queue primitive qu'ils avaient eue d'abord, une queue double dont les pointes semblaient se rapprocher comme les branches d'une pince; mais les faits principaux ont été recueillis sur les Salamandres et les Tritons par Plateretti, Spallanzani, Murray (1) et surtout par Bonnet (2). Voici l'analyse des faits principaux consignés et figurés par ce patient et consciencieux observateur.

Dans plusieurs expériences, les bras ou les cuisses ont été coupés à des Salamandres aquatiques ou Tritons, tantôt d'un côté, tantôt de l'autre, ou d'un même côté à la fois : constamment le membre amputé s'est reproduit, et les doigts se sont peu à peu reformés et ont pris du mouvement. La queue de ces mêmes animaux a été retranchée à diverses hauteurs, et constamment aussi elle s'est renouvelée en poussant peu à peu de la base.

L'auteur a eu la patience de faire reproduire le même membre jusqu'à quatre fois consécutives sur le même animal, qu'il a observé pendant bien longtemps avec des précautions infinies et un soin extrême.

Dans toutes ses recherches, il a observé que cette

(1) PLATERETTI, Su le reproducione delle gambe, e della coda delle Salamandre aquajuole. Scelta di opuscul. interes., vol. XXVII, pag. 18.

SPALLANZANI, Sopra le reproduzioni animali; Fisica animale e vegetabile, 1768.

MURRAY , Commentatio de redintegratione partium nexu suo solutarum vel amissarum, Gotting., in-4°, 1787.

(2) Charles BONNET, OEuvres d'Histoire naturelle et de Philosophie, tome V, 1re partie, 177. Sur la reproduction des membres de la Salamandre aquatique.

régénération était favorisée par la chaleur et retardée au contraire par le froid.

Il a eu occasion de reconnaître que les parties de membres ainsi altérées par des excisions se reproduisaient souvent avec des altérations notables, soit par le défaut, soit par l'excès ou l'exubérance de certaines parties, qui prenaient alors des formes tout-à-fait singulières; que chez plusieurs espèces de Tritons, les os longs des membres détachés de leur principale articulation, et y restant suspendus par quelques points qui les faisaient encore tenir aux chairs, se trouvaient en peu de jours complètement consolidés. Mais l'une des observations les plus étonnantes est celle qu'il a consignée sur l'extirpation complète de l'œil : cet organe s'étant tout-à-fait reproduit et parfaitement organisé au bout d'une année.

Qu'il nous soit permis de consigner ici une de nos expériences : nous avons emporté avec des ciseaux les trois quarts de la tête d'un Triton marbré. Cet animal, placé isolément au fond d'un large bocal de cristal où nous avions soin de conserver de l'eau fraîche à la hauteur d'un demi-pouce, en prenant la précaution de la renouveler au moins une fois chaque jour, a continué de vivre et d'agir lentement. C'était un cas bien curieux pour la physiologie; car ce Triton privé de quatre sens principaux, les narines, la langue, les yeux et les oreilles, était réduit à ne vivre extérieurement que par le toucher. Cependant il avait la conscience de son existence; il marchait lentement et avec précaution; de temps à autre, et à de grands intervalles, il portait le moignon de son cou vers la surface de l'eau, et dans les premiers jours on le voyait faire des efforts pour respirer. Nous avons vu, pendant au moins trois mois, se faire un travail de reproduction et de cicatrisation telle qu'il n'est resté aucune ouverture ni pour les poumons, ni pour les alimens. Par malheur, cet animal a péri au bout des trois premiers mois d'observations suivies, peut-être par le défaut de soins d'une personne à laquelle nous l'avions recommandé pendant une absence. Mais on a conservé le sujet dans les collections du Muséum, et quand nous en parlons dans nos cours, nous le faisons voir à nu pour qu'on puisse constater la singularité du fait d'un animal qui a vécu sans tête, et surtout pour démontrer la possibilité et la nécessité, même chez les Batraciens, d'une sorte de respiration par la peau.

Une autre circonstance importante, relatée par Bonnet, et que nous avons eu aussi fort souvent occasion de constater, c'est que, dans le cas de plaies chez les Tritons, il faut avoir le soin de renouveler souvent l'eau dans laquelle on tient ces animaux pour les observer, et de leur en fournir de bien aérée ; car autrement il se forme sur les surfaces dépouillées de leur peau, une sorte de moisissure qui est due à une matière organisée transparente, rameuse et vivante, qui ronge les chairs comme une gangrène humide, et qui s'étend et ferait bientôt périr l'animal, si l'on n'avait l'attention de l'enlever avec un petit pinceau ou, comme nous l'avons fait, dans l'idée que nous avions à détruire un animal zoophyte, en touchant ces filamens avec un léger acide minéral, et en renouvelant l'eau, avec beaucoup plus de soins encore, dans les vases où nous tenions les animaux que nous voulions observer.

CHAPITRE IV.

DE LA PROPAGATION CHEZ LES REPTILES.

L'observation a démontré que tout être vivant est né, qu'il a fait nécessairement partie d'un individu semblable à lui-même, dont il a été séparé, détaché à une époque souvent fixe et déterminée. La propagation, la reproduction des corps organisés n'est donc que le développement successif d'une série d'individus qui se ressemblent, une filiation progressive des mêmes espèces qui se continuent, qui s'engendrent.

L'acte par lequel la vie se communique, se propage dans les individus, est le complément ou la conséquence de la nutrition ; il n'a lieu le plus ordinairement qu'à l'époque où le plus grand développement s'est opéré. Quelquefois c'est seulement vers la fin naturelle des individus même, comme on le voit pour les Insectes et pour les plantes dites annuelles; et même dans tous les végétaux, la reproduction entraîne toujours la perte des organes ou de la totalité de la fleur qui est destinée à cette fonction.

Le but évident de la génération, chez les êtres organisés, est de perpétuer les races, les espèces, et de faire succéder d'autres individus absolument identiques avec ceux que la mort détruit, car la vie n'est que temporaire, et tout être vivant doit mourir ; l'individu périt, mais il n'y a pas de fin pour sa race.

Dans les animaux il y a des organes spécialement affectés à la fonction reproductrice, à la génération, et ces parties, tout-à-fait distinctes, sont en rudimens

14.

dans les embryons, elles se développent par la suite et elles persistent dans leur existence, autant que les individus eux-mêmes. Les unes préparent les germes, les sécrètent très probablement par suite d'un excès de nutrition; ces rudimens d'un nouvel être sont disposés de manière à ce que leur vivification puisse s'opérer; des organes les protégent, les conservent pendant un temps plus ou moins long avant leur séparation du corps de l'individu qui les a produits ou sécrétés; les autres sont destinées à séparer des fluides nourriciers une humeur dite prolifique, engendrante, ou vivifiante, avec une grande diversité de moyens ou d'instrumens propres à la transmettre, ou à la diriger sur les germes.

Chez les Reptiles, comme dans tous les animaux vertébrés d'un degré supérieur, les organes, suivant leur nature, constituent les sexes; ils caractérisent les individus en mâles et en femelles, par leur unique présence; mais le plus souvent aussi par d'autres différences physiques et constitutives. Comme dans la plupart des espèces d'Oiseaux, les mâles sont plus petits, plus brillans de couleur, ou plus ornés; ils ont en général plus de force et de vivacité.

A l'exception des Batraciens, qui tous, à ce qu'il paraît, se retirent dans l'eau pour opérer le grand œuvre de la reproduction, sans union intime des individus, ou sans intromission des parties mâles dans les organes femelles, tous les autres Reptiles ont un accouplement réel; le mâle et la femelle s'unissent dans l'acte de la génération; il y a intromission directe, introduction active de la liqueur séminale dans le corps de la femelle et à une certaine époque de l'année seulement.

Les Reptiles en général ne forment pas d'union durable ou de monogamie : le seul besoin de la reproduction est une nécessité instinctive qu'ils satisfont ; c'est pour l'un et l'autre sexe une excrétion à opérer, un but matériel à atteindre ; aussi cette fonction naturelle ne paraît point avoir exercé la moindre influence sur l'état social des individus. Il n'y a parmi eux, au moins bien rarement, et alors peut-être par suite d'autres causes, aucune communauté de désirs ni d'affections, ni même aucun attachement momentané du mâle pour la femelle qui n'est presque jamais sa compagne. Le seul besoin de l'amour physique les rapproche, et quand il est satisfait, ils se fuient, s'éloignent, et ne se reconnaissent plus.

Le plus ordinairement les germes fécondés se séparent du corps de la femelle avec une certaine provision de nourriture enveloppée avec l'embryon, sous une membrane commune plus ou moins solide : ce sont de véritables œufs. Il est rare que les mâles se joignent aux femelles, afin de préparer un nid ou une place convenable pour les y déposer. Comme les Reptiles ne développent pas de chaleur, ils ne couvent pas les œufs, dont les petits, à l'exception de ceux de la famille des Batraciens, sortent le plus ordinairement assez agiles, avec la forme qu'ils doivent conserver, et pouvant déja subvenir par eux-mêmes à leurs premiers besoins. Quelquefois cependant la mère cherche à les protéger dans le premier âge, mais ceux-ci ne paraissent bientôt plus la reconnaître, et ils deviennent fort indifférens à elle-même, de sorte qu'elle n'a que les inquiétudes et non les jouissances de la maternité.

La plupart ne construisent pas de nids ; la femelle

se contente de déposer ses œufs dans un lieu abrité et dans des circonstances convenables, pour que la température ne soit pas trop basse ou l'humidité trop grande, et afin que les jeunes animaux qui en proviendront ne deviennent pas la proie des espèces carnassières, contre lesquelles ils ont peu de moyens de défense.

Quelques femelles conservent leurs œufs dans l'intérieur du corps, jusqu'à ce que les petits sortent de la coque molle qui les contenait dans un oviducte ou conduit destiné à les recevoir, comme dans une sorte de matrice; alors ces espèces semblent être vivipares comme les Mammifères. On a cru pendant long-temps que les Vipères seules, parmi les Serpens, étaient dans ce cas; mais depuis on a reconnu que plusieurs autres Ophidiens, de genres très différens, offraient la même disposition, ainsi que quelques Sauriens, en particulier les Orvets, et même parmi les Batraciens, les Salamandres terrestres; on a nommé alors ces animaux ovovivipares, ou faussement vivipares.

Les cas généraux que nous venons d'indiquer ne sont cependant pas sans exception. Sans faire mention des Batraciens qui, sous ce rapport, doivent, comme nous l'avons déjà annoncé, être étudiés à part; nous rappellerons que des voyageurs ont dit que les Sphargis ou Tortues à cuir, et quelques espèces de Trionyx, s'appariaient, et que les deux individus, de sexes divers, restaient constamment réunis dans les mêmes lieux. On sait que les grandes Tortues de mer, dites Chélonées, et les Crocodiles, viennent chaque année, et à des époques fixes, déposer leurs œufs dans les sables des bords de la mer et des fleuves, voisins de parages peu inclinés; que là, les femelles construi-

sent une sorte de four ou d'espace creux et voûté bien
solidement, afin que l'ardeur du soleil, ainsi concen-
trée, hâte l'éclosion des embryons qui se développent
tous à peu près de la même manière et dans le même
temps, comme par une véritable couvée extrinsèque,
la chaleur dont ces œufs avaient besoin n'ayant pu
être communiquée par le corps de la mère, ainsi que
cela a lieu chez les Oiseaux.

Nous sommes obligés de traiter à part de la famille
ou de l'ordre des Batraciens qui, sous le rapport de
la fonction reproductrice, s'éloigne complètement,
comme nous l'avons déja annoncé, de l'organisation
observée chez tous les Reptiles.

D'abord, il n'y a pas chez eux de véritable conjonc-
tion ou de copulation réelle, les mâles étant privés de
parties saillantes érectiles propres à l'intromission directe et active de la liqueur séminale dans les organes
externes des femelles. Ces animaux se trouvent donc
à peu près dans les mêmes circonstances que la plupart des Poissons. Cependant les mâles des Anoures
ou des espèces qui ont des pattes et qui sont privées
de la queue, montent sur le corps de la femelle et
l'embrassent fortement au dessous des aisselles avec les
pattes antérieures pour féconder, par l'émission de
leur liqueur spermatique, les œufs que souvent ils
aident la femelle à expulser du cloaque.

Ces œufs sont constamment enveloppés d'une coque, ou membrane mince, muqueuse, et perméable;
le plus souvent ils sont agglomérés, liés entre eux et
réunis, soit en masse, soit en chapelets; ils grossis-
sent considérablement lorsqu'ils sont plongés dans
l'eau. Cette sorte de fécondation extérieure, ou de vivification, a offert aux physiologistes des sujets très

curieux d'observations et de recherches importantes sur l'influence de l'humeur séminale, dans le développement des germes. C'est ce que nous ferons connaître avec détails, quand par la suite nous exposerons spécialement l'histoire de cet ordre de Reptiles.

Quant aux espèces de Batraciens qui conservent la queue, et que nous avons nommées Urodèles, il y a cette grande différence que les mâles ne saisissent pas le corps de la femelle. Tantôt les deux sexes se rapprochent intimement, les orifices de leur cloaque sont à peu de distance ; tout porte à croire que la liqueur séminale, abandonnée par l'un, est absorbée par l'autre, et portée sur les œufs, qui sont ainsi fécondés à l'intérieur, soit immédiatement avant la ponte qui ne tarde pas à s'effectuer, soit même dans les oviductes, où l'on a trouvé des petits éclos, et prêts à sortir vivans, et d'autres dans des états plus ou moins rapprochés du développement qui rendait l'animal viable. Tantôt le mâle, qui excite la femelle à pondre par ses agacemens, se presse d'aller féconder successivement chacun des œufs dont il épie la sortie. Les Salamandres dites terrestres sont dans le premier cas, c'est ce qui les a fait regarder comme vivipares ; mais dans la plupart des autres genres, les œufs éclosent au dehors, et toujours dans l'eau, et le mode du développement des germes qu'ils contiennent, présente des différences notables d'avec celui des têtards qui produisent les Anoures.

Cependant, chez tous les animaux de cet ordre, les embryons que renferment les œufs vivifiés, éclosent avec une forme tout-à-fait différente de celle qu'ils prendront par la suite. Ils subissent, comme les Insectes, des métamorphoses ou des transformations successives. En outre, cette première conformation que présente l'animal à sa sortie de l'œuf, se trouve encore modifiée de diverses manières, suivant que le fœtus doit produire des Batraciens Anoures, ou des Urodèles, comme nous allons l'indiquer.

Dans le premier âge ils ont tous, à ce qu'il paraît, le corps allongé, avec une longue queue comprimée sur les côtés, semblable à celui d'un petit Poisson, seulement ils ont des branchies extérieures; le plus souvent ils sont aveugles, leur petite bouche est alors munie de crochets ou d'une sorte de bec corné qui leur permet de se nourrir de matières végétales qu'ils doivent couper.

Chez les uns, ce sont les Anoures, les branchies externes et visibles disparaissent, elles se trouvent recouvertes par une membrane, placées dans une sorte de sac sous la gorge, et l'animal respire tout-à-fait de la même manière que les Poissons. Seulement son ventre est énorme par la grande étendue du canal digestif, sa tête se trouve confondue avec le tronc; il a des yeux, des narines; il est globuleux en devant avec une large queue qui lui sert de nageoire; on le désigne alors sous le nom de *têtard*, tant sa tête paraît volumineuse. Ses pattes postérieures semblent pousser lentement à l'origine de la queue, et se développent d'abord, ensuite les antérieures; la queue s'amincit, se raccourcit, se détruit peu à peu et semble être absorbée; la bouche se fend, perd ses mâchoires cornées, elle s'élargit considérablement; les yeux prennent des paupières; le ventre s'allonge et diminue de grosseur; les intestins eux-mêmes se raccourcissent; les poumons intérieurs se développent; les branchies intérieures se détruisent; la circulation est tout-à-fait changée, et l'animal est devenu terrestre et carnassier, d'aquatique et d'herbivore qu'il était.

Chez les autres, qui sont les Urodèles, les branchies externes du têtard persistent; elles ne deviennent jamais intérieures; elles restent à découvert comme des franges collaires; elles s'oblitèrent seulement à mesure que les poumons aériens se développent dans l'abdomen, et qu'ils admettent l'air extérieur. L'animal, d'abord aveugle, prend des yeux, sans paupières mobiles. Mais dans cette famille, ce sont les pattes de devant qui se montrent les premières, puis paraissent celles qui sont à l'origine de la queue; le plus souvent les branchies s'oblitèrent ou s'effacent insensiblement, en laissant leurs traces, à mesure que les poumons se développent à l'intérieur, mais la queue ne disparaît jamais; la bouche et les intestins subissent à peu près les mêmes transformations que chez les Anoures.

Quelques genres parmi les Urodèles semblent conserver, pendant la durée de leur existence, cet état embryonnaire dont nous venons de faire connaître les phases. Ainsi les Sirènes gardent leurs branchies et n'ont que les deux pattes antérieures; chez les Protées et les Amphioumes, on voit des pattes postérieures à l'état plus ou moins rudimentaire; mais dans les Salamandres, les Ménopomes et les Tritons, les branchies finissent par disparaître complètement.

Nous avons dit déjà que, dans tous les Reptiles, il n'existe qu'une seule issue pour le résidu des alimens, le liquide sécrété par les reins et pour les organes génitaux. C'est l'orifice extérieur du cloaque, dont la forme varie et devient jusqu'à un certain point une sorte de caractère naturel. Il est en effet arrondi dans

la plupart des Chéloniens et chez les Batraciens sans
queue; tandis qu'il présente une fente tantôt transversale, comme dans les Sauriens et les Ophidiens, tantôt au contraire tout-à-fait en longueur dans les Batraciens Urodèles.

Chez les mâles qui ont des organes apparens au
dehors, dans quelques circonstances, on peut établir
cette distinction que les uns, comme les Tortues et les
Crocodiles, ont un pénis unique protractile et rétractile dans le cloaque, avec des muscles destinés à produire ces mouvemens. Le tissu qui les forme est vasculaire, de la nature de ceux qu'on nomme érectiles.
Cette tension et ce relâchement sont dus à l'abord rapide du sang qui peut y stagner. La surface de ce corps
qui correspond au gland, est couverte de papilles
molles, douées très probablement d'une grande sensibilité. On voit au milieu un sillon longitudinal le long
duquel, par la disposition de l'organe, l'humeur prolifique peut s'insinuer et glisser de manière à être lancée
dans un canal pratiqué au milieu d'un gorgeret insi-
nuateur.

Chez les Serpens et les Lézards, la semence paraît
être dégorgée directement du cloaque du mâle dans
celui de la femelle, et le rapprochement intime des
deux individus être facilité et maintenu par deux appendices érectiles qui sortent des parties latérales du
cloaque du mâle, et qui sont hérissées d'épines ou de
petits crochets rudes recourbés, destinés à être retenus dans les parties correspondantes de celui de la
femelle.

Nous n'avons pas besoin de répéter qu'il n'y a aucun
organe externe mâle, pas d'apparence de pénis dans le
cloaque des Batraciens.

Les organes internes de la génération chez les mâles sont de véritables testicules qu'on retrouve constamment situés dans la cavité de l'abdomen, le long de la région de l'échine, au dessous des reins dans les Tortues et les Batraciens Anoures, et au-dessus dans les Serpens et les Lézards. Dans les Salamandres terrestres, ils sont des plus composés, formant de chaque côté de la colonne vertébrale une série de deux ou trois ganglions réguliers, liés entre eux par des vaisseaux et les canaux déférens qui se terminent dans le cloaque, de l'un et de l'autre côté par un petit tubercule qu'on croit susceptible d'érection. Les testicules, chez la plupart des Reptiles, sont formés par un assemblage de petits canaux pelotonnés, repliés sur eux-mêmes, aboutissant à un épididyme et se terminant par des canaux déférens plus ou moins sinueux et allongés qui s'ouvrent enfin dans le cloaque, à droite et à gauche, au dessous des urétères, avec lesquels ils se trouvent quelquefois confondus.

Dans les femelles, on trouve des ovaires qui, par leur situation, correspondent à peu près au siège des testicules. Leur volume est considérable, surtout dans certaines espèces. On trouve aussi de longs canaux membraneux ou des oviductes analogues à ceux des Oiseaux. Leur volume et leur étendue varient dans les diverses espèces et suivant les époques de l'année. Leur extrémité libre forme une sorte de trompe ou de pavillon, l'autre aboutit au cloaque, et c'est par cet orifice qu'arrivent les œufs, qui ne tardent pas à être pondus.

Les œufs que pondent les Reptiles sont faciles à reconnaître dans les différens ordres. Ainsi, dans les trois premiers, leur coque est membraneuse, mais recouverte d'une matière calcaire plus ou moins solide,

tandis que chez les Batraciens ils n'ont jamais d'enveloppes crétacées. Dans les Chéloniens, elle est généralement solide ; sa forme est globuleuse ou celle d'un
cylindre court, également arrondi à ses extrémités.
Dans les Sauriens, cette coque est aussi, selon les espèces, plus ou moins résistante ; sa forme ovalaire, allongée, avec cette particularité que les deux bouts en sont
à peu près de même grosseur. Chez la plupart des
Ophidiens, la coque, quoique crétacée, est mollasse,
légèrement flexible, comme celle des œufs dits *har-
dés*, que certaines poules pondent dans un même jour,
ou quand elles n'ont pu se procurer dans leurs alimens
et fournir ainsi assez de substance calcaire. Ces œufs
de Serpens sont en outre liés entre eux par une sorte
de matière visqueuse qui se coagule et les tient réunis
en chapelet. Ces œufs sont ordinairement d'une même
couleur, d'un blanc jaunâtre ou grisâtre (1). Les Batraciens Anoures pondent des œufs à coque molle, de
forme sphérique, liés entre eux ou comme agglomérés
par paquets. Quelques Crapauds et les Pipas présentent à cet égard des particularités que nous indiquerons
bientôt. Dans les Urodèles, dont les germes éclosent
après avoir été pondus, les œufs sont le plus souvent
libres ou isolés les uns des autres, et leur forme est
allongée.

Le nombre des œufs varie beaucoup. Les Tortues
de mer en pondent jusqu'à cent à la fois ; dans les Sauriens et les Ophidiens, il y en a au-delà de trente, et
on en a compté plus de deux cents dans les Grenouilles.
Dans tous ces œufs, on trouve une glaire verdâtre ou

---

(1) Aristote les désigne ainsi : μαλακόδορμον, μονεχρον.

un albumen qui se coagule difficilement. Le jaune ou vitellus est absorbé par l'embryon ; une cicatrice abdominale indique l'ombilic dans les jeunes individus. Il n'est pas rare de rencontrer des germes doubles dans une même coque ; la plupart de celles-ci avortent ou ne se développent pas ; mais quelques unes produisent des monstres par excès, tels que des hermaphrodites, des individus à deux têtes, à six membres, à deux queues.

Le rapprochement ou l'acte de la fécondation dure plus ou moins long-temps, selon les espèces et la saison. On l'a vu, chez des Chéloniens et des Batraciens Anoures, se prolonger de dix-huit à trente-un jours et au-delà, sans que le mâle ait quitté sa femelle. Mais dans quelques Sauriens, et en particulier chez les Lézards, la copulation est de très courte durée, souvent répétée, il est vrai, mais presque instantanée comme dans les Oiseaux.

Dans nos climats tempérés, c'est le plus ordinairement aux premiers jours du printemps que les individus des deux sexes, après une longue abstinence et à peine sortis de leur engourdissement d'hiver, abandonnent leurs habitations ordinaires et se dirigent, par une sorte d'instinct, vers des lieux qui semblent comme convenus d'avance, et où on les rencontre seulement alors réunis en très grand nombre pour y célébrer leurs noces en commun. C'est au moins ce qu'on a observé chez la plupart des Batraciens, qui éprouvent le besoin d'émigrer pour se rendre dans les eaux tranquilles où doivent s'opérer leur fécondation et leur ponte.

Les mâles, dans certaines espèces, se reconnaissent par quelques caractères particuliers qui sont liés à la fécondation ; car souvent ils disparaissent après cette époque. Cependant, dans les Chéloniens, cette indication est durable ; car la plupart des mâles ont leur plastron ou la partie inférieure du ventre concave, et cette courbure correspond à peu près à celle de la convexité de la carapace chez les femelles. Cependant on a reconnu que dans quelques individus femelles, le plastron était aussi légèrement creusé, et l'on s'est assuré du sexe par des recherches anatomiques qui ont fait découvrir des œufs ou du moins l'existence des ovaires fécondés. Dans quelques Sauriens, comme dans les Basilics, les Lophyres, les Iguanes, les Dragons, les Anolis, on voit les mâles ornés de crètes particulières qui règnent le long du dos, de goîtres sous la gorge ou de fanons sous le cou, et de couleurs très vives qui les distinguent des individus femelles.

Chez les Serpens, on reconnaît aisément la différence des sexes, dans la saison des amours, par la grosseur de la queue, le gonflement particulier du cloaque et la petitesse relative des individus mâles ; tandis que dans les femelles le poids et le volume semblent doublés ; le ventre est plus large, la queue plus mince à sa base, et c'est ce qu'on observe lorsqu'on les trouve entortillés, ou entrelacés à peu près comme on les représente dans le caducée de Mercure.

Mais c'est surtout parmi les Batraciens que la distinction des mâles est facile à établir. Ainsi, dans les Grenouilles vertes, les mâles font sortir de la commissure de la bouche deux vessies globuleuses dans lesquelles s'introduit l'air au moment où ils coassent. Les mâles de la Grenouille rousse ont, à l'époque de la fécondation, les pouces des pattes antérieures considérablement gonflés et recouverts d'une peau noire et rugueuse. Dans la Grenouille verte, la gorge s'enfle et se colore chez les mâles, au moment où ils produisent leurs chants d'amour. L'espèce de Crapaud qu'on nomme l'accoucheur embarrasse autour de ses membres postérieurs le chapelet d'œufs qu'il féconde et qu'il dispose en huit de chiffre, en se chargeant de les porter jusqu'à l'époque où les germes qu'ils contiennent seront assez développés pour qu'ils puissent éclore aussitôt qu'ils seront portés à l'eau. Dans le Pipa qu'on nomme Dorsigère, et dont on a cru que la femelle faisait ses petits par le dos, on sait que les œufs ont été rangés là par le mâle, et qu'ils se sont développés dans des espèces d'alvéoles dont les parois membraneuses paraissent être une sorte de résultat d'une éruption inflammatoire. Enfin on a reconnu qu'à l'époque des amours, un grand nombre d'espèces de Batraciens Urodèles, et en particulier les Tritons mâles, s'ornaient de crètes diversement colorées, de franges, de membranes lisérées de teintes les plus variées et très vives, qui s'effacent, se détruisent et disparaissent complètement après la fécondation.

LIVRE SECOND.

INDICATION DES OUVRAGES GÉNÉRAUX RELATIFS A L'HISTOIRE DES REPTILES.

Ce livre est destiné à faire connaître les sources principales dans lesquelles on pourra puiser, avec avantage, des faits et des considérations générales relatives à l'étude méthodique de la classe des Reptiles ; car nous nous proposons d'indiquer ici successivement, dans l'ordre de la date à laquelle les auteurs ont publié leurs ouvrages, les systèmes et les méthodes qu'ils ont imaginés pour faire parvenir facilement à la connaissance des ordres, des genres et des espèces. Nous ferons ensuite l'énumération, par ordre alphabétique, des auteurs dont les ouvrages ont rapport aux Reptiles en général. Les monographies ne seront indiquées que quand nous aurons occasion de traiter des ordres, des genres ou des espèces.

On conçoit que les premiers ouvrages généraux sur la classe des Reptiles doivent être les mêmes que ceux qui traitent de l'histoire naturelle en général, et surtout de celle des animaux ; cependant il est bon de savoir que les premiers auteurs avaient déja remarqué les rapports qui existent entre les espèces qu'on range encore aujourd'hui dans les quatre ordres des Tor-

tues, des Lézards, des Serpens et des Grenouilles. Il
n'y a pas de doute, par exemple, que les mœurs de
ces différens Reptiles ne fussent connues des anciens
Égyptiens, et surtout de leurs prêtres, car on trouve
sculptées, sur les antiques monumens de ces peuples,
des figures fort remarquables de ces diverses espèces,
et souvent avec l'indication de leurs principales habitudes.

ARISTOTE. Quoiqu'on trouve dans les anciens histo-
riens hébreux et grecs, cités principalement dans Hé-
rodote et dans Athénée, plusieurs passages et des
notions précises sur quelques espèces d'animaux de la
classe des Reptiles, c'est spéciapalement dans les livres d'Aristote, et surtout dans deux de ses grands
ouvrages sur l'histoire naturelle des animaux et sur
leurs diverses parties (1), qu'on peut lire des phrases qui dénotent combien étaient vastes et précises
ses idées sur les véritables rapports qui existent entre
les animaux des quatre ordres de cette classe. Voici
quelques unes des citations que nous avons cru devoir relever pour confirmer ce que nous venons d'an-
noncer.

1. Tout animal terrestre ayant du sang, qui pond
des œufs, a quatre pieds, ou n'en a pas du tout (2).

2. Les Quadrupèdes Ovipares, tels que les Tortues
de terre et de mer, les Crocodiles, les Lézards, et
les autres du même genre. Les Serpens, si l'on veut
les comparer à ces animaux ovipares qui ont des
pieds, peuvent être mis à côté des Lézards; ils leur

---

(1) Περὶ ζώων ἱστορίας. — Περὶ ζώων μορίων.
(2) Οὐδὲν δὲ ὠοτοχεῖ χερσαῖον καὶ ἔναιμον μὴ τετράπουν ὄν, ἢ ἄπουν.
Lib. ıı, cap. x.

ressemblent presque en tout, en supposant à ceux-ci plus de longueur, et en leur retranchant les pattes (1).

3. Parmi les Quadrupèdes qui ont du sang rouge, et qui pondent des œufs, il nomme les Tortues, les Crocodiles, les Lézards, et puis les Serpens, entre lesquels il cite la Vipère, qui, dit-il, engendre extérieurement un animal vivant, après avoir produit intérieurement un œuf (2).

4. Après avoir indiqué à quels animaux convient le nom d'amphibies, il désigne encore les Tortues, les Crocodiles et les différentes espèces de Grenouilles, qui vivent dans l'eau, mais qui y seraient suffoqués s'ils y restaient trop long-temps (3).

5. Très souvent il cite nominativement les genres des Tortues, des Serpens, des Grenouilles (4).

Partout dans ses ouvrages, Aristote prouve qu'il connaissait parfaitement les formes, la structure et les habitudes des Reptiles. S'agit-il des mouvemens, il dit : « Ils se meuvent à la surface de la terre, tantôt en

---

(1) Ἐν τετράποσι ὠοτόκοις δὴ, οἷον χελώνη χερσαία, καὶ χελώνη θαλαττία, καὶ σαύρα, καὶ τοῖς κροκοδείλοις, καὶ πᾶσιν ὅλως τοῖς τοιούτοις.

Τὸ δὲ τῶν ὄφεων γένος ὅμοιόν ἐστι, καὶ ἔχει παραπλήσια σχεδὸν πάντα τῶν πεζῶν καὶ ὠοτόκων τοῖς σαύροις, εἴ τις μῆκος ἀποδιδοὺς αὐτοῖς, ἀφέλοι τοὺς πόδας. Lib. II, cap. XVII.

(2) Κατὰ τετράποδα καὶ ἔναιμα καὶ ὠοτόκα χελώνη Ἐμὺς κροκοδείλοι οἱ χερσαῖοι καὶ οἱ ποταμοι. Τῶν δὲ ὄφεων, ὁ μὲν ἔχις ἔξω ζωοτοκεῖ ἐν αὐτῷ πρῶτον ὠοτόκησας.

(3) Οἷον αἵ τε καλούμεναι θαλάττιαι χελῶναι, καὶ κροκοδείλοι οἷον αἵ τ' ἔμυδες καὶ τὸ τῶν βατράχων γένος. Ταῦτα γὰρ ἅπαντα, μὴ διά τινος ἀναπνεύσαντα χρόνου ἀποπνίγεται.

(4) Καὶ γὰρ ἡ χελώνη τῶν φολιδωτῶν ἐστι καὶ Ἐμὺς. Lib. VIII, cap. XVII. Τῶν σαυρῶν γένος. Lib. V, cap. IV. Οἱ δὲ ἄλλοι ὄφεις ἔξω. Lib. V, cap. III. Τῶν βατράχων γένος. Lib. VIII, cap. 2.

15.

« marchant, tantôt en rampant, ou en se roulant (1). »
S'il parle des Serpens, il décrit parfaitement leur
conformation extérieure et leur structure anatomique,
leur échine, leurs mouvemens, leurs écailles, leurs
voies digestives, la situation du cœur, leur poumon
unique, la glotte, la langue, leur voix, les œufs qu'ils
pondent en chapelet après l'accouplement; il les
compare aux Lézards. Parmi le grand nombre de ceux-
ci, on trouve beaucoup de détails sur les mœurs et
la structure, ainsi que sur les habitudes des Crocodiles terrestres et aquatiques. Son histoire du Caméléon prouve qu'il avait très bien observé les particularités que présente cet animal; il le compare aux
Lézards; il fait connaître la courbure de son échine,
le mécanisme des mouvemens de sa queue, le défaut
de sternum, et la disposition de ses côtes, la singulière conformation de ses pattes, dont les doigts sont
réunis en deux paquets, et qui gênent sa marche en
facilitant l'action de grimper et de s'accrocher; son
allure bizarre; les particularités de la forme des yeux
et de leurs mouvemens indépendans.

Il en est de même des Tortues et des Grenouilles.
Pour les premières, il en distingue de trois sortes, de
mer, de terre et d'eau douce, et il leur donne des
noms différens; il décrit très bien leur carapace, leur
plastron, leurs écailles, la lenteur de leur marche,
la structure intérieure de leurs viscères, de leurs
poumons en particulier, de la vessie, du cloaque; et,
pour les secondes, on voit qu'il distingue et sépare les
Grenouilles des marais ou aquatiques, des Crapauds

---

(1) Καὶ τῶν πεζῶν, τὰ μὲν πορευτικά, τὰ δὲ ἑρπυστικά, τὰ δὲ εἰλητικά;
Hist. anim., lib. I, chap. I.

et des Rainettes, et que la plupart des faits principaux qui concernent l'histoire de ces animaux n'ont point échappé à ses observations.

PLINE. Après Aristote, dont les œuvres sont remplies de faits et de vérités, à peine pouvons-nous, après un intervalle de près de quatre siècles, citer Pline le naturaliste. Son ouvrage est une véritable compilation : c'est un mélange d'observations positives et réelles, recueillies de toutes parts sans discernement, et remplies par conséquent de fables et d'erreurs. L'auteur, crédule au dernier degré, les raconte surtout avec complaisance, mais dans un style admirable pour la diction et l'élégance. Ses livres sont écrits sans ordre et sans aucun plan ; il ne parle des objets que par occasion, et toujours sans méthode ; il dénature souvent les idées qu'il emprunte, et il a ainsi introduit dans la science un grand nombre de préjugés qui persistent encore aujourd'hui et qui se retrouvent dans les croyances du vulgaire.

Ainsi, dans le livre VIII où il traite des formes, des habitudes et des mœurs, la principale division des animaux, celle qui s'applique également à l'histoire des Reptiles, est tirée de leur séjour. Il les distingue en terrestres, aquatiques et aériens. Il y traite des Tortues diverses, et ce qu'il en dit est évidemment emprunté d'Aristote. Dans quelques chapitres, il fait connaître les diverses espèces de Lézards, de Crocodiles, de Scinques; voici un article extrait de son ouvrage, qui est évidemment une compilation d'Aristote (1),

(1) CAII PLINII HISTORIA NATURALIS, lib. VIII, cap. 51. *Figura et magnitudo erat lacertæ, nisi crura essent recta et excelsiora. Latera ventri junguntur ut piscibus, et spina simili modo eminet. Rostrum*

et dans lequel, parmi un grand nombre de faits exacts, nous aurons soin de souligner les erreurs.

« La forme et la taille du Caméléon seraient à peu près celles du Lézard, s'il ne tenait pas les pattes droites et plus élevées; le corps est comprimé; ses flancs sont réunis au ventre, comme dans les Poissons, et son échine est tranchante de la même manière; son museau avance, comme celui d'un petit cochon; sa queue, qui est longue, diminue insensiblement, et se contourne en dessous, comme celle des Vipères; il a des ongles crochus; ses mouvemens sont aussi lents que ceux de la Tortue; son corps est rude au toucher, *comme la peau du Crocodile;* les yeux, enclavés dans un orbite, sont très gros, de la couleur du corps; il ne peut les fermer complètement; on n'y voit pas le mouvement de la pupille; mais il peut faire tourner la totalité de l'œil pour voir de toutes parts. Quand il est perché, il reste la bouche ouverte; *il est le seul des animaux qui puisse se passer d'alimens solides ou liquides, et qui se nourrisse d'air; il n'est dange-*

---

ut in parvo, haud absimile suillo : cauda prælonga in tenuitatem desinens et implicans se viperinis orbibus; ungues adunci; motus tardior ut testudini; corpus asperum ceu crocodilo; oculi in recessu cavo, tenui discrimine prægrandes, et corpori concolores; numquàm eos operit, nec pupillæ motu, sed totius oculi versatione circumspicit. Ipse celsus, hianti semper ore, solus animalium, nec cibo, nec potu alitur, nec alio quam aeris alimento : circà caprificos ferus, innoxius alioqui. Et coloris natura mirabilior; mutat namque cum subinde et oculis et caudd et toto corpore, redditque semper quemcumque proximè attingit, præter rubrum candidumque. Defuncto pallor est. Caro in capite et maxillis et ad commissuram caudæ admodùm exigua, nec alibi toto corpore; sanguis in corde et circà oculos tantùm; viscera sine splene. Hibernis mensibus latet ut lacertæ.

reux que lorsqu'il est perché sur les capriers. Dans
toute autre position, il est innocent ; il prend la couleur de tout ce qui l'approche, excepté le rouge et le
blanc. Après sa mort, il est pâle ; il a peu de chair à
la tête, aux mâchoires, et à la réunion de la queue,
au tronc, et même dans toutes les autres parties du
corps. *On ne lui trouve de sang que dans le cœur et
autour des yeux. Il n'a pas de rate.* Comme les Lézards, il se cache pendant les mois d'hiver. »

Dans le livre onzième, qui est tout entier consacré
à une sorte d'anatomie comparée, Pline examine successivement toutes les parties du corps dans les divers animaux ; il décrit très bien les dents venimeuses
des Serpens (1), leur langue, celle des Lézards (2)
et des Grenouilles (3) ; il donne des idées justes de la
voix chez la plupart des Reptiles (4) ; mais tous ces
faits sont exposés sans ordre, et mêlés souvent aux erreurs les plus évidentes, et quelquefois opposées à des
circonstances qu'il a détaillées ailleurs avec un grand
talent. C'est, comme le dit Cuvier (5) : « Un auteur
« sans critique, qui, après avoir passé beaucoup de
« temps à faire des extraits, les a rangés sous certains

---

(1) Lib. xi, cap. 62. *Similes Aspidi et Serpentibus ; sed duo in su-
perâ parte, dexterâ, lævâque longissimi, tenui fistula perforati, ut
Scorpionum aculei, venenum infundentes.*

(2) Ibid. cap. 63. *Lingua non omnibus eodem modo, tenuissima
Serpentibus et trisulca, vibrans, atri coloris, et si extrahas prælonga ;
Lacertis bifida.*

(3) Ibid., ibid. *Ranis prima cohæret, intima absoluta à gutture.*

(4) Ibid., cap. 112. *Ova parientibus sibilus, Serpentibus longus,
Testudini abruptus, Ranis sonus sui generis, qui mox in ore conci-
pitur non in pectore.*

(5) Biographie universelle, tome xxxv, article PLINE.

« chapitres, en y joignant des réflexions qui ne se
« rapportent pas à la science proprement dite; mais
« qui offrent alternativement les croyances les plus
« superstitieuses unies aux déclamations d'une philo-
« sophie chagrine. »

GESNER. Il existe une grande lacune dans l'histoire des
sciences depuis le quatrième jusqu'au neuvième siècle,
époque à laquelle les Arabes traduisirent heureusement du grec les meilleurs ouvrages, et conservèrent
ainsi la tradition des faits les plus curieux, principalement parmi ceux qui pouvaient avoir quelques rapports avec la médecine; mais dès la première moitié
du seizième siècle parurent quatre grands naturalistes:
Belon et Rondelet, en France; Salviani, Italien, et
surtout Conrad Gesner, Suisse d'origine, qui, parmi
ses nombreux ouvrages, a consacré deux de ses livres (1) à l'histoire naturelle des Reptiles. Cet auteur
est si célèbre dans les langues et dans les sciences
qu'on l'a surnommé le Pline de l'Allemagne, que
Boerhaave le désigne comme un prodige d'érudition
(*monstrum eruditionis*), et Tournefort comme le père
de toute l'histoire naturelle, celui dont les œuvres offrent le magasin le mieux fourni (*totius historiæ naturalis parens ac veluti promptuarium*).

Ces ouvrages, dans lesquels on trouve des figures
gravées sur bois, presque toutes copiées, sont disposés par ordre alphabétique; mais dans chacune des
histoires, l'auteur a suivi une méthode qui, par cela
aussi qu'elle est presque constamment la même, donne

---

(1) *Historia animalium*, lib. II, *de Quadrupedibus oviparis*, Tiguri,
1554, f°. Lib. v, *de Serpentium natura*, Tiguri, 1587, edit. pos-
thum., f°.

beaucoup de facilités pour les recherches qui sont très savantes. Ainsi, il disserte longuement sur la nomenclature ancienne et nouvelle; il donne une description fort détaillée de la forme, du lieu natal, des mœurs, des habitudes, des particularités anatomiques, des usages économiques et médicinaux, et enfin il rappelle l'histoire mythologique de chacun des animaux dont il parle.

ALDROVANDI. Vers la fin du même siècle vécut Aldrovandi, qui collecta pendant cinquante ans des objets d'histoire naturelle, qui entreprit dans ce but de grands voyages, et qui fit dessiner et peindre pendant trente années consécutives les animaux qu'il put observer. Il mourut aveugle à l'âge de soixante-dix-huit ans, en 1605. Les quatorze volumes in-folio qui composent ses œuvres ne furent publiés qu'après sa mort, et par divers éditeurs. Ce fut en particulier en 1640 que Bartholomée Ambrosini, professeur à Bologne, publia, sous le format in-folio avec des figures en bois, les deux livres sur les Serpens et les Lézards (1). Vingt-deux chapitres sont consacrés aux Serpens et six seulement aux Basilics, aux Dragons et autres Lézards la plupart fabuleux.

L'auteur est un compilateur; il a extrait des ouvrages grecs et arabes la plupart de ses descriptions, qui sont très souvent incomplètes. Il s'étend beaucoup sur la synonymie, la valeur étymologique des noms. Il se montre tout-à-fait diffus et sans ordre,

---

(1) ULYSSIS ALDROVANDI *Serpentium et Draconum historiæ libri duo.* Bononiæ, *cum indice memorabilium necnon variarum linguarum locupletissimo.*

sur tout ce qui tient à la simple observation ; mais il a
recueilli beaucoup de citations très savantes sur les
épithètes données à chaque Reptile, les emblèmes, les
symboles qu'il a représentés d'après les médailles, les
hiéroglyphes, les emplois faits en médecine des diverses parties de ces animaux.

JONSTON. J. Jonston, qui a consacré, dans son
Théâtre des animaux (1), tout le quatrième livre aux
quadrupèdes digités ovipares, et les deux livres de la
sixième partie du même ouvrage aux Serpens, est à peu
près dans la même catégorie qu'Aldrovandi, et il présente encore moins d'observations qui lui soient propres. Cependant l'ordre qu'il suit dans son exposition
est exact, comme on va le voir par l'énumération des
chapitres. Ainsi il traite d'abord des Crapauds, des
Grenouilles, des Rainettes ; puis des Lézards, tels que
les Chalcides, les Iguanes ; des Tupinambis, des divers
Lézards d'Amérique, de la Salamandre, du Stellion,
du Scinque, du Cordyle, du Caméléon, du Crocodile ;
des Tortues de terre, d'eau douce et de mer. Il en est
à peu près de même pour les Serpens. Après avoir
exposé leur histoire générale, il consacre autant de
chapitres à la Vipère, à l'Ammodyte, au Céraste, à
l'Hémorrhous, au Seps, à l'Aspic, l'Amphisbène, la
Cécilie, le Cenchris, etc., etc.

RAY. Le premier des auteurs généraux véritablement
systématiques est John Ray ou Wray, théologien anglais, qui a donné un essai de classification en 1693.
C'est une méthode informe, à la vérité, où, sous le

_____

(1) Theatrum universale omnium animalium, curâ Henrici RUYSCH,
Amsterd., tom. II.

titre de *Tableau synoptique des animaux quadrupèdes, de ceux du genre des Serpens* (1), il présente un
arrangement d'après le mode de respiration, le volume des œufs, leur couleur, etc. : caractères insuffi-
sans et peu naturels auxquels il n'a ajouté aucun détail sur les mœurs, ni sur l'organisation des Reptiles
dont il parle.

LINNÉ. C'est à Linné qu'est due la distribution principale de la classe des Reptiles en ordres, en genres
et en espèces, qu'il a compris, dans la partie de son
Système de la nature, parmi les êtres du règne animal.
Mais alors, comme nous l'avons déjà indiqué, il les
désignait sous le nom d'*amphibies*, et il les caractéri-
sait, dans son style laconique et en latin, par ces trois
notes principales : 1º corps nu ou écailleux ; 2º dents
aiguës, pas de molaires ; 3º point de nageoires à rayons.
Il les divisait en deux ordres. I. Les Serpens qui n'ont
pas de pattes. II. Les Reptiles qui ont des pattes. A
cette époque, ces caractères suffisaient, parce qu'on
connaissait peu d'espèces. Plus tard, et nous racontons
seulement cette circonstance pour l'histoire de la
science, trompé par les recherches anatomiques du
docteur Garden, qui avait fait des observations sur la
structure de quelques Poissons de la Caroline du Sud,
et qui avait pris la vessie natatoire d'un Diodon, laquelle est bilobée, pour un double poumon, il rangea
non seulement ce Poisson, mais la plupart des cartilagineux, parmi les Amphibies, dont il fit un ordre sous
le titre d'*Amphibia nantes*. Linné explique lui-même

---

(1) John RAY, Synopsis methodica animalium quadrupedum et
serpenti generis, Londini, 1693, in-8º ; deux autres éditions en
1724 et 1729.

la cause de cette modification, qu'il apporte au système d'Artédi, dont il avait auparavant complètement adopté les bases (1).

Nous ne répéterons pas ici les caractères assignés par lui à la classe et aux ordres, la plupart de ces annotations générales sont aujourd'hui réellement fautives, parce qu'on a mieux connu les organes de la circulation et de la respiration, et ceux de la génération, sur lesquels portaient en particulier les erreurs. Nous verrons que, dans les dernières éditions du Système de la nature, et spécialement dans la douzième et dans la treizième publiée par Gmelin en 1788, cet arrangement systématique a subi de très heureux changemens. Il n'en faut pas moins reconnaître que c'est principalement à Linné et à son école qu'on doit l'avantage de la nomenclature méthodique, où chaque genre est désigné par un nom substantif et se trouve dénoté par des caractères positifs, et les espèces par d'autres noms dits triviaux, tirés de diverses particularités que représentent des épithètes ou des adjectifs toujours réunis pour indiquer en même temps le genre et l'espèce : méthode de nomenclature d'abord appliquée aux plantes et ensuite à tous les autres objets de l'histoire naturelle.

Voici l'extrait de la classification des Reptiles dans la dernière édition du *Systema naturæ*, publiée par Gmelin en l'année 1788, et dans laquelle cependant

---

(1) Caroli a Linne Systema naturæ; Holmiæ, 1766, tome i, pag. 348. *Litteris, à* **D. D. Garden** *in Americd habitanti, petivi vellet dissecare Diodontis respirationis organa et inquirere nùmne pulmones haberent; stupefactus ipse dissecuit pisces, reperitque et branchias externas et pulmones internos quos descriptos et conservatos remisit, unde constitit eos adnumerandos nantibus.*

il reste encore quelques erreurs que des études ulté-
rieures ont dû corriger.

Classe troisième. Les amphibies sont des animaux
froids des pays chauds, à peau nue pour la plupart (1),
caractérisés par un cœur à une seule oreillette et à un
seul ventricule ; à poumons arbitraires (au moins dans
ceux qui sont rangés dans le premier ordre), à organe
mâle externe double (parmi ceux du second ordre),
et à mâchoires mobiles. Nous pouvons dire maintenant
qu'aucun de ces caractères n'est positif, car la plupart
ont deux oreillettes au cœur, et le ventricule à plusieurs loges communicantes. Les Serpens n'ont qu'un
seul poumon, et l'organe mâle est simple dans les
Tortues, les Crocodiles, et il n'y en a point dans les
Batraciens.

Cette classe comprend deux ordres : les REPTILES,
qui respirent par des poumons, qui ont quatre pattes
et l'organe mâle simple ; les SERPENS, dont le corps arrondi, sans col distinct, se meut par ondulations,
dont les mâchoires dilatables ne sont pas solidement
articulées, et qui n'ont ni pieds, ni nageoires, ni
oreilles externes.

Il y aurait encore ici beaucoup d'erreurs à relever,
car plusieurs Reptiles n'ont que deux pattes, et, comme
nous venons de le dire, les organes externes mâles ne
sont pas toujours simples.

Quatre genres seulement étaient établis dans l'ordre
des Reptiles, savoir : ceux de la Tortue, du Dragon,

_____

(1) *Nuda pleraque, frigida œstuantium animalia, corde unilocu-
lari, uni aurito ; pulmonibus (primi ordinis) arbitrariis, pene (secundi
ordinis) duplici, maxillis mobilibus, dignoscuntur.*

du Lézard et de la Grenouille ; et six dans l'ordre des Serpens : les Crotales, les Boas, les Couleuvres, les Orvets, les Amphisbènes et les Cécilies. La plupart de ces genres sont subdivisés en espèces, surtout ceux qui sont très nombreux, et ils ont donné lieu à la formation d'autres qui sont aujourd'hui généralement adoptés.

KLEIN. Nous croyons devoir seulement indiquer le titre de l'ouvrage de Klein, émule, critique et contemporain de Linné, qui donna, en 1755, un petit volume in-8° dans lequel il ne traite que des Serpens, quoiqu'il l'ait intitulé *Tentamen herpetologiæ;* mais il range dans la même catégorie les Lombrics, les Ténias et les Sangsues. Il est vrai que cet auteur avait traité d'une manière bien générale des Quadrupèdes ovipares dans un autre ouvrage publié in-4° à Leipsic, en 1751, sous le titre de *Quadrupedum dispositio brevisque historia naturalis.*

LAURENTI (Joseph-Nicolas). Celui de tous les auteurs auquel la connaissance des Reptiles doit ses premiers progrès était médecin à Vienne, en Autriche ; c'est là qu'en 1768, pour obtenir le grade de docteur, il présenta comme sujet de thèse un petit volume in-8° sous le titre (1) de *Tableau des Reptiles*, etc. Cet ouvrage très remarquable, comme nous le verrons par les détails dans lesquels nous allons entrer, a été attribué depuis à l'un de ses camarades d'études, à Winterl, chimiste distingué à Vienne, mais dont le

---

(1) J. N. LAURENTI, *Specimen medicum, exhibens synopsin Reptilium emendatam cum experimentis circà venena et antidota Reptilium Austriacorum. Viennæ,* 1768, in-8°, 214 pag., cum fig. œneis.

nom n'est cité qu'à la dernière page de l'ouvrage, comme ayant été son collaborateur dans ses expériences de thérapeutique.

L'ouvrage est écrit en latin et se trouve partagé en deux parties à peu près égales en étendue ; l'une, qui est tout-à-fait relative à l'histoire naturelle et aux caractères des genres, est la seule que nous ayons l'intention de faire connaître ici ; l'autre est consacrée aux descriptions des espèces et à l'exposition des essais ou des expériences qu'il a faites pour reconnaître l'existence d'un venin dans quelques unes, et à l'action des remèdes qu'il a employés dans certains cas.

L'auteur n'a point du tout parlé des Tortues. Voici la traduction des caractères qu'il assigne à la classe des Reptiles. Ce sont des animaux froids, privés de poils et de mamelles, ayant des poumons qui agissent sans diaphragme et presque sans le secours des côtes, chez lesquels la gorge en fait les fonctions, en attirant l'air d'abord et le poussant ensuite dans le poumon. Pendant l'hiver, ils s'engourdissent très long-temps ; ils ne mâchent pas, avalent leur proie entière et la digèrent très lentement. Ils supportent le jeûne (souvent pendant six mois) ; ils restent long-temps accouplés ; ils se rajeunissent en se dépouillant ; ils sont d'un aspect suspect pour l'homme et pour les Mammifères (1).

---

(1) *Opus citatum*, pag. 20. *Animalia frigida, pilis mammisque carentia ; pulmone instructa, sine diaphragmate et ferè sine costis, at vicaria gula, quæ alternatìm aerem haurit et contracta in pulmonem propellit. Diutissimè hybernantia ; non masticantia, cibum integrum deglutitum tardissimè digerantia ; famem tolerantia (per medium sœpè annum), copuld diù cohœrentia ; exuviis positis senectam exuentia. Suspecti (nobis omnibusque mammalibus) habitûs.*

Laurenti, sans comprendre les Tortues dans la classe des Reptiles, partage ceux-ci en trois ordres, sous les noms de Sauteurs (*Salientia*), de Marcheurs (*Gradientia*), et de Rampans (*Serpentia*).

Les Reptiles Sauteurs sont ainsi caractérisés : pattes postérieures propres au saut, corps sans écailles, à épiderme muqueux, les oreilles cachées par une membrane, point de dents, ni d'ongles. L'auteur ajoute ici en parenthèse (excepté le Pipa), mais c'est une erreur ; pas d'organes sexuels dépassant le cloaque ; chute de la queue par suite de la métamorphose.

Quatre genres principaux sont rangés dans ce premier ordre ; les caractères en sont parfaitement tracés, et avec beaucoup de détails. Ce sont : 1° les Pipas ; 2° les Crapauds ; 3° les Grenouilles ; et 4° les Rainettes. L'auteur y ajoute le genre Protée, dont il présente les caractères, mais il n'y inscrit qu'une seule espèce d'après mademoiselle de Mérian, c'est la larve ou le têtard d'une Grenouille, que l'on supposait se changer en Poisson, et qu'on nomme la Jackie (*Rana Paradoxa*), figurée aussi dans Séba.

Le second ordre, celui des Marcheurs, a pour caractères, quatre pattes propres à la marche, qui ne peut s'opérer qu'autant que l'abdomen est soulevé de terre, et chez lesquels on distingue un cou et une queue.

C'est au commencement de cet ordre que se trouvent placées les espèces du cinquième genre, celui des Protées, dont les pattes postérieures ne sont pas allongées, qui ont la peau sans écailles, la fente du cloaque longitudinale ; puis 6° les Tritons, ou Salamandres aquatiques ; 7° les Salamandres terrestres ; viennent ensuite les genres Fouette-Queue, 8° (*Cau-*

diverbera), qui correspondent aux Uroplates ; 9° les Geckos ; 10° les Caméléons ; 11° les Iguanes ; 12° les Basilics ; 13° les Dragons ; 14° les Cordyles, qui correspondent aux Agames ; 15° les Crocodiles ; 16° les Scinques ; 17° les Stellions ; 18° enfin les Seps, qui conduisent insensiblement à l'ordre suivant. Nous aurons souvent occasion, par la suite, de reconnaître combien sont exactes la plupart des observations qui sont présentées ici d'une manière simple et concise pour servir aux caractères génériques.

L'ordre troisième, celui des Serpens, est ainsi caractérisé : corps arrondi, dans lequel se trouvent confondus le cou, le tronc et la queue ; progression, déglutition s'opérant à l'aide de certaines contorsions, et par des frottemens inégaux en avant, en arrière sur l'inégalité du terrain (d'après les termes de la Genèse) ; mâchoires dilatables, n'étant pas solidement articulées ; œsophage très extensible pour recevoir et avaler une proie du double plus large ; organes génitaux opposés et placés sur les marges du cloaque, pouvant garder leur équilibre en grimpant.

Cet ordre commence aussi par un genre qui tient encore de la forme des Lézards, mais dont les pattes sont trop courtes pour servir à la marche ; c'est 19° celui des Chalcides ; viennent ensuite 20° les Cécilies, puis 21° les Amphisbènes ; 22° les Orvets (*Anguis*) ; 23° les Nageurs (*Natrix*) ; 24° les Cérastes ; 25° les Coronelles ; 26° les Boas ; 27° les Dipsades ; 28° les Najas ou Serpens à coiffe ; 29° les Serpens à sonnettes (*Caudisona*) ; 30° les Couleuvres ; 31° les Vipères ; 32° les Cobras ; 33° les Aspics ; 34° les Constricteurs ; enfin 35° les Queues-Plates (*Laticauda*).

Nous le répétons, malgré les inconvéniens du plan,

REPTILES, I. 16

l'omission de l'ordre des Chéloniens, et le classement des Tritons et des Salamandres, placés à la suite
des Batraciens Anoures, dans un ordre différent,
l'indication du genre Chalcide parmi les Serpens ; ces
ordres sont assez naturels et se rapprochent beaucoup
des divisions adoptées aujourd'hui. Dans l'histoire
particulière des espèces, l'auteur a suivi également une
marche régulière : après avoir donné la description
qui fait suite au caractère essentiel, il fait connaître
les figures, les variétés, l'habitation, les mœurs et les
expériences qu'il a tentées avec chacune des espèces.
L'ouvrage de Laurenti restera comme un monument
précieux dans l'histoire de la science.

SCOPOLI. Quoique nous placions ici l'indication de
l'ouvrage de Scopoli parmi ceux des auteurs généraux
qui ont écrit sur l'erpétologie, on ne trouve réellement
que quelques pages sur les Reptiles, dans son Introduction à l'histoire naturelle, qu'il publia en 1777.
Élève de Linné, dont il a imité le style et la conci-
sion, il a fait des Amphibies sa dixième tribu du règne animal dans l'ordre inverse, car il commence par
les Infusoires et finit par les Mammifères. Adoptant
les idées premières de Linné, il partage les Amphibies en légitimes, qui sont les Reptiles et les Serpens,
et en faux ou Ichthyomorphes, qui comprennent les
Poissons Chondroptérygiens ; ce qui l'a empêché,
comme on le conçoit aisément, de présenter des considérations générales bien exactes sur la tribu entière.
Quoiqu'il en soit, il divise les Amphibies légitimes
en Serpens et en Reptiles, et ceux-ci en deux ordres,
ceux qui ont une queue et ceux qui en sont privés
(*ecaudata*). Les genres sont absolument les mêmes
que ceux de Linné ; les caractères en sont seulement

présentés en d'autres termes, mais d'une manière trop brève et tout-à-fait incomplète.

Lacépède. En 1788 et 1790 parut l'ouvrage de Lacépède, pour faire suite à l'histoire générale et particulière de Buffon, sous le titre d'Histoire Naturelle des Quadrupèdes Ovipares et des Serpens. Voici le plan de classification que l'auteur a suivi : il partage ces animaux, 1° en Quadrupèdes Ovipares qui ont une queue; 2° en ceux qui n'ont pas de queue; 3° en Reptiles Bipèdes; 4° en Serpens.

Dans la première classe des Quadrupèdes Ovipares qui ont une queue, le premier genre est celui des Tortues partagées en deux sections, celles dont les doigts sont réunis, inégaux, aplatis en nageoires, dites de mer; et celles dont les doigts sont courts, mobiles, presque égaux, comme celles qui sont fluviatiles ou terrestres : en tout vingt-quatre espèces.

Le second genre est celui des Lézards dont le corps est sans carapace, et qui sont divisés en huit sections ou sous-genres; les Crocodiles et les Tupinambis, les Iguanes, les Lézards, les Caméléons, les Geckos, les Chalcides, les Dragons et les Salamandres : en tout cinquante-six espèces.

Dans la seconde classe des Quadrupèdes Ovipares, sont rangés les Grenouilles, les Raines et les Crapauds : en tout trente-trois espèces en trois genres.

Les Bipèdes Ovipares qui ont des écailles, deux pieds, et une queue, constituent le sixième genre de la troisième classe; celle-ci se partage en deux sections, dont l'une réunit les espèces munies de pattes antérieures, et l'autre les Bipèdes qui n'ont que les pattes de derrière.

La quatrième classe, celle des Serpens ou des Rep-

16.

tiles Ovipares, sans pattes et sans nageoires, se compose de neuf genres dont voici les noms : Couleuvres, Boas, Serpens à sonnettes, Erpétons, Anguis, Amphisbènes, Ibiares, Laugahas, Acrochordes. Mais depuis, M. de Lacépède a ajouté plusieurs genres de Reptiles qu'il a fait connaître principalement dans les Annales du Muséum.

ALEX. BRONGNIART. La méthode de M. Alexandre Brongniart, que nous adoptons, a été communiquée à l'Académie des sciences, en l'année 1799; d'abord insérée en extrait dans le Bulletin des sciences (1), ce n'est que deux ans après que le mémoire a été imprimé parmi ceux de l'Institut national. En voici l'extrait : Les naturalistes, dans la classification des Reptiles, avaient jusquelà eu plus d'égard aux caractères extérieurs tranchés, mais de peu d'importance, qu'à ceux tirés de l'organisation et des habitudes; ils n'avaient considéré que la présence de la queue et des pattes, en négligeant ceux qui pouvaient être empruntés du mode de génération et de celui du développement. D'après ces considérations, il a fait remarquer que l'ordre des Tortues se rapproche de celui des Lézards, et même de celui des Serpens ; mais il a dit le premier qu'il fallait faire un ordre à part des Grenouilles, des Crapauds et des Salamandres. En

---

(1) Nos 35 et 36, pluviose et ventose an VIII (1800), puis copiée dans le Magasin encyclopédique, enfin publiée en entier parmi les Mémoires des savans étrangers de l'Institut en 1803. C'est dans cette même année et absolument à la même époque que, dans le troisième tableau du premier volume des Leçons d'Anatomie comparée, nous avons fait connaître cette division avec les noms assignés par notre ami M. Brongniart.

conséquence, il a partagé la classe en quatre ordres, qu'il a caractérisés comme il suit :

Ordre Iᵉʳ. Les Chéloniens (il renferme les Tortues). Ils n'ont pas de dents enchâssées, et leurs mâchoires sont revêtues d'une matière cornée tranchante: leur corps est couvert d'une carapace ; il est bombé ; ils ont deux oreillettes au cœur ; un estomac plus volumineux que les autres Reptiles, un canal intestinal muni d'un cœcum ; ils s'accouplent et pondent des œufs à coquille calcaire solide ; ils se nourrissent en grande partie de végétaux.

Ordre II. Les Sauriens (comprenant les Lézards) ont des dents enchâssées, deux oreillettes au cœur, des côtes et un sternum.Le mâle a un organe extérieur de la génération ; ils s'accouplent réellement, pondent sur la terre des œufs à coquille calcaire, d'où sortent des petits qui ne subissent pas de métamorphoses ; ils ont des plaques écailleuses ou des écailles sur le dos.

Ordre III. Les Ophidiens (renfermant les Serpens). Ils ont de longues côtes arquées ; le mâle a un organe intérieur de la génération ; ils s'accouplent réellement et pondent des œufs à coquille calcaire, d'où naissent des petits en tout semblables à leurs parens ; mais ils diffèrent des Sauriens en ce qu'ils n'ont qu'une oreillette au cœur, point de sternum ; que les mâles ont une verge double ; qu'ils pondent des œufs à coquille calcaire molle, et qu'ils n'ont pas de pattes.

Ordre IV. Les Batraciens. Ils diffèrent autant des trois premiers ordres qu'ils se conviennent entre eux. Tous n'ont qu'une oreillette au cœur, point de côtes, ou seulement des rudimens. Leur peau est nue, sans écailles ; ils ont des pattes. Le mâle n'a aucun organe extérieur de la génération ; il n'y a pas d'accouplement réel ; le plus souvent les œufs sont fécondés au dehors

du corps de la femelle ; ils sont sans coquille et pondus
dans l'eau ; les petits qui en sortent ont des branchies
à peu près comme les Poissons, et diffèrent de leurs
parens dans les premiers momens de leur existence.
Ils forment le passage naturel à la classe des Poissons.

Il partage l'ordre des Chéloniens en deux genres,
les Chélones et les Tortues (1). Les Sauriens réunissent les Crocodiles, dont la langue adhérente et les
doigts palmés sont présentés comme les caractères les
plus notables ; les Iguanes, les Dragons, les Stellions,
les Geckos, les Caméléons, les Lézards, les Scinques,
les Chalcides. Dans chacun de ces genres, l'auteur cite
les espèces principales ; il tire les principaux caractères de la forme et des attaches de la langue, de la
forme du corps, des tégumens, de la disposition des
doigts, de leur nombre, et il décrit plusieurs espèces
nouvelles dont il donne de très bonnes figures, entre
autres celles de l'Iguane à bandes, du Caméléon à
nez fourchu, du Gecko à bandes d'Hottuyn. Dans
le troisième ordre, l'auteur admet six genres, qui sont
ceux des Orvets, des Amphisbènes, des Crotales, des
Vipères, des Couleuvres et des Boas. Il hésite à y placer les Cécilies, le Langaha et l'Acrochorde. Dans le
quatrième ordre, il admet les trois genres, Grenouille,
Crapaud et Raine, ainsi que le genre Salamandre,
dont il établit très bien les caractères. Il donne une
figure et une très bonne description du Crapaud accoucheur.

Nous n'avons rien voulu changer aux détails des
caractères assignés aux quatre ordres dans la méthode

---

(1) Dans les Mémoires des savans étrangers, il donne le nom
d'*Emys* aux Tortues fluviatiles.

naturelle proposée par M. Brongniart. C'est là son premier travail ; des recherches et des études plus approfondies sur l'organisation des Reptiles, auxquelles on s'est livré depuis, auraient fait adopter par l'auteur quelques modifications qui étaient en effet devenues nécessaires.

LATREILLE. Latreille, qui connaissait le travail de M. Brongniart en 1801 (1), quand il publia l'*Histoire naturelle des Reptiles,* en quatre petits volumes in-12, n'a point adopté sa méthode. Il a suivi à peu près celle de Lacépède, avec quelques légères modifications. Dans sa première division, il place les Quadrupèdes vipares, dont le corps est pourvu de pattes, et il en fait deux sections, suivant que les doigts sont unguiculés ou qu'ils n'ont pas d'ongles, et que leur peau est sans écailles. Les Serpens forment la deuxième division, et dans une troisième, sous le nom de Pneumo-branchiens, il place les genres Protée et Sirène, ainsi qu'un autre sous le nom d'Ichthyosaure, mais qui n'est qu'un têtard. Nous croyons devoir parler ici, mais seulement pour l'indiquer, d'une autre classification proposée beaucoup plus tard, en 1825, par le même auteur, dans l'ouvrage qu'il a publié sous le titre de *Familles du Règne animal.* L'auteur a donné des noms aux divisions déjà adoptées ou indiquées par la plupart de ses contemporains. Nous ne pouvons en présenter une idée plus précise qu'en réduisant son travail par l'analyse à une sorte de tableau synoptique que nous allons faire placer sur les pages qui suivent.

_____

(1) Puisqu'il en donne un long extrait, tome 1, page 7 et suiv., an x, édition dite de Déterville, tome 42.

DIVISION DES

D'APRÈS LE SYSTÈME DE

HÉMACRYMES

CLASSES.	SECTIONS.		ORDRES.
	cuirassés...............		CHÉLONIENS......
			ÉMYDOSAURIENS....
REPTILES......		SAURIENS........	LACERTIFORMES....
			ANGUIFORMES......
	écailleux......		
		OPHIDIENS........	IDIOPHIDES........
			BATRACHOPHIDES...
AMPHIBIES................			CADUCIBRANCHES...
			PÉRENNIBRANCHES...

REPTILES

LATREILLE EN 1825,

PULMONÉES.

FAMILLES.	GENRES.
Cryptopodes..............	Tortue, Émyde, Terrapène.
Gymnopodes..............	a Saurochélyde, Chélonée, Chélys, b Trionyx.
Crocodiliens..............	Gavial, Crocodile, Caïman.
Lacertiens...............	Monitor, Dragon, Sauvegarde, Améiva, Lézard, Tachydrome.
Iguaniens...............	Cordyle, Stellion, Fouette-queue, Agame, Tapaye, Trapèle, Galéote, Lophyre, Basilic, Dragon, Iguane, Polychre, Anolis.
Geckotiens.....	Phyllure, Hémidactyle, Gecko, Uroplate, Thécadactyle, Platydactyle.
Caméléoniens..............	Caméléon.
Tétrapodes..............	Scinque, Seps, Chalcide.
Dipodes................	Bipède, Bimane.
Apodes.................	Orvet, Ophisaure, Acontias.
Amphisbéniens............	Amphisbène, Typhlops.
Cylindriques..............	Rouleau.
Colubériens ....ᵽ.....	Acrochorde, Erpéton, Eryx, Boa, Python, Hurria.
Anguivipères	Bongare, Trimésérure, Hydrophis, Pélamide, Chersydre, Couleuvre, Dipsas.
Vipérides................	Crotale, Scytale, Acanthophis, Langaha, Trigonocéphale, Cobra, Vipère, Plature, Naja, Elaps.
Gymnophides.............	Cécilie.
Anoures................	Pipa, Crapaud, Grenouille, Rainette.
Urodèles.	Salamandre Triton, Axolotl.
Ichthyoïdes..............	Protée, Sirène.

DAUDIN. L'un des principaux ouvrages français sur les Reptiles, après celui de Lacépède, est sans contredit le *Traité général* publié en 1802 et 1803, par Daudin, qui mourut l'année suivante. Ce travail, composé trop rapidement, est contenu en huit volumes in-8. qui font suite à l'édition de Buffon, publiée par Sonnini. L'auteur y a fait connaître plusieurs genres nouveaux qu'il a établis, soit par ses propres recherches, soit par l'analyse des ouvrages anglais et allemands qui avaient été publiés le plus récemment, surtout par Russel, sur les Serpens de la côte de Coromandel. Il y a dans cet ouvrage une centaine de planches gravées, mais peu soignées. La plupart sont des copies dessinées par des artistes qui n'étaient pas naturalistes; elles manquent d'exactitude; quelques unes sont cependant tout-à-fait originales, d'après des dessins coloriés faits sur les objets, par madame Daudin, qui mourut elle-même peu d'années après. On trouve à la fin du huitième volume un tableau méthodique des Reptiles, qui est le résumé complet de l'ouvrage. En voici l'analyse.

Les Reptiles y sont divisés en quatre ordres, d'après la méthode de M. Alexandre Brongniart. Dans celui des Chéloniens, que l'auteur divise en trois sections d'après Linné, il inscrit cinquante-sept espèces qu'il désigne par des noms triviaux, et qu'il caractérise chacune par une phrase spécifique. Dans l'ordre des Sauriens, il adopte le genre Crocodile et ses trois sous-genres; il y place ensuite les genres Dragonne, Tupinambis, dans lequel il indique plusieurs espèces jusque là non décrites. Vient ensuite le genre Lézard, subdivisé en Améivas, en Lézards à collier, rubannés,

tachetés, gris, Dracénoïdes et Striés : en tout trente-
une espèces. Il adopte les genres Tachydrome, Dragon, Basilic et Agame. Ce dernier genre est subdivisé
en cinq sections. Les Seps et les Chalcides complètent
l'histoire de cet ordre des Sauriens. Le troisième ordre,
celui des Ophidiens, est aussi partagé en genres nombreux et fort naturels. On y trouve inscrits les Boas, au
nombre de dix-huit espèces, divisés en quatre sections, d'après le nombre des plaques ventrales. Puis
les genres Python, Coralle, Bongare, Hurriah, Acanthophis, dont les noms sont, ainsi que les caractères,
empruntés de divers auteurs. Les Crotales, les Scytales,
Lachésis, Cenchris, précèdent les Vipères, parmi lesquelles sont inscrites cinquante-quatre espèces diverses. Dans le seul genre Couleuvre, on trouve cent
soixante-douze espèces ; mais les quatre genres suivans
n'en comprennent chacun qu'une seule ou deux : ce
sont ceux des Platures, Enhydre, Langaha, Erpéton
Viennent ensuite les Éryx, Clothonies, Orvets, Ophisaures, Pélamides, Hydrophides et Cécilies, par lesquelles l'histoire de cet ordre de Serpens est terminée. Le quatrième ordre est celui des Batraciens, dont
l'auteur venait de faire un sujet très particulier de ses
recherches, surtout pour les espèces sans queue, et
dont il avait donné une *Histoire particulière* en un
volume in-4., orné de trente-huit planches représentant cinquante-quatre espèces, la plupart dessinées
d'après nature. Tout ce travail se trouve répété ici.
L'auteur inscrit dans un seul genre les Salamandres
et les Tritons, et il ne décrit qu'une seule espèce dans
chacun des deux genres Protée et Sirène.

En résumé, l'auteur déclare qu'il a pu examiner et
étudier d'après nature cinq cent dix-sept espèces. Nous

le répétons, il est fâcheux que l'auteur de cet ouvrage
ait été forcé par le libraire de travailler aussi rapidement. Quoiqu'il y ait quelques doubles emplois et quelques erreurs dans ces huit volumes, on y trouve des
extraits des meilleurs auteurs, et quelques unes de ses
figures seront citées; malheureusement, les gravures
ne répondent pas à la beauté des dessins, dont les
meilleurs avaient été exécutés sur nature par Baraband
et par madame Daudin.

CUVIER. M. Cuvier publia en l'an VI (1798) son
*Tableau élémentaire de l'Histoire naturelle des ani-
maux*, dans lequel il consacra une vingtaine de pages
à celle des Reptiles, qu'il divisa, comme Lacépède,
en Quadrupèdes ovipares, en Serpens et en Reptiles
bipèdes. C'était alors un simple abrégé dans lequel
l'auteur s'était borné à rectifier quelques-unes des
erreurs introduites par tradition dans la science et
surtout à donner idée de l'organisation des animaux,
comme pour servir de base à leur classification. Cependant on peut y remarquer quelques vues nouvelles
sur les divisions des ordres et plusieurs rectifications
importantes dans les caractères assignés jusqu'alors à
certains genres. Mais deux années après, nous pla-
çâmes dans le premier volume de ses *Leçons d'Anatomie comparée* un tableau synoptique de classification dans lequel nous adoptâmes les dénominations de
M. Alex. Brongniart, en séparant les Batraciens
comme un ordre distinct et indiquant les genres principaux connus à cette époque.

En 1817, par conséquent après un espace de vingt-
un ans, cet auteur donna, dans le tome second de la
première édition de l'ouvrage qu'il a publié sous le titre
de *Règne animal*, distribué d'après son organisation,

un nouvel arrangement des Reptiles que les découvertes faites dans cet intervalle de temps paraissaient exiger. Notre ami, M. Cuvier, abandonne ici
tout-à-fait les divisions systématiques qu'il avait précédemment adoptée dans son Tableau élémentaire ;
toutes ses classifications sont fondées sur la structure
des animaux et sur leur conformation tant intérieure
qu'extérieure. Sa méthode générale est établie sur la
subordination des caractères, en étudiant et comparant sans cesse les rapports et les différences de forme
et d'organisation, pour en tirer des moyens d'arrangement et de classement d'après une série naturelle.
Nous ne devons cependant pas dissimuler qu'à cette
époque, et déja depuis plus de douze années, nous
étions chargé, au Muséum d'Histoire naturelle de
Paris, de professer l'Histoire des Reptiles ; que nous
avions classé, nommé les objets mêmes d'après les divisions principales que nous exposions dans nos leçons
publiques sur ces animaux ; que l'ouvrage de Oppel,
cité souvent par l'auteur du Règne animal, était réellement un abrégé de nos leçons reproduites sous la
forme des tableaux synoptiques que nous avions tracés
devant nos auditeurs, ainsi que ce dernier auteur se
plaît à l'avouer de la manière la plus loyale.

Enfin, en 1829, dans la seconde édition du même
ouvrage, Cuvier fit quelques légères corrections à son
travail, dont nous allons essayer de donner un aperçu
dans le Tableau synoptique qui suit et qui conduit d'a-
bord aux familles. Pour faciliter l'exécution typogra-
phique de ce tableau, nous l'avons partagé de manière
à indiquer par des numéros de renvoi, placés à la suite
des noms de familles, les divisions particulières que
chacune d'elles a éprouvées dans sa distribution en
genres principaux et quelquefois en sous-genres.

TABLE SYNOPTIQUE

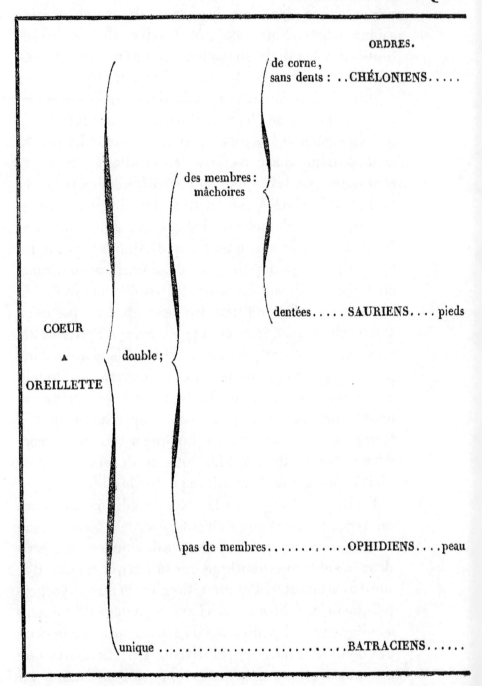

ORDRES.

de corne,
sans dents : ..CHÉLONIENS.....

des membres :
mâchoires

dentées..... SAURIENS.... pieds

COEUR
à
OREILLETTE

double ;

pas de membres...........OPHIDIENS....peau

unique ....BATRACIENS.....

DE M. George CUVIER.

FAMILLES.

. . . . Chéloniens (1)

cinq devant, quatre derrière . . . . Crocodiliens (2)

bifurquée, extensible . . . . Lacertiens (3)

ordinaire . . . . . . Iguaniens (4)

non extensible; corps . . .

aplati . . . . Geckotiens (5)

vermiforme, très extensible . . . Caméléoniens (6)

ordinaires; doigts au nombre de . .

cinq aux quatre pieds : langue . . .

très courts, ou au nombre de moins de quatre . . . . Scincoïdiens (7)

à trois paupières . . . . Anguis (8)

écailleuse : œil . . . . .

sans troisième paupière . . . . Vrais Serpens (9)

nue . . . . Serpens nus (10)

. . . . Batraciens (11)

(*Voir ci-après les notes correspondantes aux numéros de cette Table.*)

DUMÉRIL. Nous ne ferons qu'indiquer ici nos propres travaux sans les analyser. Les circonstances les plus heureuses nous ayant favorisé dans nos études depuis plus de trente années que nous avons eu l'avantage de suppléer, comme professeur, M. le comte de Lacépède, au Muséum d'histoire naturelle; les Reptiles ont fait le sujet plus particulier de nos études. Nous en avons publiquement exposé les résultats dans nos leçons, et MM. Schweigger, Roser, Oppel et de Blainville, ont fait connaître quelques uns de leurs résultats, qui sont maintenant introduits dans la science. Nous avons eu aussi occasion de les reproduire dans quelques uns des ouvrages que nous avons successivement publiés (1). Cependant nous ne croyons pas devoir énumérer ici en détail les changemens successifs que nous avons apportés à la méthode; ce serait un double emploi. D'ailleurs, le présent ouvrage en donnera la dernière et la meilleure expression; car, après avoir exposé la méthode naturelle que. nous avons adoptée pour chacun des ordres, nous avons le dessein d'en offrir un tableau complet à la fin du dernier volume, quand notre travail sera tout-à-fait terminé.

OPPEL. M. Michel Oppel, naturaliste bavarois, qui suivait nos cours en 1807 et en 1808, à Paris, avec beaucoup d'assiduité ainsi que M. Roser, publia d'abord

---

(1) Traité élémentaire d'Histoire naturelle, 1 vol. in-8°, 1804; 2 vol. 1807.

Élémens des Sciences naturelles, 2 vol. in-8°, 1825; autre, 1830.

Zoologie analytique, 1 vol. in-8°, Paris, 1805.

Mémoires de Zoologie et d'Anatomie comparée, in-8°, Paris, 1807, en particulier sur la division des Reptiles Batraciens.

dans les Annales du Muséum de Paris, tome XIX,
deux mémoires : l'un sur les Ophidiens, l'autre sur les
Batraciens. Mais, en 1811, il donna en allemand un
petit volume in-4° (1) sur les ordres, les familles, et
les genres des Reptiles; c'était le prodrome d'un plus
grand ouvrage, dont il voulait seulement présenter
l'aperçu, et les distributions principales. L'auteur y
suit absolument la marche et le mode d'arrangement
que nous avions adoptés pour nos leçons, dont nous lui
avions communiqué les notes. Au reste, il l'a déclaré
dans le plus grand nombre des cas, et nous devons
à sa mémoire de la gratitude, par cela même qu'il a
consigné presque partout les sources où il avait puisé
ses connaissances.

L'auteur a adopté la disposition synoptique dont
nous avions fait usage dans la Zoologie analytique, et
dans les tableaux de distribution des familles que nous
employons pour servir de texte à nos leçons du Muséum d'histoire naturelle de Paris. Voici l'analyse de
la méthode de M. Oppel.

Il ne distingue parmi les Reptiles que trois ordres : les Testudinés, les Écailleux, et les Nus.

Il divise les Testudinés en deux familles : les Chéloniens et les Amydes. Il inscrit dans la première le seul
genre Chélonée, qu'il subdivise en espèces à carapace
cornée, et en celles qui l'ont osseuse. Les Amydes
comprennent quatre genres distingués, par un tableau
dichotomique, en Trionyx, Chélyde, Tortue, Émyde.

Le second ordre, celui des Écailleux, est partagé en

---

(1) Die Ordnungen, Familien und Gattungen der Reptilien als
Prodrom einer Naturgeschichte derselben. Von Michael OPPEL,
Munich, 1811, in-4°.

17.

deux sections d'après le sternum, les pattes, les mâchoires. Ce sont les Sauriens et les Ophidiens.

Les Sauriens se subdivisent en six familles, dont
les noms sont empruntés de celui de chacun des genres principaux qui en forment le type : ce sont les
Crocodiliens, les Geckoïdes, les Iguanoïdes, les Lézardins, les Scincoïdes et les Chalcidiens.

Les Crocodiles, Gavials, Caïmans, forment la première famille ; la seconde comprend les genres Gecko,
Stellion et Agame ; la troisième, les Caméléons, Dragons, Iguanes, Basilics, Lophyres, Anolis ; la quatrième, les Tupinambis, Dragonnes, Lézards, Tachydromes ; la cinquième, les Scinques, Seps, Sheltopusik,
Anguis, Orvets ; et la sixième enfin, les Chalcides,
Bimane, Bipède, et Ophisaure. Les caractères des
genres établis dans un ordr, sont toujours compara-
tifs, et l'indication des principales espèces se trouve
exposée en langue latine.

La seconde section des Écailleux, ou les Ophidiens,
se subdivise en sept familles qui sont les Anguiformes,
les Hydres, les Crotalins, les Vipérins, les Boas ou
Constricteurs, les Pseudovipères, et les Couleuvrées.
Dans la première famille sont inscrits les trois genres Rouleaux, Amphisbènes et Typhlops ; dans la
deuxième, les Boas et les Éryx ; dans la troisième,
les Platures et les Hydrophides ; dans la quatrième,
les Acrochordes et les Erpétons ; dans la cinquième,
les Crotales et les Trigonocéphales ; dans la sixième,
les Vipères et les Pseudoboas ; et dans la septième,
les Couleuvres et les Bongares. Chacune de ces familles est distribuée, par des caractères dichotomiques
mis également en opposition, dans de petits tableaux
qui conduisent à chacun des genres, dont les princi-

pales particularités sont exposées avec beaucoup de méthode, et toujours comparativement.

L'ordre troisième, celui des Reptiles nus ou Batraciens, se divise en trois familles, les Apodes comme les Cécilies ; les Écaudés ou Anoures, tels que les Grenouilles ; et ceux à queue ou Urodèles, comme les Salamandres. C'est dans ce dernier ordre que l'auteur a suivi plus particulièrement nos divisions. Déja nous avions indiqué, comme devant se rapporter à cet ordre, le genre Cécilie, dont l'organisation est tout-à-fait différente de celle des Serpens (1). Parmi les Batraciens Urodèles sont rangés les genres Sirène, Protée, Triton, Salamandre ; et parmi les Anoures, ceux du Crapaud, du Pipa, de la Grenouille et de la Rainette.

Voici d'ailleurs un tableau synoptique qui figure cet arrangement, et que nous laissons en langue latine.

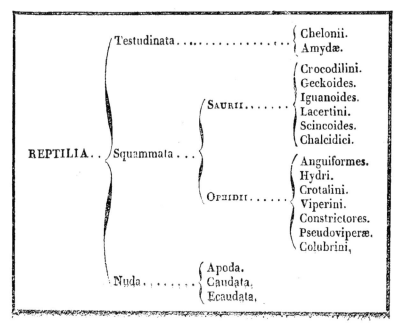

(1) Duméril, Mémoires de Zoologie et d'Anatomie comparée, 1807, Sur la division des Reptiles Batraciens en familles naturelles.

MERREM. En 1790, Blasius Merrem publia un premier cahier in-4°, sous le titre allemand de Matériaux
pour l'histoire naturelle des Amphibies, dont il donna
d'autres cahiers successifs, en 1820 et 1821 : il y
traite principalement des Serpens, et dans le dernier,
de plusieurs genres de Sauriens, tels que des Agames,
des Geckos, des Stellions, du Caméléon, et de quelques Scinques. Cet ouvrage est accompagné d'une
quarantaine de planches coloriées. Mais c'est en 1800,
qu'à la sollicitation de Bechstein, traducteur allemand
de l'Histoire des Reptiles de Lacépède, Merrem publia
une première édition de son Système des Amphibies ;
il donna une deuxième édition en 1820 (1), celle dont
nous allons présenter l'analyse. Malheureusement,
l'auteur ne s'est pas mis bien au courant de la science
et de tout ce qui avait été écrit dans cet espace d'une
vingtaine d'années, pendant lesquelles l'erpétologie a
fait d'immenses progrès et s'est enrichie de nombreuses
découvertes. Il avoue lui-même qu'il y a peu de corrections et d'augmentations (2), et qu'il n'a pu malheureusement étudier, sur les objets même, que cent
soixante-dix espèces au plus.

Nous voyons d'abord que l'auteur ne présente son
ouvrage que comme un essai de classification systématique des Amphibies. Dans un premier chapitre,
il compare les Amphibies aux autres animaux, pour
en exposer les différences ; il les sépare en deux
classes : I. les Pholidotes, nom qu'il emprunte à

---

(1) Blasius MERREM, *Tentamen systematis Amphibiorum.* Marburgi,
1820, un vol. in-8°.

(2) « *Paucis adjectis emendationibus et augmentis trado* (*in præfa-*
« *tione*). *Mihi datum non fuit in plusquàm* 160-170 *Amphibiorum spe-*
« *cies accuratiùs inquirere.* »

Aristote, et qui comprend ceux qui ont le corps protégé par une peau cornée ou coriace; II. les Batraciens, ainsi désignés par M. Brongniart, dont la peau est molle, lisse et muqueuse.

Les Pholidotes sont partagés en trois ordres : les Testudinés, les Cuirassés et les Écailleux.

Le premier ordre, celui des Tortues, est subdivisé en celles dont les pattes sont en nageoires, et qui forment les deux genres Caret et Sphargis; et en celles qui ont des doigts distincts, tels que les genres Trionyx et Tortues. Ces dernières sont subdivisées en Matamata, Émyde, Terrapène et Chersine.

Les Cuirassés (*Loricata*) ne comprennent que le genre Crocodile, et les trois sous-genres Caïman, Campse et Gavial.

L'ordre troisième, celui des Écailleux (*Squammata*), réunit presque tous les autres Reptiles de la même classe des Pholidotes. L'auteur les distribue en cinq tribus principales : I. les Marcheurs (*Gradientia*); II. les Rampans (*Repentia*); III. les Serpens (*Serpentia*); IV. les Chirotes (*Incedentia*); et V. les Saisissans (*Prendentia*).

Chacune de ces tribus, à l'exception des deux dernières qui ne comprennent chacune qu'un seul genre, se subdivise en races, qu'il nomme *Stirpes.*

Dans la première tribu des *Gradientia,* il existe toujours des pattes postérieures, et dans le plus grand nombre, il y en a aussi antérieurement. Il les divise de la manière suivante : A. les Ascalabotes, tels que les Geckos, les Anolis, les Basilics, les Dragons, les Iguanes, les Polychres, les Pneustes, les Lyriocéphales, les Calotés, les Agames, les Fouette-queue(*Uromastyx*), les Zonures; B. les Sauriens, tels que les Varans, les

Teyous (*Tejus*), les Lézards (*Lacertæ*), les Tachydromes ; C. les Chalcidiens (*Chalcidici*), comme les Scinques, les Gymnocéphales, les Seps, les Tétradactyles, les Chalcides, les Colobes, les Monodactyes, les Bipèdes, les Pygodactyles, les Pygopes et les Pseudopes.

La seconde tribu, celle des Rampans (*Repentia*), caractérisée par l'absence des pattes et la présence des paupières, comprend les trois seuls genres nommés Hyalin, Orvet et Acontias.

La troisième tribu, celle des Serpens, renferme toutes les espèces de Pholidotes qui n'ont ni pattes, ni paupières. Les genres y sont nombreux ; il les partage en deux sous-tribus : A. les *Glutones*, dont la tête et le tronc sont écailleux et l'abdomen à plaques (*scutatum*), et ceux-ci sont encore subdivisés en non venimeux (*innocui*), et en venimeux (*venenati*). Parmi les premiers sont rangés les genres Acrochorde, Rhinopire, Rouleau, Éryx, Boa, Python, Scytale, Couleuvre, Hurriah, Natrix, Dryinus ; et parmi les seconds, ceux qu'on nomme Bongare, Trimésérure, Hydre, Pélamide, Enhydre, Plature, Élaps, Sépédon, Ophryas, Naja, Pélias, Vipère, Échis, Échidne, Cophias, Crotale et Langaha. La seconde sous-tribu B. comprend les Typhlins (*Typhlini*) qui ont des plaques sur la tête, et dont la queue et le corps sont annelés ou également écailleux en dessus et en dessous ; tels sont les Typhlops et les Amphisbènes.

La quatrième et la cinquième tribu ne contiennent, comme nous l'avons dit, chacune qu'un seul genre, les Chirotes et les Caméléons.

La seconde classe, celle des Batraciens, est partagée en trois ordres ; 1° les Apodes qui ne reçoivent que le genre Cécilie; 2° les Sauteurs (*Salientia*), parmi lesquels sont compris les genres Calamite ou Rainette, Grenouille, Bréviceps, Bombinateur, Pipa et Crapaud; 3° les Marcheurs (*Gradientia*), partagés en deux tribus, les uns ayant des paupières (*Mutabilia*), tels que les genres Salamandre et Molge ou Triton; les autres qui en sont privés (*Amphipneusta*), qui comprend les genres Hypochthon ou Protée, et celui des Sirènes.

Le tableau synoptique suivant donne une idée exacte de cette classification adoptée par Merrem, qui est en grande partie, comme on vient de le voir, empruntée à Oppel.

MERREMII SYSTEMA ERPETOLOGICUM.

CLASSES.	ORDINES.	TRIBUS.	SUBDIVISIONES.
PHOLIDOTA.	TESTUDININATA : . . . . pedibus		Penniformibus. Digitatis.
	LORICATA.		
	SQUAMMATA. . . .	Gradientia.	Ascalabotæ. Sauræ. Chalcidici.
		Repentia.	
		Serpentia	Culones. . { innocui. venenati. } Typhlini.
		Incedentia.	
		Prendentia.	
BATRACHIA.		Apoda.	
		Salientia.	
		Gradientia, . . .	Mutabilia. Amphipneusta,

DE BLAINVILLE. M. le professeur DUCROTAY DE
BLAINVILLE, qui a été aussi pendant plusieurs années
l'un de nos auditeurs les plus assidus, a publié au
mois de juillet 1816, dans le nouveau Bulletin des
sciences de la Société philomatique, le prodrome d'une
distribution systématique du règne animal qu'il a reproduit ensuite, en 1822, dans un tableau placé sous
le n° 5 du tome I*er* de ses *Principes d'Anatomie comparée,* qui ont aussi pour titre : *de l'Organisation des
animaux.* Voici l'analyse de ce travail.

L'auteur établit deux classes pour les Reptiles qu'il
place dans le type des Ostéozoaires et dans le sous-type
des Ovipares ou Amastozoaires. Il nomme l'une des
classes les Reptiles, ou Squammifères ornithoïdes,
écailleux ; et les autres Amphibiens ou Nudipellifères,
Ichthyoïdes nus.

La première classe, celle des Reptiles, est partagée
en trois ordres : 1° les Chéloniens, et il y range les six
genres Tortue, Émyde et Chélyde, Trionyx, Chélonée et Dermochelys, qui sont les Sphargis; 2° les
Émydo-Sauriens ou Crocodiles, divisés en trois sous-
genres ; 3° les Saurophiens ou Bipéniens, qu'il partage
en deux sous-ordres : A les Sauriens, et B les Ophydiens.

A. Les Sauriens sont subdivisés en cinq familles qui
ont été ainsi désignées : Geckoïdes, Agamoïdes,
Normaux, comme l'Agame et le Basilic, et en Anor-
maux, comme le Caméléon et le Dragon. Viennent ensuite les Iguanoïdes, les Tupinambis et les Lacertoïdes,
qu'il partage en Tétrapodes, Dipodes et Apodes.

B. Les Ophydiens sont divisés en Dipodes, comme
les Bimanes, et en Apodes avec ou sans dents venimeuses. Les premiers sont les Pélamides, les Hydro-

phides, les Vipères et les Léthifères. Les seconds comprennent les Amphisbènes, les Grimpeurs ou Boas et les Couleuvres.

La seconde classe, celle des Amphibiens Ichthyoïdes ou Nudipellifères, se compose de quatre ordres : 1° les Batraciens, qui réunissent les quatre genres sans queue, lesquels sont ou Aquipares ou Dorsipares, comme les Pipas, et forment ainsi deux sous-ordres ; 2° les Pseudo-Sauriens ou Salamandres ; les Sub-Ichthyens ou Amphibiens proprement dits, comme les Protées et les Sirènes, et enfin les Pseudophydiens ou Cécilies.

GRAY. En 1825, le docteur GRAY (John-Edward) publia, dans les *Annales philosophiques de Philadelphie*, un aperçu des genres de Reptiles et d'Amphibies de l'Amérique du Nord. Voici une analyse abrégée de la distribution qu'il propose pour ce qu'il regarde comme deux classes.

Dans la première, celle des Reptiles, il institue cinq ordres : I. Les Émydo-Sauriens. II. Les Sauriens. III. Les Saurophidiens. IV. Les Ophidiens. Et V. Les Chéloniens.

Les Émydo-Sauriens ou les Cuirassés (*Loricata*) ont le corps couvert de plaques, les jambes distinctes et propres à la marche, les oreilles operculées. Il y établit trois familles, les Crocodiles, les Ichthyosaures et les Plésiosaures : ces deux dernières comprenant seulement des animaux dont on a découvert des débris fossiles.

Les Sauriens se partagent aussi en familles distribuées en deux groupes. Dans le premier sont renfermés les genres à langue non extensible, tels sont les Stellionides, subdivisés en Agamides et en Geckoïdes.

Les genres dont la langue est extensible, ou les Sauriens proprement dits, forment trois autres familles : les Tupinambidés, les Lacertoïdes et les Caméléonidés.

Les Saurophidiens forment trois sections, savoir : les espèces à écailles imbriquées, à cloaque transversal et à langue extensible. Là sont rangées deux familles, les Scincoïdés et les Anguidés. Dans la seconde section, qui ont les écailles également entuillées et dont le cloaque est terminal, il n'y a que la famille des Typhlopidés ; dans la troisième section, les espèces ont le corps revêtu d'écailles carrées ; elle comprend deux familles, celle des Amphisbénés et celle des Chalcidicés.

Le quatrième ordre, celui des Serpens ou Ophidiens, se partage en deux grands groupes, suivant qu'il y a des dents venimeuses ou qu'il n'y en a pas. Dans le premier sont les deux familles des Crotalidés et des Vipérés. Trois autres familles appartiennent au deuxième groupe : ce sont les Hydridés, les Colubridés et les Boïdés. Chacun de ces noms indique les genres principaux qui s'y rallient, et leurs désignation noms y sont placées en effet.

Le dernier ordre est celui des Chéloniens ; il est partagé en cinq familles : les Testudinés, les Émydés, les Trionycidés, les Sphargidés et les Chéloniadés.

Nous avons dit que M. Gray fait une classe à part des Amphibies, dans laquelle il place tous les Batraciens. Il y établit quatre ordres : les Anoures, qu'il appelle Ranadés ; les Urodèles, parmi lesquels il ne comprend que les Salamandres et les Tritons, sous le nom de Salamandridés ; les Sirènes, qu'il divise en Sirénidées et Amphioumés, et enfin les Apodes ou

Pseudophidiens, qui ne comprennent que le seul genre des Cécilies.

Tous ces groupes sont fort naturels. On voit que l'auteur a emprunté la plupart de ses divisions à ses devanciers, et principalement à Merrem et à Oppel.

En 1831, le même M. Gray a publié, à la suite de l'édition anglaise du Règne animal de Cuvier, dans le tome IX, un Synopsis des espèces de la classe des Reptiles (1). Il y a apporté quelques changemens à sa première classification.

Dans la première section, qu'il appelle les Cuirassés (*Cataphracta*), il met au premier rang l'ordre des Tortues, et il distribue les genres à peu près de la même manière que dans un autre ouvrage qu'il a publié à part, et où il a traité des Chéloniens en particulier (2).

L'ordre des Émydo-Sauriens comprend les trois genres des Crocodiles, en commençant par le Gavial. Il le fait suivre des genres qu'il réunit sous le nom d'Énialosaures, d'après Conybeare, et il inscrit le genre Saurocéphale de Harlanz ou Saurodon d'Hay.

Dans la seconde section, qu'il nomme *Écailleux* (*Squammata*), il établit les ordres de Sauriens, d'Ophisaures et de Serpens.

Parmi les Sauriens, il adopte les divisions de Wagler pour la forme de la langue et la manière dont les dents sont placées sur les mâchoires. Il rapporte à la première, qui comprend les genres dont la langue est

---

(1) The animal Kingdom arranged in conformity with its organization. By Edward Griffith. Volume the ninth.

(2) Synopsis Reptilium or short descriptions, etc. In-8°.

longue et très fendue : il en distingue quatre principaux
qu'il subdivise, mais qu'il désigne d'abord sous les
noms de Monitor, Holoderme, Tejus, Lézard et Tachydrome. A la seconde, qui ont la langue courte,
contractile et légèrement échancrée, sont rapportés les
grands genres, également subdivisés pour la plupart,
qu'il nomme Iguanes, Geckos, Caméléons, Agames
et Sitanes.

Le second ordre, les Ophiosaures, forment dix
genres et trente-un sous-genres. Les genres qu'il indique sont ceux des Zonures, Ophisaures, Chalcides,
Amphisbènes, Scinques, Bipèdes, Orvets, Rouleaux,
Acontias et Typhlops.

Le troisième ordre des Écailleux est celui des Ophidiens. Il les divise en deux sous-ordres : les venimeux,
tels que les Crotales, Vipères et Najas, dont la mâchoire supérieure est sans dents, mais armée de grands
crochets ; et les non venimeux, dont la mâchoire supérieure est dentée, mais sans crochets ou avec de fort
petits, comme les Couleuvres, les Boas et les Hydres.

Chacun de ces grands genres, caractérisé d'abord
par la forme de la tête et par la nature des écailles,
est subdivisé en sous-genres, et des espèces particulières y sont indiquées en même temps que les parties
du monde dans lesquelles on les a observées. Mais nous
n'entrerons pas ici dans ces détails que nous réservons
pour les placer mieux aux articles généraux que chacun des ordres exigera de notre part.

Les Amphibies forment encore une classe à part. Il
les divise, comme Fitzinger, en genres qui subissent
des métamorphoses, *mutabilia*, et qui ont des bran-

chies caduques. Ce sont les *Ranœ*, qu'il subdivise en *Rana*, *Ceratophrys*, *Hyla*, *Bufo*, et *Rhinella*. Viennent ensuite les genres *Dactylethra*, *Bombinator*, *Strombus*, *Breviceps*, et *Asterodactyles* ou Pipas, Le second grand genre est celui des Salamandres, qu'il partage en sections d'après le nombre et la disposition des doigts aux deux paires de pattes.

Dans la seconde section, qu'il appelle les *Amphipneustes*, et qui ne subissent pas de métamorphose, sont placés les genres Protée, qui comprend les Hypochton, Ménobranches, Phyllidres ou Sirédon; puis le genre Sirène, auquel il rapporte aussi les *Pseudobranches*; puis les Amphioumes, dont il rapproche les Abranches ou le Protonopsis de Barton, et enfin les Cécilies, tels que les Siphonops de Wagler, les Ichthyophis de Fitzinger, et les Épicrium de Wagler.

Mais dans la dernière partie de cet ouvrage, qui fourmille de fautes typographiques, quoique imprimé avec le plus grand luxe et avec un très grand nombre de figures, dont très peu ont été gravées d'après des dessins originaux, on ne trouve que la simple désignation des noms d'espèces, sans aucune description. C'est une liste destinée à rappeler quelques souvenirs.

C'est à peu près vers la même année que les divisions zoologiques de MM. Carus et Ficinus ont paru; mais, pour la classe des Reptiles, ces auteurs ont adopté à peu près la classification de Merrem et les vues d'Oken.

Harlan. M. le docteur Harlan a publié dans le journal de l'Académie des Sciences de Philadelphie,

également en 1825 (1), un mémoire ayant pour titre :
Genres et Synopsis spécifique des Reptiles d'Améri-
que , dont voici les principales classifications. L'auteur adopte les quatre ordres, savoir : les Batraciens,
les Ophidiens, les Sauriens et les Chéloniens.

Le premier ordre est subdivisé en trois, d'après la
manière dont la respiration s'opère. Dans le premier
sous-ordre, les opercules sont indiqués par une sorte
de fente dans la peau : tels sont les Amphioumes et les
Ménopomes, dont plusieurs espèces sont ici décrites
avec beaucoup de soin, et leur synonymie bien éclair-
cie. Dans la deuxième division, les branchies persistent
et la peau offre sur le col plusieurs fentes séparées. Ells
renferme deux genres : le genre Sirène avec trois espèces, et celui des Ménopomes avec deux. Enfin, dans
la troisième division, les espèces ont des poumons
uniquement à l'état adulte, de sorte que les branchies
et leurs fentes disparaissent ; la queue persiste, et il y
a des dents aux deux mâchoires. C'est là que viennent
se ranger le genre Salamandre avec neuf espèces et dix
Tritons aquatiques, et toutes ces espèces sont propres
à l'Amérique. Viennent ensuite les genres Grenouille,
Rainette et Crapaud. Cette partie de l'ouvrage est la
plus remarquable, et présente le plus grand intérêt aux
naturalistes.

Les Ophidiens comprennent les genres Ophisaure,
Couleuvre avec trente-cinq espèces ; les Vipères,
Cenchris, Scytale et Crotale, sont indiquées avec
le petit nombre d'espèces d'Amérique qui s'y rapportent.

_____

(1) R. HARLAN. Journ. of the Acad. of nat. sciences, of Philadelphie.
Tome V, page 525 , et tome VI, pages 7 et 53.

Dans l'ordre des Sauriens sont inscrits les genres Améiva, Scinque, Agame, Anolis, Lézard et Crocodile, et peu d'espèces y sont relatées.

L'auteur divise en sept genres l'ordre des Chéloniens. Il y fait connaître un grand nombre d'espèces, en indiquant les ouvrages où leur description et souvent les figures se trouvent insérées. Ce sont les genres Tortue, Cistude, Émyde, Chélonure, Trionyx, Chélonée et Coriudo. Ce dernier genre est le même que celui qu'on a désigné sous le nom de Sphargis.

HAWORTH. Cet auteur anglais s'est particulièrement occupé d'appliquer la méthode analytique à l'étude des végétaux et des animaux, et il a inséré dans ce but un grand nombre de Mémoires dans le Recueil périodique que nous citons (1). Après avoir établi l'utilité de la méthode dichotomique ou binaire en prouvant qu'elle rapprochait autant que possible et faisait ainsi comparer les productions qui ont entre elles le plus d'analogie ; il a indiqué un autre avantage que les naturalistes peuvent en retirer, en remontant, dans l'étude de ces tableaux, des derniers termes ou des genres auxquels l'analyse aboutit, aux divisions précédentes dont l'ensemble fournit une connaissance complète de l'objet soumis à l'examen de l'observateur.

Nous allons présenter, dans le tableau synoptique suivant, l'arrangement ou la classification proposée par M. HAWORTH. Les numéros qui suivent chacune des divisions seront les mêmes que ceux que nous indiquerons ensuite ici dans le texte.

(1) Philosophical magazin. 1825, mai, page 372. Lettre sur un arrangement binaire de la classe des Reptiles. A. H. HAWORTH. Esq.

AMPHIBIORUM TABULA SYNOPTICA.

Auctore A. H. HAWORTH (*Philosophic. Magazin*, 1825, page 372. Mai.)

PHOLIDOTA

FORNICATA. — Edigitata (1). Digitata (2).

EFORNICATA.
  Loricata. — Marina (3). Crocodilia (4).
  Squamata.
    Pedata. — Scansoria (5). Gradientia.
      Tetrapoda. — Communipedes : linguâ { inextensili (6). extensili (7). Brevipedes (8).
      Dipoda. — Dactyli (9). Adactyli (10).
    Apoda. — Palpebrata (11). Epalpebrata.
      Gulonia. — innocua (12). venenata { solidentes (13). insolidentes (14).
      Typhlinia (15).

BATRACHIA.
  APODA (16).
  PEDATA. — Salientia (17). Gradientia { mutabilia (18). immutabilia (19).

Ainsi, les Amphibies sont partagés en Écailleux ou
Pholidotes et en Batraciens. Les Écailleux ou sont
voûtés ou ne le sont pas. Les voûtés se subdivisent en
espèces dont les doigts ne sont pas distincts comme
les genres (1) Caret et Sphargis, et en ceux dont les
doigts sont marqués, tels que (2) les genres Tortue,
Matamata, Émyde, Terrapène et Chersine. Les non
voûtés (*Efornicata*) se partagent en Cuirassés et en
Écailleux. Les Cuirassés forment deux divisions · les
fossiles marins (3), tels que les Ichthyosaures, Plésiosaures, Mégalosaures; et les Crocodiliens (4), comme
les Caïmans, les Crocodiles et les Gavials.

Les Écailleux, ou ont des pattes, ou n'en ont pas.
Parmi les premiers, il en est qui peuvent grimper (5),
tels sont les Caméléons, et d'autres qui marchent;
ceux-ci, ou ont quatre pattes, ou n'en ont que deux.
Dans les genres qui ont quatre pattes, les uns les ont de
longueur ordinaire, et les autres très courtes. Parmi
les genres qui ont les pattes à peu près ordinaires, il
en est dont la langue ne peut pas s'allonger (6), et là
se trouvent inscrits les genres suivans : Gecko, Anolis, Basilic, Dragon, Iguane, Polychre, Pneuste,
Lyriocéphale, Calote, Uromastyx, Zorne; et parmi
ceux dont la langue peut sortir de la bouche (7), les
Varans, Téjus, Lézards et Tachydromes. Les genres
à pattes courtes (8) sont les Scinques, les Gym-
nophthalmes, les Tétradactyles, les Chalcides et les
Monodactyles. Ceux qui n'ont que deux pattes, ou
ont des doigts comme ceux (9) des Bipèdes et des Pygodactyles; ou n'en ont pas (10), comme les Pygopes
et les Pseudopes.

Les Écailleux qui n'ont pas de pattes correspondent
aux Serpens, mais les uns ont des paupières (11),

18.

comme les trois genres, Hyalin, Orvet, Acontias ; les
autres n'ont pas de paupières, ce sont les vrais Serpens, divisés en Goulus (*Gulonia*) et en Typhlins.
Les Goulus, ou sont vénéneux, ou ne le sont pas (12);
c'est parmi ceux-ci que se rangent les genres Acro-
dère, Rhinopire, Rouleau, Éryx, Boa, Python,
Scytale, Couleuvre et Dryinus. Les genres qui ont
des crochets à venin, ou ont des dents fixes (13),
comme les Bongares, les Trimésérures et les Hydres;
ou ils les ont mobiles (14), ainsi que les Platures,
Élaps, Ophryas, Najas, Pélias, Vipères, Cophias,
Crotales et Langahas.

Les Batraciens, ou sont sans pattes (16), comme
ceux du genre Cécilie, ou ils ont des pattes; et tantôt
ils peuvent sauter (17), comme les Pipas, Rainettes,
Crapauds, Bombinateurs, Bréviceps et Grenouilles ;
tantôt ils ne peuvent que marcher, et ceux-ci se partagent suivant qu'ils sont obligés de subir des métamorphoses (18), comme les Salamandres et les
Tritons (*Molge*); ou qu'ils n'en subissent pas (19),
comme les Protées ou Hypochthons, et les Sirènes.

On voit, par cette analyse, qu'elle n'est que l'expression figurée des travaux précédens et surtout de
Merrem; l'auteur, d'ailleurs, l'indique lui-même
dans la lettre qui précède cette exposition.

Fitzinger. Il a paru à Vienne en Autriche, en
1826, un ouvrage allemand, de M. L. I. Fitzinger,
portant pour titre : Nouvelle Classification des Reptiles (1), pour servir d'introduction à un catalogue

---

(1) Neue Classification der Reptilien, von L. I. Fitzinger; un
petit volume in-4° avec un tableau figurant les affinités des genres
des Reptiles.

des animaux de cette classe que renferme le Musée zoologique de cette capitale. Ce travail est très important pour la science, et nous avons cru devoir en présenter une analyse détaillée. Dans les considérations anatomiques et physiologiques qui précèdent son travail, l'auteur montre une saine critique et expose avec méthode l'histoire abrégée de l'erpétologie. Après avoir émis son opinion sur les divisions proposées par les auteurs modernes, et quoique adoptant par le fait la classification de M. Brongniart, modifiée par Oppel, il conserve les dénominations de Klein et de Merrem.

A la fin de ce catalogue raisonné, on trouve un tableau destiné à faire voir d'un seul coup d'œil les afinités que peuvent avoir entre eux et avec d'autres animaux, les différens genres des Reptiles dont les noms sont joints, à des distances plus ou moins éloignées, par des lignes horizontales, verticales, ou plus ou moins obliques. Ainsi, pour les Mammifères, on voit venir toucher aux Chauve-Souris les genres de Reptiles perdus, Ptérodactyle et Ornithocéphale, par l'intermédiaire des Dragons et des Anolis; d'un autre côté, par les Gavials et les grand Sauriens fossiles, on voit les Lézards unis aux Dauphins, et quelques Chéloniens faire le passage aux Monotrèmes, tels que le Phatagin et l'Echidné; de même encore que, par le Caret, cet ordre semble se lier à quelques Oiseaux des genres Macareux et Manchot. Enfin, par cette échelle ingénieuse, l'auteur fait descendre, avec les Cécilies et les Sirènes, aux Aptérichtes parmi les Poissons. Faisant provenir de deux souches les Chéloniens et les Crocodiles, il indique les liaisons des genres les uns avec les autres, et il fait voir clairement comment les Lézards conduisent aux Serpens d'une part, et de l'autre aux Batraciens.

Cette sorte de projection, qui représente à l'œil l'ensemble des animaux d'une même classe, en indiquant tout à la fois leurs rapports et les modifications qui semblent les avoir fait disperser, afin d'aller à la rencontre d'autres races, est une idée très ingénieuse que nous avons dû faire remarquer.

L'auteur a adopté pour la distribution des animaux de cette classe, la voie que nous avons employée dans la zoologie analytique, et il l'avoue lui-même. Il a profité aussi des recherches d'Oppel, de Merrem, et de M. Cuvier. Nous donnons de sa méthode un tableau figuré; et, comme dans l'article précédent, nous nous servirons de numéros pour faire connaître les subdivisions de familles et de genres qui nous auraient embarrassés, pour en donner une idée précise.

Les Reptiles, dans cette méthode, sont partagés en deux classes, les Monopnés et les Dipnés, noms imaginés par Leuckart (Isis, année 1821), pour indiquer la différence du mode de respiration, qui est simple, ou uniquement pulmonaire dans les premiers, et double chez les seconds, au moins pendant un certain temps de l'existence. On voit que c'est ce qui répond aux Reptiles et aux Amphibies, classes distinguées par quelques auteurs qui divisent ainsi la classe de Linné.

La classe première, celle des Monopnés, se partage en quatre tribus ou ordres : les Testudinés, les Cuirassés, les Écailleux et les Nus.

Les Testudinés comprennent cinq familles : les *Carettoïdes* (1), tels que les genres Caret et Sphargis; les *Testudinoïdes* (2) qui ne renferment que le genre Tortue; les *Émydoïdes* (3), là sont inscrits les quatre genres Terrapène, Émyde, Chélodine, Chélydre; les *Chélydoïdes* (4), pour le genre Chélyde; et les *Trio-*

nichoïdes (5), pour les Trionyx ou Tortues molles.

Le second ordre, celui des Cuirassés, comprend deux familles : dans l'une (6), les pattes sont imparfaites, ce sont les *Ichthyosauroïdes ;* dans l'autre, les doigts sont parfaitement distincts (7), on les nomme *Crocodiloïdes.* Les genres Iguanodon, Plésiosaure, Saurocéphale, et Ichthyosaure, appartiennent à la première ; et les Téléosaures, les Sténéosaures, les Gavials, les Crocodiles et les Alligators ou Caïmans, à la seconde famille.

La troisième famille est la plus considérable, puisqu'elle réunit vingt-deux familles. Il est vrai que l'auteur a rapporté aux Écailleux la plupart des Sauriens et des Ophidiens, qu'il distingue entre eux par la manière dont leur mâchoire inférieure se trouve conformée ; chez les uns, les pièces qui la composent sont unies par une symphyse ; et chez les autres, elle est formée de deux os distincts.

Ceux dont la mâchoire est unique ont des paupières, ou n'en ont pas ; cette dernière division comprend la famille des Geckos, sous le nom d'*Ascalabotoïdes.* Tous les autres genres ont les yeux munis de deux paupières ; parmi ceux-ci, les uns ont la gorge dilatable ou pouvant se gonfler, et tantôt ils ont un tympan, à peine distinct sous la peau, et alors on trouve chez les uns une langue très longue, comme dans les *Caméléonides ;* ou cette langue est courte : tels sont les *Pneustoïdes.* Chez les autres, il y a un tympan bien distinct ; ou ils ont de plus un manteau, comme les *Dragonoïdes,* ou ils n'en ont pas, comme les *Agamoïdes ;* ceux-ci n'ont pas la gorge susceptible de se dilater ; ils ont avec des écailles disposées en anneaux, un tympan visible et la langue fendue à la pointe ; elle est longue comme dans les *Améivoïdes*, ou courte comme dans les *Lacertoïdes;* car elle est simplement échancrée dans les *Scincoïdes;* enfin le tympan est caché dans les *Anguinoïdes.*

Les espèces à mâchoire formée d'une seule pièce, et qui n'ont pas de paupières, ont tantôt les yeux cachés sous la peau, et le corps est, ou verticillé, comme chez les *Amphisbénoïdes,* ou non annelé comme dans les *Typhlopoïdes;* tantôt les yeux sont visibles apparens, ce sont les *Gymnophthaïlmodes.*

Quand la mâchoire inférieure est formée de deux pièces séparées, ce sont les véritables Serpens ; les uns ont la langue courte, tels sont les *Ilisoïdes*, ou bien elle est longue. Parmi ceux-ci, il en est qui n'ont pas de dents venimeuses à la mâchoire supérieure, et on y distingue les *Pythonoïdes* qui ont des ergots au cloaque, tandis qu'on n'en observe pas dans les *Colubroïdes.* Les espèces à dents venimeuses les ont, tantôt unies avec des dents solides, comme les *Bongaroïdes;* tantôt sans autres dents solides, et alors on voit des enfoncemens près des narines sur le front, comme dans les *Vipéroïdes.*

Nous ne ferons pas suivre ici, sous les noms de chacune des familles, ceux des genres qui s'y trouvent indiqués par l'auteur, dans autant de petits tableaux synoptiques. Nous verrons plus tard, lorsque nous exposerons le travail systématique de Wagler, quels sont ceux que Fitzinger a proposés ; nous éviterons par là un double emploi. Il en sera de même dans les autres familles qui nous restent à indiquer, pour faire connaître les bases de cette classification.

La quatrième tribu des Monopnés, dont la peau est nue, ne comprend que les *Céciloïdes* (30) que l'auteur divise en deux genres, suivant que le tronc est déprimé, ce qui constitue celui des Ichthyophis, ou qu'il est arrondi, et c'est alors celui des Cécilies.

La deuxième classe, celle des Dipnés, se partage en deux tribus; ceux qui ont des métamorphoses et ceux qui n'en éprouvent pas.

La première tribu, qu'il désigne sous le nom collectif de *Mutabilia*, se partage en cinq familles, dont une seule, la cinquième, qui comprend les *Salamandroïdes* (35), conserve la queue pendant toute la durée de la vie des individus. Les autres correspondent à nos Anoures, ils n'ont de queue qu'à l'état de têtards. Chez les uns, comme dans la quatrième famille, celle des *Pipoïdes* (34), il n'y a pas de langue, tandis qu'on en voit une distincte dans les trois autres : dans celle qu'il nomme des *Bombinatoroïdes* (33), le tympan est caché, tandis qu'on l'aperçoit dans les *Bufonoïdes* (32), qui n'ont pas de dents et qui se distinguent, par cela, des *Ranoïdes* (31), où les dents sont distinctes.

Chacune de ces familles réunit un nombre variable de genres à l'indication desquels de petits tableaux synoptiques conduisent également.

La seconde tribu des Dipnés comprend les genres qui ne subissent pas de métamorphoses, et qu'il nomme *Immutabilia;* deux familles y sont établies : les unes ont les branchies cachées, ce sont les *Cryptobranchoïdes* (36); elles sont libres, au contraire, dans les *Phanérobranchoïdes* (37).

Voici un tableau qui présente, sous le point de vue général, l'arrangement systématique proposé par M. Fitzinger.

Classification des Reptiles par M. L. J. FITZINGER.

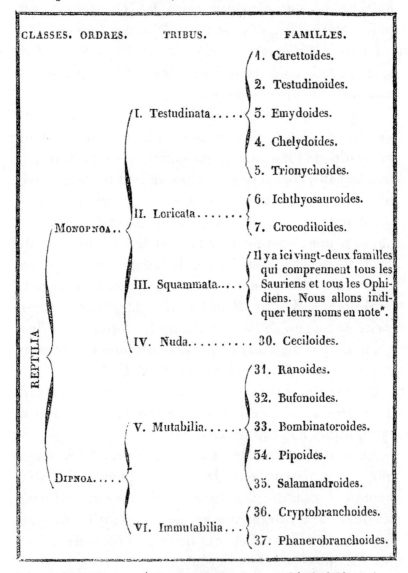

CLASSES. ORDRES.	TRIBUS.	FAMILLES.
	I. Testudinata	1. Carettoides.
		2. Testudinoides.
		3. Emydoides.
		4. Chelydoides.
		5. Trionychoides.
MONOPNOA	II. Loricata	6. Ichthyosauroides.
		7. Crocodiloides.
REPTILIA	III. Squammata	Il y a ici vingt-deux familles qui comprennent tous les Sauriens et tous les Ophidiens. Nous allons indiquer leurs noms en note*.
	IV. Nuda	30. Ceciloides.
	V. Mutabilia	31. Ranoides.
		32. Bufonoides.
		33. Bombinatoroides.
DIPNOA		34. Pipoides.
		35. Salamandroides.
	VI. Immutabilia	36. Cryptobranchoides.
		37. Phanerobranchoides.

* 8 Ascalabotoïdes.
9 Caméléonides.
10 Pneustoïdes.
11 Draconoïdes.
12 Agamoïdes.
13 Cordyloïdes.
14 Tachydromoïdes.
15 Ophisauroïdes.

16 Chalcidoïdes.
17 Améivoïdes.
18 Lacertoïdes.
19 Scincoïdes.
20 Anguinoïdes.
21 Amphisbénoïdes.
22 Typhlopoïdes.
23 Gymnophthalmoïdes.

24 Ilysioïdes.
25 Pythonoïdes.
26 Colubroïdes.
27 Bungaroïdes.
28 Vipéroïdes.
29 Crotaloïdes.

Ritgen. On trouve dans les Nouveaux actes des curieux de la nature pour 1828, une autre classification des Reptiles proposée par Ritgen, et dont nous allons présenter l'analyse. Comme l'auteur emploie beaucoup de nouveaux noms, nous serons dans le cas d'en donner l'explication.

Il établit d'abord trois ordres parmi les Reptiles : les Ophidiens, ou à corps tordu, qu'il nomme strepsichrotes ; les Chéloniens, ou sterrichrotes, c'est-à-dire à corps solide ; et les campsichrotes, ou à corps qui se plie, comme les Sauriens.

Les Ophidiens sont divisés en trois sous-ordres ; ceux qui sont semblables à des vers, *scolécodes*, dont la peau est nue, comme les Cécilies. Il nomme encore ce sous-ordre les *Dermatophides;* et comme les espèces ont la peau plissée, il propose aussi le nom de *Stolidophides*.

Les Serpens écailleux forment le second sous-ordre, sous le nom de *Pholidophides;* mais il propose trois autres dénominations, pour exprimer qu'ils n'ont que peu d'écailles ou qu'ils sont à demi nus, *Dysgymnophides;* qu'ils ne peuvent se rouler qu'incomplètement, *Dysgyriophides;* ou que leur peau est grenue, *Chondrites*. Ce sous-ordre se subdivise en deux groupes : ceux dont les dents ne sont pas percées, ou qui n'ont pas de crochets à venin, et il les nomme *Atryptodontopholidophides;* et ceux dont les mâchoires sont garnies de crochets à venin, ce sont les *Chalinopholidophides*. Ce second groupe se subdivise en ceux qui vivent sur la terre, et qu'il nomme, à cause de cela, *Chersopholidophides*, tel est le genre Acrochorde ; et comme les autres vivent dans l'eau, il les désigne, par opposition, sous le nom d'*Hydropholidophides,* ou parce qu'ils sont venimeux, *Cacopholidophides;* tel est le genre Chersydre.

Nous ne suivrons pas plus loin toutes ces dénominations, qu'Horace désigne comme des *sesquipedalia;* mais nous indiquerons les distributions successives des autres subdivisions.

Ainsi dans le troisième sous-ordre des Serpens écailleux, dont le nom le plus court est celui d'*Aspistes,* qui annonce qu'ils ont de grandes écailles sous le ventre, ou des sortes de plaques, il y a trois sous-divisions, que nous allons indiquer par des numéros.

1. Les *Holodontaspistes*, qui ont les dents entières, non percées, et qui se subdivisent en ceux qui ont une petite bouche, *Sténostomates*, comme les espèces du genre Amphisbène, et en Serpens à grande bouche, *Macrostomates*, comme les Couleuvres et les Boas. Enfin les *Rhinostomates,* qui ont la bouche sous un museau, comme les espèces du genre Rhinopire.

2. Les *Dolospistes*, qui comprennent les Serpens à plaques recourbées et à dents venimeuses; il distingue le groupe des aquatiques, *Hydrolopes*, et celui des terrestres, *Chersolopes*.

3. Enfin dans la division des *Chalinaspistes,* ou des espèces qui ont toute la mâchoire supérieure garnie de dents venimeuses, il fait trois groupes des genres, d'après la forme ou la disposition de l'extrémité de la queue. Ceux qui l'ont plate, *Platycerques;* ceux qui l'ont arrondie, *Strongylocerques;* et ceux qui l'ont garnie d'étuis, *Épicerques,* comme les Crotales.

Les Chéloniens ou Sterrichrotes forment trois grandes sections : les marins, *Érctmo* ou *Halychélones;* les aquatiques, *Phyllopodo* ou *Chersychélones;* et les terrestres, *Podo* ou *Chersochélones.*

Les Campsichrotes, qui forment le troisième ordre sous un second nom, celui de *Molges*, tiré du mot grec qui désignait la salamandre, comprennent les Sauriens et les Batraciens. Ils sont divisés en trois sous-ordres, dont le premier ne comprend que les dragons, sous le nom de *Ptéromolges;* le second les Sauriens et les Batraciens Urodèles, sous le nom d'*Uromolges;* et le troisième les Anoures, sous celui de *Pygomolges.*

Les Uromolges se subdivisent en véritables Sauriens, qui respirent par des poumons, et qui ont une queue, *Pneumaturomolgœi*, en Salamandres à branchies, *Branchiuromolgœi;* et les Salamandres qui perdent ces organes en subissant une métamorphose, ou *Morphuromolgœi.*

Les Sauriens sont subdivisés en trois groupes : I. les nageurs, *Éretmosaures,* à pattes en palettes plates, ce sont les Ichthyosaures; II. les *Phyllopodosaures,* à pattes palmées, ce sont les Crocodiles; et III. en espèces à pattes propres à la marche, ou les *Podosaures.* Ces derniers se subdivisent en *Anabènes,* qui grimpent, comme les Caméléons; en *Bénosaures,* dont les pattes sont propres à la marche, et qui sont partagés en quatre autres groupes, suivant la disposition des écailles ou des plaques, des pattes, de la queue, de la tête, du ventre, ou du dos, d'après autant de noms empruntés du grec.

Les genres dont les pattes sont plus ou moins imparfaites sont nommés *Colosaures* ou *Colodactyles,* et partagés d'après le nombre, la forme, ou la disposition des membres.

Les Branchiuromolges, c'est-à-dire ceux qui conservent leurs branchies, sont les Sirènes, qui ont les pattes antérieures, *Chirodismolgæi*, et les Hypochthons ou Protées, qui ont quatre pattes, *Pododismolgæi*.

Enfin les Salamandres sont divisées en terrestres ou *Géomolges*, et en aquatiques ou *Hydromolges*.

Les Batraciens Anoures ou *Pygomolges* sont les Rainettes, *Bdallipodobatrachiens*, les Grenouilles, *Phyllopodobatrachiens*, et les Crapauds, *Diadactylobatrachiens*.

Nous n'avons donné qu'une idée bien incomplète de cette disposition, dont les idées premières sont cependant exactes, mais dans ce système l'auteur a voulu réunir trop de particularités distinctives sous un même nom ; ce qui rend sa méthode tout-à-fait inadmissible.

Jean WAGLER. La science zoologique vient de perdre ce jeune naturaliste, qui lui avait rendu les plus grands services : d'abord en publiant, en 1827 et années suivantes, le *Systema avium*, qui est un des ouvrages les plus complets sur l'ornithologie systématique ; puis par les descriptions et les figures des Amphibies ; enfin par le travail qu'il avait entrepris sur les Serpens, à l'occasion de la publication de l'ouvrage de Spix, sur les animaux du Brésil ; mais nous devons lui consacrer un article très particulier pour le grand ouvrage qu'il venait de publier, lorsqu'un affreux malheur le fit périr dans une partie de chasse : c'est un *Traité complet et systématique de la classe des Reptiles* (1).

L'arrangement qu'il propose est essentiellement fondé sur l'organisation. Il établit huit ordres dans la

_____

(1) Naturaliches system der Amphibien, von D. John Wagler, 4 vol. in-8°. Munich, 1850, avec un atlas in-fol. de planches.

classe des Amphibies. En voici les dénominations :
I. Les Testudinides. II. Les Crocodiliens. III. Les
Lézardins. IV. Les Serpens. V. Les Orvets. VI. Les
Cécilies. VII. Les Grenouilles. Et VIII. Les Ich-
thyodes.

I. Les TORTUES (*Testudines*) sont caractérisées ainsi :
pattes attachées au tronc sous les côtes; narines ouvertes au devant du bec; pénis simple.

Il n'y a qu'une famille dans cet ordre; il la nomme
Hedœroglossœ, c'est-à-dire ayant la langue attachée à
toute la concavité de la mâchoire.

Cette famille se subdivise en trois tribus, d'après la
forme des pattes, qui sont 1° en nageoires immobiles,
aplaties et de longueur inégale, dans les *Oiacopodes* ;
2° palmées ou à doigts mobiles, mais réunis par une
membrane lâche, ce sont les *Stéganopodes;* et 3° les
moignons, les doigts étant immobiles, de même longueur, et enveloppés dans la peau des pattes : il les
nomme *Tylopodes.*

L'auteur indique ensuite les genres et les espèces
qui appartiennent à ces divisions; il en fait connaître
la synonymie, les figures et les habitations. Nous ne
devons pas entrer ici dans tous ces détails, sur lesquels
nous aurons occasion de revenir par la suite; nous ne
ferons que désigner les noms de ces genres.

A la première tribu se rapportent les Chélonées et
les Sphargis. A la seconde, on trouve inscrits un très
grand nombre de genres établis nouvellement soit par
lui-même, soit par les auteurs qu'il a toujours le soin
de faire connaître. Voici leurs noms : Aspidonectes,
Trionyx, Chélys, Rhinemys, Hydromedusa, Podo-
cnemis, Platemys, Phrynops, Pelomedusa, Chelydra,
Clemmys, Staurotypus, Pelusios, Kinosternon,

Emys. A la troisième tribu sont rapportés les genres Kinixys, Pyxis, Chersus et Testudo. En tout, par conséquent, vingt-un genres.

II. Les CROCODILES ont pour caractères : le corps cuirassé ; les dents implantées dans les mâchoires ; l'os carré (*os tympani*) soudé au crâne ; le pénis simple. L'auteur n'y inscrit aussi qu'une seule famille, les *Hedræoglosses*, parce qu'ils ont la langue adhérente à toute la concavité de la mâchoire inférieure.

Il n'y rapporte que les trois genres 1° des Caïmans, qu'il nomme *Campsa* ; 2° des Crocodiles, et 3° des Gavials, qu'il appelle *Ramphostoma*. Il reconnaît qu'il devrait y réunir les genres de Reptiles fossiles nommés Téléosaure et Sténosaure, et en outre les Saurocéphales et les Phytosaures.

III. Le troisième ordre, celui des Lézards, a pour caractères : les os des mandibules réunis en avant ; les dents insérées sur le sommet des os ou adhérentes à leur bord interne ; l'os carré descendant directement et libre ; pénis double.

Cet ordre se partage en quatre familles, d'après la forme et la disposition de la langue. Dans la première, celle des *Platyglosses*, elle est charnue, plane, libre à sa pointe. Dans la seconde, celle des *Pachyglosses*, elle est épaisse et presque totalement adhérente à la concavité de la mâchoire. Dans la troisième, qu'il nomme *Antarchoglosses*, la langue est grêle, libre, extensible ; mais elle n'est pas renfermée dans une gaîne à sa base. Enfin, dans la quatrième, celle des *Thécoglosses*, la langue, qui est exsertile, rentre à sa base dans une sorte de fourreau.

Les genres rapportés à cet ordre sont extrêmement nombreux. Quelques familles sont partagées en tribus, d'après la forme du corps ou d'après la manière dont les dents sont disposées sur les bords des mâchoires. Il serait trop difficile de présenter ici dans le texte cette série de noms de genres ; nous avons pensé que nous ferions mieux de les énumérer dans une suite de notes que nous rattacherons à chacune des divisions principales. (1)

Ainsi, dans les Platyglosses, sont placés les genres que nous indiquons sous le n° 1, et qui tous sont caractérisés par une phrase très courte, avec l'indication des espèces principales qui ont été décrites ou figurées. L'auteur a soin de faire connaître également l'étymologie du nom et d'indiquer le naturaliste qui l'a employé d'abord.

La seconde tribu, celle des Pachyglosses, se divise en deux sous-tribus, suivant que le corps ou plutôt le tronc est déprimé ou aplati : ce sont les PLATY-CORMES ; ou suivant qu'il est comprimé, c'est-à-dire plus étroit de droite à gauche, qu'il n'est élevé en hauteur : ce sont les STÉNOCORMES. Chacune de ces sous-

---

(1) *Ptycozoon* (Kuhl), de πτύξ, ζοῶν, animal plissé.

Crossurus (Wagler), de χροσσὸς, οὐρὰ, queue frangée.

Rhacossa (Wagler), ῥάκοσσα, vêtement grossier.

Thecodactylus (Cuvier).

Platydactylus (Cuvier).

Anoplopus (Wagler), ἄνοπλος ποῦς, patte non armée.

Hemidactylus (Cuvier).

Ptyodactylus (Cuvier).

Sphærodactylus (Wagler, Cuvier).

Ascalabotes (Lichtenstein, Pline).

Eublepharis (Gray), belle paupière.

Gonyodactylus (Kuhl), doigt anguleux. *Cyrtodactylus* (Grya).

Gymnodactylus (Spix), doigt nu.

En tout treize genres.

tribus se trouve encore subdivisée, suivant la manière dont les dents sont placées sur les bords des mâchoires; ainsi il nomme *Acrodontes* les genres qui les ont implantées sur le sommet, et *Pleurodontes* ceux chez lesquels elles sont attachées aux bords internes des mâchoires.

Les Pachyglosses platyformes acrodontes réunissent les huit genres que nous indiquons encore ici en notes (1); les Pleurodontes comprennent treize autres genres dont nous faisons connaître également les noms (2).

Viennent ensuite les Sténocormes ou les genres à

---

(1) *Phrynocephalus* (Kaup), φρῦνος, κεφαλή, tête de Crapaud.

   Trapelus (Cuvier).

   Stellio (Daudin).

   Uromastyx (Merrem).

   Urocentron (Kaup), οὐρὰ, κέντρον, queue, aiguillon.

   Phrynosoma (Wiegmann).

   Platynotus (Wagler), πλατύνωτος, dos plat.

   Tropidurus (Neuwied), τρόπις οὐρὰ, queue carénée.

(2) *Cyclura* (Harlan).

   Hypsilophus (Wagler), ὑψίλοφος, qui porte une crête dressée.

   Metopoceros (Wagler), μέτωπον, κέρας, corne au front.

   Emblyrhincus (Bell), large museau.

   Basiliscus (Laurenti).

   OEdicoryphus (Wiegmann), κορυφή οἰδέω, vertex renflé.

   Dactyloa (Wagler).

   Anolis (Duméril).

   Draconura (Wagler).

   Norops (Wagler), νώροψ, éclatant.

   Polychrus (Cuvier).

   Ophryessa (Boïé), ὀφρυάζω, je suis sourcilleux.

   Enyalius (Wagler), ἐνυάλιος, belliqueux.

   Hypsibatus (Wagler), qui a le pas relevé.

   Otocryptis (Wiegmann), oreille cachée.

tronc comprimé qui se subdivisent en Acrodontes (1),
qui forment neuf genres. Il n'y a pas de genres connus
qui aient été rapportés par l'auteur à la seconde division
ou Pleurodontes.

La troisième tribu, celle des *Antarchoglosses*, ou à
langue grêle, libre, extensible, se partage également
d'après la disposition des dents sur les mâchoires, en
Acrodontes (2) et en Pleurodontes (3). Sept genres ap-

---

(1) *Lyriocephalus* (Merrem), tête en lyre.

   Gonyocephalus (Kaup), tête anguleuse.

   Brachylophus (Cuvier).

   Physignathus (Cuvier), mâchoire gonflée.

   Lophure (Gray), queue crétée.

   Chlamydosaurus (Gray), Lézard à cuirasse.

   Calotes (Cuvier).

   Semiophorus (Wagler), porte-signe.

   Draco (Linnæus).

(2) *Thorectes* (Wagler), armé d'une cuirasse.

   Crocodilurus (Spix), queue de Crocodile.

   Podinema (Wagler), ποδήνεμος, à pieds agiles. *Monitor* (Fitzinger).

   Ctenodon (Wagler), κτεὶς ὀδοὺς, dent pectinée.

   Cnemidophorus (Wagler), κνημιδοφόρος, porte-jambarts, botté.

   Acrantus (Wagler), ἄκραντος, manchot, mutilé. *Tejus* (Fitzinger).

   Trachygaster (Wagler), ventre rude.

(3) *Lacerta* (Linnæus).

   Zootoca (Wagler), Vivipare.

   Podarcis (Wagler), bon coureur.

   Aspistis (Wagler), cuirassé.

   Zonurus (Merrem).

   Psammuros (Wagler), gardien des sables.

   Ablepharus (Fitzinger), sans paupières.

   Gymnophthalmus (Merrem), œil nu.

   Lepidiosoma (Spix), corps écailleux.

   Chirocolus (Wagler), χεὶρ κόλος, main mutilée.

   Chamœsaura (Fitzinger), petit Lézard.

   Tachydromus (Daudin), marche vite.

19.

partiennent à la première division et trente à la seconde, qui est la plus considérable de l'ordre.

La quatrième tribu, celle des *Thécoglosses*, ou à
langue protractile engaînée, se partage en deux sous-
tribus, les *Acrodontes*, qui ne renferment qu'un
genre (1), qui est celui du Caméléon, et les *Pleuro-*
dontes (2), où il y en a cinq, dont un est fossile.

L'ordre quatrième, celui des Serpens, est caractérisé par la non soudure des branches des mâchoires,
qui sont liées par un ligament. Comme ils ont tous la

Cercosaura (Wagler), Lézard à longue queue.

Gerrhonotus (Wiegmann), dos écussonné.

Gerrhosaurus (Wiegmann), γέῤῥον, σαῦρος, écusson, Lézard.

Saurophis (Fitzinger).

Bipes (Oppel). *Hysteropus* (Duméril).

Ophiosaurus (Duméril), Serpent, Lézard.

Anguis (Linnæus).

Ophiodes (Wagler), Serpentiforme. *Pygopus* (Spix).

Pygodactylus (Fitzinger), πυγὴ, δάκτυλος, doigt à la fesse.

Pygopus (Merrem), pieds de derrière.

Zygnis (Wagler). *Scelotes* (Fitzinger).

Seps (Daudin).

Lygosoma (Gray), λύγος, σῶμα, corps en bâton.

Sphœnops (Wagler), face en coin.

Scincus (Fitzinger).

Euprepis (Wagler), εὐπρεπὴς, bien orné.

Gongylus (Wagler), arrondi. *Mabuya* (Fitzinger).

Cyclodus (Wagler), κύκλος, ὀδοὺς, dent arrondie.

Trachysaurus (Gray), Lézard rude.

(1) *Cameleo* (Laurenti).

(2) *Geosaurus* (Cuvier), Lézard de terre.

Heloderma (Wiegmann), peau à clous.

Hydrosaurus (Wagler), Lézard d'eau. *Tupinambis* (Fitzinger).

Polydœdalus (Wagler), travaillé avec beaucoup d'art.

Psammosaurus (Fitzinger), Lézard des sables.

En tout quatre-vingt-sept genres de Lézards.

langue grêle, fourchue, protractile et reçue dans un fourreau, ils ne forment qu'une seule famille qui comprend quatre-vingt-dix-sept genres dont nous présentons ici la liste (1).

---

(1) *Hydrophis* (Wagler), Serpent d'eau.

Hydrus (Wagler).

Enhydris (Wagler), aquatique.

Platurus (Latreille), queue plate.

Pelamys (Daudin).

Enygrus (Wagler), qui reste dans l'eau.

Eunectes (Wagler), bon nageur.

Xiphosoma (Wagler), corps en épée.

Boa (Linnæus).

Epicrates (Wagler), très fort, puissant.

Python (Cuvier).

Constrictor (Wagler).

Chersydrus (Cuvier).

Acrochordus (Hornstedt), verruqueux.

Erpeton (Lacépède), Reptile.

Homalopsis (Kuhl), face plate.

Hypsirrhina (Wagler), narines en dessus.

Hydrops (Wagler), semblable à l'Hydre.

Helicops (Wagler), qui regarde de travers.

Pseudechis (Wagler), fausse Vipère.

Heterodon (Latreille), singulières dents.

Rhinostoma (Fitzinger), bouche, nez.

Xenodon (Boïé), dent extraordinaire.

Ophis (Wagler), Serpent.

Acanthophis (Wagler), Serpent à épine.

Causus (Wagler), nom d'un Serpent venimeux.

Sepedon (Merrem).

Urœus (Wagler), nom de la Vipère haie.

Aspis (Wagler).

Alecto (Wagler).

Trigonocephalus (Oppel), tête triangulaire.

Megœra (Wagler).

Bothrops (Wagler), visage enfoncé.

Le cinquième ordre correspond aux Orvets ; l'auteur le désigne sous le nom d'*Angues ;* Wagler leur assigne les caractères distinctifs qui suivent : les branches des mâchoires réunies par une symphyse ; ni os

---

Atropos (Wagler).

Tropidolæmus (Wagler), gueule carénée.

Lachésis (Daudin).

Cenchris (Daudin).

Caudisona (Fitzinger), queue sonnante.

Uropsophus (Wagler), queue sonore.

Crotalus (Linnæus), grelot.

Echis (Merrem).

Echidna (Wagler), hérissé.

Vipera (Wagler).

Pelias (Merrem).

Cerastes (Wagler).

Dasypeltis (Wagler).

Tropidonotus (Kuhl), dos caréné.

Spilotes (Wagler), espèce de Serpent.

Calubes (Linnæus).

Herpetodrys (Boïé), Reptile des bois.

Dipsas (Boïé).

Pareas (Wagler).

Dryophylax (Wagler), gardien des arbres.

Thamnodynastes (Wagler), maître des buissons.

Macrops (Wagler), gros yeux.

Telescopus (Wagler), qui voit loin.

Dendrophis (Boïé), Serpent d'arbre.

Leptophis (Boïé), Serpent étroit.

Oxybelis (Wagler), portant une lance pointue.

Dryophis (Boïé), Serpent de bois.

Tragops (Wagler), œil de bouc.

Gonyosaura (Wagler), Lézard rond.

Chlorosoma (Wagler), corps verdâtre.

Philodryas (Wagler), qui aime les bois.

Oxyrhopus (Wagler), qui rampe avec vitesse.

Lycodon (Boïé).

temporal, ni os carré (*os tympani*) libre; orifice du cloaque en travers. Il n'y a qu'une famille, celle des *Antarchoglosses*, c'est-à-dire, à langue lancéolée, déprimée, fourchue, libre, et ne rentrant pas dans un

---

Rhynobothryum (Wagler), nez à fossettes.

Ophites (Wagler).

Erythrolamprus (Boïé), rouge brillant.

Clœlia (Fitzinger).

Scytale (Wagler), fouet, Serpent venimeux.

Liophis (Wagler), Serpent lisse.

Zamenis (Wagler), fortement colère.

Chrysopelea (Boïé), noir-doré.

Psammophis (Boïé), Serpent des sables.

Cœlopeltis (Wagler), bouclier gravé.

Periops (Wagler), autour des yeux.

Zacholus (Wagler), colérique.

Brachyorrhus (Kuhl), courte-queue.

Homalosoma (Wagler), corps plane.

Aspidura (Wagler), queue à écussons.

Cercaspis (Wagler), figure de queue.

Oligodon (Boïé), petite dent.

Calamaria (Boïé), étui à plumes.

Eryx (Daudin).

Gongylophis (Wagler), figure ronde.

Aspidoclonion (Wagler), épine du dos à boucliers.

Elaps (Schneider).

Ilysia (Hemprich).

Uropeltis (Wagler), queue à bouclier.

Catostoma (Wagler), bouche en dessous.

Elapoïdis (Boïé).

Xenopeltis (Reinwardt).

Cylindrophis (Wagler), Serpent rond.

Typhlops (Schneider), aveugle.

Rhinophis (Hemprich), Serpent à nez.

Typhlina (Wagler), aveuglé.

fourreau. Il n'y a que six genres inscrits dans cette famille (1).

Dans le système de Wagler, le sixième ordre, celui des Cécilies (*Cœciliæ*), ne comprend que trois genres qu'il rapporte à une famille unique sous le nom d'Hédréoglosses, parce que la langue est adhérente à toute la longueur de la mâchoire inférieure ; cette famille a pour caractères : corps sans queue, nu ; os carré (*tympani*) soudé au crâne ; deux condyles occipitaux ; orifice du cloaque arrondi, situé à l'extrémité du corps. Les genres sont les suivans (2) :

Le septième ordre, celui des Grenouilles (*Ranæ*), est ainsi caractérisé : point de pénis, une métamorphose ; il est divisé en deux familles, les genres qui n'ont pas de langue (*aglossæ*), et ceux qui en ont une (*phaneroglossæ*) ; il y a vingt-huit genres inscrits dans cette dernière famille, et un seul dans la première (3) ; il les subdivise en ceux qui n'ont pas de queue, et en genres qui en ont une.

---

(1) *Acontias* (Cuvier).

 Chirotes (Duméril), qui a de bonnes mains.

 Chalcis (Daudin).

 Lepidosternon (Wagler).

 Amphisbœna (Linnæus).

 Blanus (Wagler). Βλανος, *Lippus*, grosses paupières.

(2) *Siphonops* (Wagler), visage en tube.

 Cœcilia (Linnæus).

 Epicrium (Wagler), ἐπίκριον, antenne, palpe.

(3) *Asterodactylus* (Wagler). *Pipa* (Spix), doigt étoilé.

 Xenopus (Wagler), ξεῖνος, inusité, bizarre ; πούς, patte.

 Microps (Wagler), petits yeux.

 Calamites (Fitzinger).

 Hypsiboas (Wagler).

Dans le huitième ordre, que Wagler a nommé *Ichthyodes,* à cause de la ressemblance que la plupart des espèces ont avec les Poissons voisins des Anguilles, et qu'il caractérise par la présence d'une ouverture sur chaque côté du cou, et par l'existence constante des branchies; il n'y a qu'une seule famille, celle des Hédréoglosses, ou à langue adhérente à la mâchoire, mais elle est divisée en deux tribus; dans l'une, il n'y a pas de branchies extérieures; les deux premiers genres y sont rangés, et les quatre autres appartiennent à la seconde tribu, celle des branchiaux (1).

Auletris (Wagler), flûteuse.

Hyas (Wagler), qui annonce la pluie.

Phyllomedusa (Wagler), qui fait céder les feuilles.

Scinax (Wagler), agile sauteur.

Dendrobates (Wagler), qui grimpe aux arbres.

Phyllodytes (Wagler), qui se cache sous les feuilles.

Enydrobius (Wagler), qui vit dans l'eau.

Cystignathus (Wagler), vessie sous la mâchoire.

Rana (Linnæus).

Pseudis (Wagler), trompeuse.

Ceratophrys (Boïé), sourcil cornu.

Megalophrys (Kuhl), grand sourcil.

Hemiphractus (Wagler), à demi-cuirassé.

Systoma (Wagler), petite bouche.

Chaunus (Wagler), boursoufflé.

Paludicola (Wagler), habitant des marais.

Pelobates (Wagler), qui habite les marais.

Alytes (Wagler), celui qui lie (licteur).

Bombinator (Merrem).

Bufo (Linnæus).

Brachycephalus (Fitzinger), petite tête.

Salamandra (Laurenti).

Triton (Linnæus).

(1) *Salamandrops* (Wagler). *Cryptobranchus* (Leuckart).

MULLER. Le dernier ouvrage systématique que nous ayons à faire connaître a été publié en 1832, par le professeur John MULLER de Bonn (1), sous le titre de Recherches sur l'Anatomie et l'Histoire naturelle des amphibies, en allemand.

Quoique l'ouvrage soit rempli de détails très intéressans, d'abord sur l'histoire des animaux de cette classe, il n'y traite cependant réellement que des deux ordres des Batraciens et des Serpens.

L'auteur divise les Amphibies en deux grands ordres, les Écailleux et les Nus, qu'il met en opposition de la manière suivante, qui n'est, au reste, que la répétition des caractères par lesquels nous avions séparé, dans un mémoire particulier, les Batraciens de tous les autres Reptiles. Voici ces caractères mis en opposition : par une comparaison suivie, dans laquelle les amphibies à corps nu sont toujours placés au second terme.

Condyle occipital simple. — Double.

Côtes véritables. — Nulles ou avortées.

Oreillette du cœur double. — Simple (2).

Amphiuma (Garden).

Siredon (Wagler). *Axolotl* (Humboldt).

Hypochthon (Merrem). *Protæus* (Laurenti).

Necturus (Rafinesque), queue nageuse.

Menobranchus (Harlan).

Siren (Linnæus).

En tout la classe comprend deux cent quarante-huit genres dans ce système.

(1) Zeitschrift fur Physiologie von Tiedemann Treviranus. HEIDELBERG, in-4°. Beitrage fur anatomie und naturgelschite der Amphibien, n° 19, pag. 190.

(2) Les observations de M. J. DAVY, insérées en 1828 dans le Nou-

Oreille interne à fenêtres ronde et ovale. — Ovale seulement.

A limaçon distinct. — Nul.

Pénis des mâles, simple ou double. — Nul.

Métamorphose nulle. — Le plus souvent distincte.

Branchies nulles. — Distinctes ou à trous persistans ou non permanens.

Peau écailleuse, écussonnée ou cuirassée. — Nue.

Comme nous l'avons dit, l'auteur a principalement traité des Serpens et des Batraciens.

Il a divisé les premiers d'après leur structure anatomique; il a, en particulier, donné de bonnes figures des espèces qu'il place dans la division des *Microstomes*, ou à bouche non dilatable, qui correspondent à peu près à cette division que nous avions nommée les Homodermes. Il les divise en quatre familles, savoir : 1° les *Amphisbœnoides* qui n'ont pas de dents, et il y place les genres Chirotes, Céphalopeltis, Lépidosternon, Amphisbæna, Trogonophis et Blanus ; 2° les *Typhlopins*, qui n'ont de dents qu'au palais, tels sont les Typhlops; 3° les *Uropeltacés* qui n'ont de dents qu'aux mâchoires et aux mandibules; 4° les *Tortricins* qui ont toutes les sortes de dents, comme les Rouleaux et les Cylindrophis.

De très bonnes figures d'anatomie ostéologique, et quelques unes au trait, font connaître les détails qui ont servi aux caractères de cette famille, ou de ce premier sous-ordre.

_____

veau journal philosophique d'Edimbourg, page 160, ont depuis fait connaître que l'oreillette du cœur, qui paraît simple, est par le fait séparée en deux par une cloison complète, comme l'ont confirmé depuis MM. Martin Saint-Ange et Wébert.

Dans le second, sont réunis les *Macrostomes* qui correspondent aussi à nos Hétérodermes de la Zoologie analytique. Il y a sept familles rapportées à cet ordre, et leurs caractères sont tirés principalement de la forme et de la disposition des dents : 1° les *Oligodontes* n'ont pas de dents ; 2° les *Holodontes*, comme les Pythons, ont les quatre sortes de dents maxillaires, inter-maxillaires, mandibulaires et palatines; 3° les *Isodontes* n'ont que trois sortes de dents, et les mandibulaires sont simples, tels sont les genres *Boa, Pseudoboa, Éryx, Erpéton, Cerbérus, Hurriah, Dryinus, Couleuvres*; 4° les *Hétérodontes*, semblables aux précédens, ont les dents mandibulaires antérieures plus grandes que les moyennes ou les postérieures, et elles ne sont pas sillonnées. L'auteur y rapporte les genres *Trepidonotus, Coronella, Xénodon, Dendrophis;* 5° dans la cinquième famille, qu'il nomme les *Amphiboles*, les dents mandibulaires postérieures sont sillonnées : on doute qu'elles soient vénéneuses; l'auteur y réunit les genres *Dryophis, Dipsas, Lycodon, Homalophis;* 6° dans la sixième famille, celle des *Antiochalina*, les dents mandibulaires antérieures sont perforées, sillonnées, venimeuses, et les postérieures, simples; là sont inscrits les genres *Trimésérure, Bongare, Naja, Plature, Hydrophis, Pelamis, Chersydre, Acanthophis, Causus, Sepedon, Uracus, Alecto, Aspis;* 7° enfin, dans la septième famille, les Serpens qui ont trois sortes de dents, et chez lesquels toutes les mandibulaires sont perforées et vénéneuses, tels sont les genres *Élaps, Scytale, Crotale, Vipère, Trigonocéphale, Cophias, Pelias, Oplocéphale et Langaha.*

Nous ne faisons connaître ici le travail de Muller,

parmi les ouvrages généraux systématiques, que parce qu'il présente des vues nouvelles et des considérations importantes, tirées de l'observation anatomique, et appuyées par de très bons dessins, qui offrent plus particulièrement des détails sur l'organisation, spécialement sur l'ostéologie de la tête des petites espèces de Serpens à mâchoires non dilatables, en particulier des *Cécilies*, des *Ophisaures*, *Seps*, *Orvets*, *Amphisbènes*, *Chirotes*, *Typhlops*, *Acontias*, *Uropeltis*, etc.

C'est par cet auteur que nous terminerons cette partie de l'histoire littéraire, parce qu'elle arrive, en effet, à l'époque où nous écrivons nous-même.

Nous avions eu d'abord l'intention de ne faire connaître dans cette partie du travail livrée à l'impression, que les ouvrages généraux publiés par les naturalistes classificateurs, systématiques ou méthodiques, dont nous aurions à citer le plus souvent les titres. Cet exposé suffisait jusqu'à un certain point, car il contenait en même temps l'histoire littéraire abrégée de cette branche de la science. C'est même la marche que nous suivons ordinairement dans nos cours, où nous exposons cette analyse à nos auditeurs, en mettant sous leurs yeux les ouvrages même dont nous parlons, en nous réservant de faire voir les autres livres principaux quand nous avons quelque occasion importante de parler des faits qui y sont consignés.

Cependant nous avons pensé depuis, que nous ferions mieux de présenter ici de suite l'énumération de tous les naturalistes qui ont traité des Reptiles en général, et non spécialement d'un ordre, d'une famille, d'un genre ou d'une espèce en particulier. Ces derniers feront le sujet d'une courte Monographie

bibliographique, qui sera toujours placée au commencement de l'histoire particulière de chacun des
quatre ordres.

On conçoit qu'il n'y aurait point eu d'utilité à
suivre encore la série chronologique des ouvrages
d'après l'époque de leur publication. Nous avons
adopté la marche qui est la plus simple et qui sera la
plus commode pour faciliter les indications et les recherches ; nous avons rangé les noms des auteurs
dans l'ordre alphabétique. Il est à craindre que nous
n'en ayons oublié plusieurs ; mais nous réparerons
cette omission, en prenant note de ceux qui man-
queront, quand nous aurons occasion de les citer.
A la fin de cette histoire des Reptiles, nous donne-
rons une liste supplémentaire, afin de relater les
noms et les titres des ouvrages de tous les auteurs
qui seront parvenus à notre connaissance.

LISTE

DES AUTEURS GÉNÉRAUX

PAR ORDRE ALPHABÉTIQUE.

—

A

ADANSON (MICHEL), né le 7 avril 1727, à Aix en Provence, d'une famille écossaise, mort à Paris, en 1806, membre de l'Académie des sciences.

Histoire générale du Sénégal. Paris, 1757, in-4.

ALBERT-LE-GRAND, né en Souabe en 1205, mort à Cologne en 1282.

Opus de Animalibus. Rome, 1478, in-fol. — Mantoue, 1749, in-12.

C'est un recueil d'observations prises pour la plupart dans les anciens, mais dont plusieurs, qui concernent les animaux du nord, sont propres à cet auteur. On a pensé qu'en écrivant ce commentaire sur l'Histoire des animaux d'Aristote, Albert avait eu entre les mains les traductions de quelques uns des livres du philosophe grec qui se sont perdus depuis (1).

ALPINO (PROSPER), médecin, né à Marostica, dans

—

(1) Mém. de la Soc. des Sc. de Gottingue, tome XII, page 94.

la Lombardie vénitienne, en 1555, mort à Padoue,
en 1617.

*Historiæ Ægypti naturalis pars prima qua conti-
nentur rerum Ægyptiacarum libri quatuor.* Leyde,
1755, in-4, 2 vol.

Cet ouvrage ne fut imprimé qu'après la mort de
l'auteur, par les soins du seul de ses quatre fils qui
embrassa sa profession. La seconde partie est consacrée à l'Histoire des plantes.

ARNAULD DE NOBLEVILLE (louis-daniel),
médecin, né à Orléans en 1710, mort dans la même
ville en 1778.

*Histoire naturelle des animaux, pour servir de
continuation à la matière médicale de Geoffroy.*
Paris, 1756, 6 vol. in-12. (*Des Amphibies,* tome 2,
page 11.)

ASTRUC (jean), médecin, né en 1684, à Sauve,
gros bourg du Bas-Languedoc, mort à Paris en 1766.

*Mémoires pour servir à l'Histoire naturelle du
Languedoc.* Paris, 1740, in-4.

ATHÉNÉE, célèbre grammairien de la ville de
Naucratis, en Égypte, vivait à Rome sous le règne
d'Antonin.

Δειπνοσοφισταὶ, *sive Deipnosophistarum libri XV.*
Venise, 1514, in-fol. ; — Bâle, 1555, in-fol. ; —
Heidelberg, 1597, in-fol. ; — Lyon, 1612, in-fol. ; —
Strasbourg, 1801 à 1807, 4 vol. in-8.

Il y a encore d'autres éditions, mais celle que nous
venons de citer en dernier lieu est la meilleure de toutes ; elle contient une traduction latine de Schweigh-
œuser, avec des remarques de Casaubon. Cet ouvrage

est principalement remarquable par les citations qu'on y trouve, à l'occasion de quelques uns des animaux dont nous nous occupons; elles sont prises dans les auteurs dont les ouvrages sont maintenant tout-à-fait perdus pour la science.

AUDOUIN (victor), professeur au Muséum d'histoire naturelle, né à Paris, le 27 avril 1797.

Explication sommaire des planches de Reptiles (supplément) publiées par J. César Savigny dans le grand ouvrage sur l'Égypte. Paris, édition in-fol., tome 1, édition in-8, tome 24.

B

BALK (laurent), élève de Linnæus.

Museum Adolpho-Fridericianum, dissert. præs. C. Linnæo. Holmiæ, 1746, in-4. — Amœnit. Acad., tome 1 des trois éditions.

BELON (pierre), médecin du Mans, né en 1517, mort en 1564, professeur au Collége de France.

Portraits d'Oiseaux, animaux, Serpens, herbes et arbres, hommes et femmes d'Arabie et d'Égypte. Paris, 1557, in-4.

Ce sont des figures gravées sur bois, avec une explication en rimes françaises, et des quatrains sous chacune.

BESCHTEIN (jean-matthieu).

Getreue Abbildung natur-historischer Gegenstande. Leipzig, 1795-1810, 8 vol.

Lacepede's Naturgeschichte der Amphibien aus dem Franzosischer übersetz. Weimar, 1800-1802, 5 vol. in-8

BESLER (BASILE), pharmacien de Nuremberg, né en 1561, mort en 1629.

Fasciculus rariorum et adspectu digniorum varii generis historiæ naturalis, cum figuris æneis. Nuremberg, 1622, in-4.

BISCHOPFF (LUD.-WILH).
Commentatio de nervi accessori Willisii anatomica et physiologica. Darmstadii, 1852, in-4 (Reptiles, page 48, planche 4).

BLUMENBACH (JEAN-FRÉDÉRIC), professeur de médecine et d'histoire naturelle à Gœttingue, né à Gotha, en 1752.

Beytraege zur Naturgeschichte. La dernière édition est de 1811. Gœttingue, 2 vol. in-8.

Il y a une traduction française de cet ouvrage par Soulange Artaud, elle a pour titre : *Manuel d'histoire naturelle.* Metz, an XI (1805), 2 vol. in-4.

BOCHART (SAMUEL).
Hierozoicon, seu de animalibus sacræ scripturæ. London, 1655, 2 vol. in-fol; — Lipsiæ, 1794.

Dans le quatrième livre de la première partie se trouve l'histoire des Quadrupèdes Ovipares ; dans le sixième, celle des Serpens.

BODDAERT (PIERRE), médecin et officier municipal de Flessingue en Zélande.

Abhandlungen von Amphibien. (Schr. der Berlin Ges. natur. Fr. 2ter band, page 569-587).

BOIÉ, naturaliste-voyageur du Musée de Leyde, mort à Java, en 1827.

Corrections au Mémoire de Kaup, intitulé : Re-

marques sur l'*Erpétologie de Merrem* (Isis, 1825, page 1089).

On a donné l'analyse de ce mémoire dans le Bulletin universel des Sciences, tome 7, page 545.

Remarques sur l'essai d'un système des Reptiles de Merrem (Isis, 1827, page 508). On en trouve également l'analyse dans le Bulletin universel, tome 15, page 557.

Caractères de quelques espèces de Reptiles du Japon (Isis, tome 19, page 203). Bulletin universel des Sciences, tome 10, page 160.

Lettre à J. Wagler sur quelques Reptiles de Java (Isis, tome 20, page 724). Bullet. univ. des Sciences, tome 16, page 127).

Erpétologie de Java.

Cet ouvrage, dont des circonstances particulières ont jusqu'à présent retardé l'impression, n'est connu que par l'analyse qu'en a donnée M. Schlegel, de Leyde, dans le Bulletin universel, tome 9, page 255.

Bien qu'en grande partie rédigé d'après les notes laissées par Kuhl et Van Hasselt, tous deux aussi morts à Java, victimes de leur zèle pour la science, ce travail renferme cependant des observations fort intéressantes, qui sont propres à Boïé.

BONAPARTE (CHARLES-LUCIEN), PRINCE DE MUSIGNANO, FILS DU PRINCE DE CANINO.

Saggio di una distribuzione metodica degli animali vertebrati. Roma, 1831-1832, in-8.

BONNATERRE (L'ABBÉ), professeur d'histoire naturelle à Tulle, mort à Saint-Geniez, à l'âge de cinquante-deux ans, est l'auteur du texte qui accompagne les planches des Reptiles dans l'Encyclopédie, sous le titre de :

20.

*Tableau encyclopédique et méthodique des trois
règnes de la nature (Erpétologie et Ophiologie)*. Paris, 1789-1790, in-4°.

Les figures, qui, pour la plupart, ont été copiées de
l'ouvrage de Séba, sont peut-être les plus mauvaises
de tout le recueil; néanmoins on les cite assez souvent,
mais on ne fait aucun cas de la partie littéraire, qui
n'est qu'une mauvaise compilation.

BONTIUS (JACQUES), médecin hollandais qui habita
l'île de Java pendant un grand nombre d'années, au
commencement du dix-septième siècle.

*Historiæ naturalis et medicæ Indiæ orientalis,
libri VI*, imprimé à la suite de l'ouvrage de Pison :
De Indiæ utriusque re naturali et medica.

BORLASE (GUILLAUME), ecclésiastique anglais, né
dans le pays de Cornouailles, en 1696, mort en 1772.

Natural history of Cornwall. Oxford, 1758, in-fol.

BORY DE SAINT-VINCENT (LE COLONEL), membre correspondant de l'Académie des Sciences, président de la Commission d'histoire naturelle en Morée,
né à Agen en 1772. Il a publié plusieurs observations intéressantes relatives aux Reptiles dans une
relation intitulée :

*Voyage dans les quatre principales îles des mers
d'Afrique, de 1801 à 1802*. Paris, 1804, 3 vol. in-8° avec
atlas.

La plupart des articles d'erpétologie du *Dictionnaire classique d'histoire naturelle*, dont il était le
principal directeur. Paris, 1824-1850, 17 vol. in-8°, fig.
gravées.

Résumé d'erpétologie ou Histoire naturelle des

Reptiles (Encyclopédie portative). Paris, 1828, in-12,
fig. lithog.

BOSC (LOUIS-AUGUSTIN-GUILLAUME), membre de
l'Académie des Sciences, professeur au Muséum d'histoire naturelle, né à Paris le 29 janvier 1759, mort au
Jardin des Plantes en novembre 1828, a rédigé les articles d'erpétologie du *Nouveau Dictionnaire d'histoire naturelle* (Déterville). Paris, 1816-1819, 56 vol.
n-8, fig. gravées.

BOSMANN (GUILLAUME), négociant hollandais au
dix-septième siècle.
Voyage en Guinée. Utrecht, 1705, 1 vol. in-8.

BRESCHET (GILBERT), chef des travaux anatomiques de la Faculté de Médecine de Paris.
*Études anatomiques et physiologiques sur l'organe
de l'ouïe et sur l'audition dans l'homme et les animaux vertébrés.* Paris, 1855, 1 vol. in-4 avec 6 pl.
gravées.

BROWNE (PATRICE), médecin et botaniste Irlandais,
naquit, vers l'année 1720, dans le comté de Mayo, où
il mourut en 1790, après avoir fait six fois le voyage des
Antilles.
The civil and natural history of Jamaica. London,
1756, in-fol. — Ibid., 1789, in-fol.

On trouve dans cet ouvrage la description de plusieurs Reptiles, et, en particulier, celle de la Chélyde
Matamata.

BROWN (PIERRE), peintre anglais.
New illustrations of zoology. London, 1776, in-4,

avec 50 planches enluminées d'animaux de diverses classes, toutes assez médiocres.

BROWN, voyageur anglais.
Travels in Africa, Ægypt and Syria. London, 1792-1798, in-4.

BRUCE (JAMES), célèbre voyageur écossais, né en 1730, à Kinnaird, mort en 1794.
Voyage aux sources du Nil, en Nubie et en Abyssinie, de 1768 à 1772, traduit de l'anglais. Paris, 1790, 5 vol. in-4 avec atlas.

BRUNELLI (GABRIEL).
De Reptilium organo auditus (Comment. institut. Bonon., tome 7, page 501).

BRUNNICH (MARTINUS-THRANE).
Spolia e mari Adriatico reportata (imprimé avec son Ichthyologie de Marseille). Hafniæ et Lipsiæ, 1768, in-8.

BURGUNDUS ou BOURGOINGNE (VINCENT).
Speculum quadruplex naturale, doctrinale, morale, historiale, etc. Douai, 1624, 4 vol. in-fol.
Dans le livre XXe, l'auteur traite des Reptiles.

BUSTAMENTINI ou BUSTAMENTE DE LA CAMARA (JEAN), né à Alcala de Henarez, docteur en médecine et professeur de l'Université de cette ville.
De Reptilibus vere animantibus sacræ scripturæ, opus eximiæ eruditionis et utilitatis, cum theologis, tam scholasticis, quam concionatoribus sacris, scripturæque interpretibus, tum medicis, philosophis, etc., maxime necessarium. Alcala de Henarez, 1595, in-4. — Lyon, 1620, in-8.

Bochart a beaucoup profité de cet ouvrage dans son *Hierozoicon*.

C

CATESBY (MARC), né en 1680, mort en 1749 ; voyageur dans l'Amérique septentrionale.

The natural history of Carolina, Florida, and the Bahama Islands. London, 1751 and 1754, 2 vol. in-fol. avec 120 pl. grav. color. Il en a été publié à Nuremberg une édition latine et allemande qui a pour titre :

Piscium et Serpentum imagines quas Marcus Catesby tradidit. 1750-1777, 2 vol. in-fol., 109 pl. grav.

CAVOLINI (PHILIPPE), médecin et naturaliste à Naples.

Fragment inédit sur la génération des Amphibies (Atti della Academia delle Scienze di Napoli).

CETTI (FRANCESCO), Amphibi e pesci di Sardegna. Sassari, 1777, in-12, fig. grav.

CLOQUET (HIPPOLYTE), médecin à Paris, a rédigé d'après les notes des cours du professeur Duméril, les articles d'erpétologie du *Dictionnaire des sciences naturelles* (Levrault). Paris, 1816-1829, 60 vol. in-8, fig. grav.

COLUMNA (FABIO), d'une des plus illustres familles d'Italie, naquit à Naples en 1567, et mourut dans la même ville en 1650. Médecin et célèbre botaniste, il n'est connu comme zoologue que par la publication de deux livres, dont l'un est complètement étranger à l'erpétologie ; le second, au contraire, renferme plusieurs observations qui ont trait à cette science. On le trouve à la suite de l'*Ecphrasis ;* il a pour titre :

Aquatilium et terrestrium aliquot animalium alia-rumque naturalium rerum observationes. Rome, 1606, in-4. — Ibid., 1646, in-4.

COMMERSON (PHILIBERT) , savant naturaliste-voyageur, né à Dombes (Ain) en 1727, mort à l'Ile-de-France en 1773, a laissé des manuscrits et des dessins qui n'ont point été publiés ; les uns et les autres sont déposés à la bibliothèque du Muséum d'histoire na-turelle, où l'on peut les consulter.

COMTE (ACHILLE), docteur en médecine de la Fa-culté de Paris, professeur d'histoire naturelle au Col-lége de Charlemagne.

Le Règne animal de Cuvier, disposé en tableaux. Paris, in-fol. (Rept.)

COOK (JACQUES), né en 1728, tué aux îles San-dwich, en 1779. Nous citerons quelquefois les rela-tions des trois grands voyages de ce célèbre naviga-teur, à propos d'observations faites sur divers Reptiles, par les naturalistes qui l'ont accompagné, notamment par Banks et Solander.

CUPANI (FRANCESCO), Sicilien, naquit en 1657, étudia la médecine, l'abandonna pour la théologie, et se fit, en 1681, moine de l'ordre de saint François.

Botaniste plutôt que zoologiste, il décrivit cepen-dant plusieurs animaux de son pays, parmi lesquels se trouvent deux ou trois Reptiles.

Historia naturalis plantarum Siciliæ, seu pamphy-

tum siculum, etc. (ouvrage non terminé). Naples,
1715, in-fol.

D

DAUBENTON (LOUIS-JEAN-MARIE), né à Mont-
bard en 1716, mort à Paris en 1800, professeur au
Muséum d'histoire naturelle et au Collége de France,
membre de l'Institut, collaborateur de Buffon.

Les Quadrupèdes Ovipares et les Serpens, Dictionnaire des animaux vertébrés. (Tome 2, part. de l'En-
cyclop. méthod.).

DAUDIN (F.-M.), outre son Histoire naturelle des
Reptiles, dont on a précédemment donné l'analyse,
a publié plusieurs articles d'erpétologie dans les premiers volumes du Dictionnaire des sciences naturelles
de Levrault.

DESBOYS (DE LACHESNAYE), *Dictionnaire des
animaux.* Paris, 1770, 4 vol. in-4.

DESMOULINS (ANTOINE), médecin, né à Rouen,
mort dans la même ville, en 1828.
*Anatomie des systèmes nerveux des animaux ver-
tébrés.* Paris, 1825, in-4, pl. lithog.

DESMOULINS (CHARLES).
Erpétologie des environs de Bordeaux. (Bulletin de la société Linnéenne de Bordeaux, tome 1,
page 60).

DUTERTRE (JEAN-BAPTISTE), moine dominicain,
missionnaire aux Antilles, né en 1610.
*Histoire générale des Antilles habitées par les
Français.* Paris, 1656-1671, 4 vol. in-.4

Dans le deuxième volume, qui contient l'Histoire naturelle, on trouve quelques bonnes observations sur les Reptiles.

E

EDWARDS (FRÉDÉRIC), né à la Jamaïque en 1777.
De l'Influence des agens physiques sur les animaux vertébrés. Paris, 1819, in-8.

EDWARDS (GEORGES), naturaliste anglais, membre et bibliothécaire de la Société royale de Londres, né en 1694, mort en 1775.
Histoire naturelle des Oiseaux rares (en anglais et en français). Londres, 1751, 4 vol. in-4, pl. grav., color.
Cet ouvrage, malgré son titre, renferme plusieurs figures de Reptiles.
Glanures d'histoire naturelle (en anglais et en français). Londres, 1758, 5 vol. in-4, pl. grav., color.

EKSTAND (CAROLUS-HENRICUS).
Fauna Brasiliensis. Dissertat. præsid. Thunberg. Upsaliæ, 1825, 1 vol. in-4.

EHREMBERG (JOHANNES).
Historia Naturæ. Antuerpiæ, 1635, in-fol.

ESCHCHOLTZ (FRIEDERICUS).
Zoologischer atlas, 5 cahiers, fig. lithog., color. Berlin, 1852, in-fol.

F

FABER (JEAN), médecin de Bambert qui vivait au dix-septième siècle.

De Animalibus indicis apud Mexicum. Rome, 1628, in-fol.

FABRICIUS (philippe-conrad), médecin.
De animalibus quadrupedibus, avibus, amphibiis, piscibus et insectis Weteraviæ indigenis. Helmstadii, 1749, in-8.

FERMIN (philippe), médecin, né à Maestricht, devint membre du conseil municipal de cette ville à son retour de Surinam, où il avait séjourné dix années.
Histoire naturelle de la Hollande équinoxiale. Amsterdam, 1765, in-8.
Description de la Colonie de Surinam. Amsterdam, 1769, 2 vol. in-8.

FEUILLÉE (louis), minime, compagnon et plagiaire de Plumier, né en 1660, mort en 1752.
Journal d'observations faites sur les côtes orientales de l'Amérique. Paris, 1714, 2 vol. in-4.
Suite au Journal d'observations, etc. Paris, 1725, in-4.
Cette relation renferme plusieurs observations relatives aux Reptiles, et notamment la description de l'Uroplate.

FLEMING (j.)
An History of British animals exhibiting, their descriptive characters. Edimbourg, 1828, in-8.

FORSKAEL (pierre), savant naturaliste et célèbre voyageur suédois, né en 1754, mort en Orient en 1765.
Descriptiones animalium, avium, amphibiorum,

*piscium, insectorum, vermium, quæ in itinere occi-
dentali observavit.* Copenhague, 1775, in-4.

Les noms des Reptiles, comme ceux des autres animaux que l'auteur a décrits dans cet ouvrage, sont en
latin, en grec et en arabe.

*Icones rerum naturalium quas in itinere orientali
depingi curavit.* Copenhague, 1776, in-4.

Cet ouvrage n'est composé que de deux feuilles de
texte, avec quarante-trois planches, dont vingt représentent des plantes, et vingt-trois des animaux,
parmi lesquels se trouvent plusieurs Reptiles.

FORSTER (JEAN-REINHOLD), d'origine écossaise,
naquit à Dirchau, petite ville de la Prusse orientale,
le 28 octobre 1729, accompagna Cook dans son
deuxième voyage, comme naturaliste, fut ensuite
professeur à Halle, où il mourut en 1798.

Zoologiæ indicæ rarioris spicilegium. Londres,
1790, in-4.

*Catalogue of the animals of north America with
short directions for collecting, preserving, and trans-
porting all kinds of natural curiosities.* Londres,
1771, in-8.

*Faunula Sinensis, or an Essay towars a Catalogue
of the animals of China,* imprimé dans le deuxième
volume du voyage d'Osbeck à la Chine.

FRANZIUS (WOLFANG).
Historia animalium sacra. Wittemberg, 1645, in-8.

FRICKER (ANT.).
De Oculo Reptilium. Tubingæ, 1827, in-4.

G

GAIMARD (JOSEPH-PAUL), chirurgien major de la Marine royale, est le collaborateur de M. Quoy pour la partie zoologique du voyage de l'Uranie. (*Voy. Quoy*).

GEISSLER (ELIAS).
Dissertatio de Amphibiis. Lipsiæ, 1676, in-4, 2 pl.

GEOFFROY (ÉTIENNE-LOUIS), médecin et naturaliste, né à Paris, en 1725, mort en 1810.
Dissertation sur l'organe de l'ouïe de l'homme, des Reptiles et des Poissons. Amsterdam et Paris, 1778, in-8.

GEOFFROY - SAINT - HILAIRE (ÉTIENNE), né à Étampes, en 1772, professeur au Muséum d'histoire naturelle, membre de l'Académie des Sciences.
Observations sur la concordance des parties de l'hyoïde dans les quatre classes des animaux vertébrés, accompagnant, à titre de commentaire, le tableau synoptique, où cette concordance est exprimée figurativement. (Nouvelles Annales du Muséum, tome 1, page 521).
Philosophie anatomique : Des organes respiratoires sous le rapport de l'identité et de la détermination de leurs pièces osseuses. Paris, 1818, in-8; 10 pl. in-4.

GEOFFROY-SAINT-HILAIRE (ISIDORE), fils du précédent, né à Paris en 1805, membre de l'Académie des Sciences, aide naturaliste au Muséum d'histoire naturelle, a donné la *description des Reptiles figurés dans le grand ouvrage sur l'Égypte,* moins le Trionyx et le Crocodile, dont l'histoire est due à M. Geoffroy père.

Description de l'Égypte : Histoire naturelle, tome 1, page 121.

Il a aussi rédigé un grand nombre d'articles d'erpétologie dans les derniers volumes du Dictionnaire classique d'histoire naturelle.

GMELIN (SAMUEL-THÉOPHILE), médecin et voyageur, né à Tubinge le 25 juin 1745, mort en prison à Achmetkent, dans le Caucase, en 1774.

Reise durch Russland, zu Untersuchung der drey Naturreiche. Saint-Pétersbourg, 1771-1784, 4 vol. in-4.

Le troisième volume de cet ouvrage contient l'Histoire naturelle de la Russie.

GMELIN (JEAN-FRÉDÉRIC), né à Tubinge en 1748, professeur de chimie à Gœttingue, mort en 1804.

Nous le citons ici comme auteur de la treizième et dernière édition du *Systema naturæ* de Linnæus.

GOEZE (JEAN-AUGUSTE-ÉPHRAÏM), médecin et naturaliste allemand fort célèbre, né en 1751, mort en 1795.

Europaeische Fauna, oder Naturgeschichte der europaeischen Thiere, in angenehmen Geschichten, etc. Leipzig, 1791-1805, 9 vol. in-4.

GRAVENHORST (JEAN-LOUIS-CHARLES); de la société de physique de Gœttingue, etc.

Deliciæ musei zoologici Vratilaviensis. Lipsiæ, 1829, in-fol.

GRAY (EDWARD-WITAKER).

Observations on the class of animals called , by Linnæus , Amphibia. (Philosophical transactions , tome 79, pages 21-56, et Journal de physique, tome 57, pages 521-551.

GRAY (JOHN-EDWARD), auteur du *Synopsis Reptilium ,* ouvrage dont on a présenté l'analyse dans la première partie de ce livre.

Illustrations of Indian Zoology. London , 1850 , cahiers in-fol.

GREEN (JACOB), naturaliste américain.

Description of several species of north American Amphibia, accompanied with observations. (Journal of the Academy of natural sciences of Philadelphy , tome 1 , page 548).

GREW (NEHEMIAS), célèbre botaniste, secrétaire de la Société royale de Londres , né en 1628 , mort en 1771.

Museum regalis societatis. London , 1681 , in-fol.

GRONOVIUS (LAURENT-THÉODORE), officier municipal de Leyde , né en 1750, mort en 1777.

Amphibiorum animalium historia zoologica exhibens amphibiorum , quæ in museo ejus asservantur descriptiones.

Cet ouvrage fait partie du second volume du *Museum ichthyologicum* du même auteur , publié à Leyde , 1756 , in-fol.

Zoophylacium Gronovianum exhibens animalia , Quadrupeda amphibia , etc. Leyde, 1765-1781 , Fasciculi tres.

GUÉRIN (FRANÇOIS-ÉDOUARD), peintre et naturaliste, membre de plusieurs sociétés savantes.

Iconographie du règne animal de Cuvier. Paris,
1850 et suiv.

Dans les trente planches de ce Recueil qui sont con-
sacrées aux Reptiles, se trouvent représentés tous les
genres établis ou adoptés par Cuvier, dans le *Règne
animal.*

H

HAST (BARTH.-RUDOLPH.).

*Amphibia Gyllenborgiana. Dissertat. præsid.
C. Linnæo.* Upsaliæ, 1745, in-4. (Amœnitates Academicæ de Linnæus, tome 1, n° 5, page 520-556).

HAMMER (CHRISTOPHE).
Fauna Norvegica. Kiobenhavn, 1775, in-8.

HARRIS (TH.).
The natural history of the Bible. Boston, 1820. in-8;
London, 1824, in-8.

Pour ce qui concerne les Reptiles, l'auteur a tout
emprunté de Bochart et de Scheuchzer.

HASSELQUIST (FRÉDÉRIC), naturaliste suédois,
un des premiers élèves de Linnæus, né en 1722, à
Toernvalle en Ostrogothie, mort à Smyrne, en 1752.

*Iter Palestinum, eller resa til heliga landet fœr-
raettad ifran 1749, til 1752 med beskrifwingar, roen
anmerkningar œfwer de Muerkwaerdigaste natu-
ralir.* Stockholm, 1757, in-8; traduit en français, Paris,
1769, in-12.

Cette relation, dans laquelle on trouve la description d'un grand nombre d'animaux de toutes les classes, a été rédigée et publiée par Linnæus, d'après le Journal et les notes manuscrites de Hasselquist.

HASSELT (J.-C. VAN), jeune médecin et naturaliste hollandais, mort à Java, en 1822, quelques mois après Kuhl, dont il était le collaborateur et l'ami. (*Voy*. Kuhl).

HERMANN (JEAN), savant naturaliste, professeur à Strasbourg, né à Bar en 1738, mort en 1800.

Tabulæ affinitatum animalium. Strasbourg, 1783, in-4.

— *Eodem Præside, dissertatio : Amphibiorum virtutis medicatæ defensio inchoata, respond.* J. GOD. SCHNEITER. Argentorati, 1787, in-4.

Idem, *Amphibiorum virtutis medicatæ defensio continuata, Scinci maxime historiam expendens; respond.* FRID. SCHWEIGHOEUSER. Ibid, 1749, in-4.

Observationes zoologicæ posthumæ. Strasbourg et Paris, 1804, in-4.

HERNANDEZ (FRANÇOIS), médecin en chef du Mexique sous Philippe II.

Nova plantarum, animalium et mineralium Mexicanorum historia, à F. Hernandez in Indiá primùm collecta, dein à Nardo Antonio Reccho in volumine digesta: à Jo. Terentio et Fabio Columna. Lynceis, notis et additionibus illustrata, cui accessere aliquot ex principis Cæsii frontispiciis theatri naturalis phylosophicæ tabulæ, uná cum plurimis iconibus. Rome, 1648-1651, 2 vol. in-fol.

Cet ouvrage est un mélange singulier de fragmens

de l'auteur, de figures faites par d'autres, et de commentaires des éditeurs, qu'il faut lire avec soin (1). On y trouve la description de plusieurs Reptiles d'Amérique, et notamment celle du Tapayaxin ou Agame cornu.

HEWSON (GUILLAUME), habile anatomiste anglais, né en 1759, mort en 1774.
On account of the lymphatic system in Amphibious animals and in Fishes (Philosoph. Transact., tome 1, page 198). Journal de Physique, introduction, tome 1, page 350 et 401.

HUMBOLDT (ALEXANDRE DE), né à Berlin en 1769, membre de l'Académie de cette ville, associé étranger de l'Institut de France, etc.
Recueil d'observations de zoologie et d'anatomie comparée. Paris, 1811-1821, 2 vol. in-4, fig. grav.

HOST (NICOLAS).
Amphibiologica. (Jacquini collectanea, tome 4, page 349.)

HUSCHKE (G.).
Sur les glandes parotides de quelques Amphibies, en allemand (Zeitschrift für Physiologie). Tiedemann et Treviranus, tome 4, page 115, pl. 6, fig. 7 et 8.

J

JACOBSON (LOUIS).
Recherches anatomiques et physiologiques sur un

_____

(1) CUVIER, Règne animal, tome III.

système veineux particulier aux Reptiles. (Nouv. Bullet. des Scienc., par la Société philomatique de Paris, avril 1833).

JOSSELYN (JOHN).

New England's rarities. London, 1672, in-8, fig.

Il y a un extrait de cet ouvrage dans le tome 8, n° 82, des Transactions philosophiques.

K

KAUP, naturaliste allemand.

Remarques sur l'Erpétologie de Merrem, l'ouvrage de Spix, et celui du prince Maximilien de Neuwied. (Isis, 1825, page 589.)

On trouve l'analyse de ce mémoire dans le Bullet. univ. des Sciences, 1826, tome 7, page 440.

Monographies zoologiques (Isis, 1827, page 610). Bullet. univ., tome 13, n° 62.

KJELLER (ANDREAS).

Fauna Cayennensis : Dissert. pœrsid. Thunberg. Upsaliæ, 1823, in-4.

KNORR (GEORGE-WOLGANG), graveur de Nuremberg, né en 1705, mort en 1761, a publié un ouvrage, dont il y a des éditions en plusieurs langues, intitulé, en allemand, *Vergnügungen, etc.;* en latin, *Deliciæ nat., etc.;* et en français, *Amusemens des yeux et de l'esprit, etc.;* en 6 vol. in-4. Nuremberg, 1760-1775.

KUHL (HENRI), jeune naturaliste, né à Hanau en 1797, mort en 1821 à Batavia, où, conjointement avec

21.

Van-Hasselt , il faisait des recherches zoologiques principalement pour le Musée de Leyde.

Beitræge zur Zoologie und vergleichenden Anatomie. Frankfurt am Mein , 1820 , 1 vol. in-4.

KUHL ET VAN HASSELT.
Lettres sur les Reptiles de Java (Bullet. univ. des Sciences, 1824, tome 2 , pages 79 , 570, 571, 574).

L

LABAT (J.-B. LE PÈRE), religieux dominicain.
Nouveau voyage aux Antilles, contenant l'histoire naturelle , etc. Paris , 1722, 6 vol. in-12, et 1742, 8 vol. in-12. — La Haye , 1724, 2 vol. in-4, fig.

LEGUAT (FRANÇOIS), protestant bourguignon, réfugié en Hollande.
Voyage et Aventures de F. Leguat et de ses compagnons en deux îles désertes des Indes orientales, avec la relation des choses les plus remarquables qu'ils ont observées dans l'île Maurice , à Batavia , au cap de Bonne-Espérance, etc. Londres, 1708, in-8, 2 vol.

LEPÉCHIN (IWAN), docteur en médecine adjoint à l'Académie des Sciences de Saint-Pétersbourg.
Descriptiones quorumdam animalium (Nov. Comment., Acad. Petropol., tome 14, part. I, pages 498-511).

Tagebuch der Reise durch verschiedene Provinzen des Russischen Reiches in den Jahren 1768 und 1769, traduit du russe en allemand, par Ch.-H. Hase. Altenburg , 1774, 2 vol. in-4, fig.

LESSON (RENÉ-PRIMEVÈRE), professeur à l'École de Médecine navale de Rochefort, membre correspondant de l'Académie des Sciences.

Observations générales sur les Reptiles observés dans le voyage autour du monde de la corvette la Coquille (Annales des sciences naturelles, 1828, page 269).

La partie erpétologique, dans le voyage de Bélanger aux Indes orientales, de 1825 à 1829. Paris, 1831 et suiv., vol. in-8, atlas grand in-4.

Reptiles qui font partie d'une collection zoologique recueillie dans l'Inde continentale ou en Afrique, par M. Lamarre-Piquot (Bullet. univ. des Sciences, tome 25, page 119).

Centurie zoologique. Paris, 1829 et suiv., fig. grav. color.

LESSON ET GARNOT ont rédigé la partie relative à l'*Erpétologie,* dans la relation du voyage autour du monde de la corvette la Coquille. Paris, 1829, in-4, atlas in-fol., fig. grav. col.

LEUCKART (FRÉDÉRIC-SIGISMUND).
Fragmens zoologiques. Helmstadt, 1819.

LICHTENSTEIN (HENRI), professeur à Berlin.
Verzeichniss der Doubletten des zoologischen Museums der Universitæt zu Berlin. Berlin, 1823. in-4. (Amphibien, pages 91-107).

La partie de ce catalogue relative à l'Erpétologie renferme quelques remarques critiques intéressantes, et la description de plusieurs espèces nouvelles.

LINDAKER (JOHANNE-THADDEUS).

Systematisches Verzeichniss der Bœhmischen Amphibien mit Beobachtungen Bœhmische (Gesellsch. der Wissenschaft. Abhandlung, tome 1, page 109).

LINNÆUS (CHARLES).

Fauna Suecica, 1 vol. in-8, prem. édit., Stockholm, 1746; deuxième édition, ibid., 1761; troisième par Retzius, Leipzick, 1800.

Museum Adolphi Frederici regis. Stockholm, 1754, 1 vol. in-fol. avec 33 pl.

Museum Ludovicæ Ulricæ reginæ. Stockholm, 1764, 1 vol. in-8.

Amœnitates Academicæ, recueil de thèses, en 10 vol. in-8, de 1749 à 1790.

LINOCIER (GEOFFROY).

Histoire des animaux à quatre pieds, des Oiseaux, des Poissons, des Serpens, etc. Paris, 1584, in-12, fig. en bois.

LOCHNER (MICHEL-FRÉDÉRIC ET JEAN-HENRI).

Rariora musei Besleriani commentata, illustrata à J.-H. Lochnero luci publicè commisit M.-F. Lochner. Nuremberg, 1716, in-fol., fig. (Rept., pl. 11, 12, 13, 14, 15, 16, 56, 59).

LUDOLPHI (JOB), ou LEUTHOLF.

Historia Æthiopica sive descriptio regni Habessiniorum. Francfort sur le Mein, 1681, in-fol., fig. (Les Reptiles, liv. 1, chap. 13).

M

MAGENDIE (FRANÇOIS), né à Bordeaux en 1785, médecin à Paris.

Mémoire sur plusieurs organes particuliers qui existent chez les Oiseaux et les Reptiles (Bullet. Société philomat., 1819, page 145).

MALPIGHI (MARCEL), médecin italien, né en 1628, mort en 1694.

Letter concerning some anatomical observations about the structure of the lungs of Frogs, Tortoises and perfecter animals, has also, etc. (Philosoph. Transact., 1671, tome 6, page 2149).

MARGGRAV DE LIEBSTADT (GEORGES), médecin et voyageur, né en 1610, mort en Guinée en 1644).

G. Marggravii historiæ rerum naturalium Brasiliæ libri octo. Amsterdam, 1648, in-fol.

C'est dans le sixième livre qu'il est traité des Reptiles.

MARSIGLI (LOUIS-FERDINAND).

Danubius pannonico-mysicus cum observationibus. Hagæ comitum, 1726 et suiv., 6 vol. in-fol.; traduit en français à La Haye, 1744, 6 vol. in-fol. Le tome 6 traite des Reptiles.

MARTIN SAINT-ANGE (GASPARD-JOSEPH), né à Nice en 1805, docteur en médecine de la Faculté de Paris.

Tableau de la circulation dans les quatre classes d'animaux vertébrés. Paris, 1832, in-fol., pl. grav. color.

MÉNESTRIÉS (ÉDOUARD), jeune naturaliste français, attaché au Musée de Saint-Pétersbourg.

Catalogue raisonné des objets de zoologie recueillis dans un voyage au Caucase et jusqu'aux frontières actuelles de la Perse, entrepris par ordre de S. M. l'empereur. Saint-Pétersbourg, 1832, 1 vol. in-4.

MERREM (BLAISE), né à Bremen, professeur d'histoire naturelle à Marpurg, déja cité comme auteur d'un système erpétologique particulier, a encore produit les deux écrits suivans :

Beitræge zur Naturgeschichte der Amphibien (Matériaux pour l'histoire naturelle des Reptiles), 5 cahiers formant 1 vol. in-4, fig. grav. col. Duisbourg et Lemgo, 1790.

Spicilegia Amphibiologica (Veteraviæ Annalen, tome 1).

MEYER (FRÉD.-ALB.-ANT.).

Synopsis Reptilium novam ipsorum sistens generum methodum, nec non Gottingensium hujus ordinis animalium enumerationem. Gottingæ, 1795, in-8.

MICHAHELLES.

Neue sudeuropæische Amphibien (Isis, 1830, page 806).

Ueber einige Dalmatische vertebrata die zugleich in Westlichen Orten vorkommenen (Isis, 1830, pag. 809).

MIKAN.

Delectus Floræ et Faunæ brasiliensis. Vindobonæ, 1820, in-fol.

MOLINA (JEAN-IGNACE), jésuite.

Essai sur l'histoire naturelle du Chili, traduit en français par Gruvel. Paris, 1785, in-8.

MULLER (OTTON-FRÉDÉRIC), savant naturaliste danois, né à Copenhague en 1730, mort dans la même ville en 1784.

Zoologiæ danicæ prodromus. Copenhague, 1776, in-8.

Zoologia danica. Copenhague et Leipzick, 1779-1784, 2 vol. in-8.

N

NEUWIED (LE PRINCE MAXIMILIEN DE).

Beitræge zur Naturgeschichte von Brazilien. Weimar, 1825 et suiv., 6 vol. in-8, fig. (Amphibia, tome 1).

Abbildungen zur Naturgeschichte von Brazilien (en allemand et en français). Weimar, 1822-1831, in-fol., fig. grav. col.

Reise nach Brazilien. Francfurt, 1820-1821, 2 vol. in-4 avec atlas.

NITZSCH (CHRÉTIEN-LOUIS), professeur à Halle.

Commentatio de respiratione animalium. Viterbergæ, 1807, in-4.

O

OLEARIUS (ADAM), voyageur, né en 1603, mort en 1671.

Die Gottorfische Kunstkemmer Worinnern aller-

hand ungemeine sachen; so theils die Natur, etc.
Jahrenbeschrieben, 1666, in-4 oblong.

OLIVIER (ANTOINE-GUILLAUME), né à Draguignan
en 1756, mort en 1814, membre de l'Académie des
Sciences.

*Voyage dans l'empire Ottoman, l'Égypte et la
Perse.* Paris, 1807, 5 vol. in-4 avec fig. grav.

OSBECK (PIERRE), élève de Linnæus, aumônier
d'un vaisseau suédois qui alla à la Chine en 1750.

Voyage dans les grandes Indes en 1750 (en suédois).
Stockholm, 1757, in-8 (traduit en allemand par Georgi).
Rostock, 1765, in-8.

P

PALLAS (PIERRE-SIMON), célèbre voyageur et grand
naturaliste, naquit à Berlin en 1741, et y mourut en
1811.

Spicilegia zoologica, 14 cahiers in-4. Berlin, 1767-
1780.

Miscellanea zoologica, 1 cahier in-4. La Haye,
1766.

*Reise durch verschiedene Provinzen des Russischen
Reichs.* Saint-Pétersbourg, 1771-1776, 5 vol. in-4. —
Traduit en français par Gautier de la Peyronie, Paris,
1788-1795, 5 vol. in-8. Ibid., 1794, 8 vol. in-8 avec des
notes de Langlès et de Lamarck. — En russe, Saint-
Pétersbourg, 1775, in-4.

Neue nordische Beitræge, etc. (nouveaux matériaux du Nord pour la géographie, etc.). Saint-Pétersbourg et Leipzick, 1781-1796.

Zoographia Russo-Asiatica, 5 vol. in-4, ouvrage que l'on n'a pu encore rendre public, parce que les cuivres en sont égarés. Néanmoins, l'Académie de Pétersbourg a bien voulu en accorder le texte à quelques naturalistes (1).

PANIZZA (BARTOLOMEO), professeur d'anatomie humaine à l'Université de Pavie.

Sopra il sistema linfatico dei Rettili ricerche zootomiche. Pavie, 1855, in-fol. avec 6 pl.

PENNANT (THOMAS), médecin et naturaliste anglais, né à Downing, le 14 juin 1726, mort le 16 décembre 1798.

British zoology. Chester, 1769, 1 vol. in-fol., fig.; et 4 vol. in-8 et in-4, fig.

Les Reptiles sont décrits et représentés dans le troisième volume.

Indian zoology, in-4.

Arctic zoology, in-4, 2 vol. Ouvrage incomplet, avec 12 planches coloriées.

The Indian Faunula. Londres, 1790, in-4, avec 16 planches.

PETIVER (JACOB), pharmacien et naturaliste anglais, mort le 20 avril 1718.

Musei Petiveriani centuriæ X, rariora continentes. Londres, 1695-1703, in-8.

Gazophylacii naturæ et artis decades. Londres, 1702, in-fol., avec 100 planches en cuivre.

PHILLIP (ARTHUR), Allemand, gouverneur de Botany-Bay pour les Anglais.

(1) CUVIER, Règne animal, tome III.

The Voyage of governor Phillip to Botany-Bay, *etc*. London, 1789, in-4, avec 55 pl. col.

La partie de cette relation relative à l'histoire naturelle a été rédigée par Latham.

Il en existe une traduction française sans planches. Paris, 1791, 1 vol. in-8.

PISON (GUILLAUME), médecin Hollandais du dix-septième siècle, accompagna le prince Maurice de Nassau, au Brésil, emmenant avec lui, pour l'aider dans ses recherches d'histoire naturelle, deux jeunes Allemands, Marggrav et Kranitz.

De Indiæ utriusque re naturali et medicinâ libri quatuordecim. Amsterdam, 1658, in-fol.

C'est la seconde édition d'un ouvrage qui avait déja paru en 1648, par les soins de Jean Laet, à la suite de l'Histoire naturelle du Brésil de Marggrav, où il portait le titre de : *De medicinâ Brasiliensi libri quatuor*.

PLUMIER (CHARLES), moine de l'ordre des Minimes, très savant naturaliste dans toutes les parties, né à Marseille en 1646, mort en 1704, au port Sainte-Marie, près de Cadix, au moment où il se préparait à faire, pour la quatrième fois, le voyage d'Amérique.

Outre les différens ouvrages de botanique que ce religieux a publiés, il a laissé une grande quantité de manuscrits qui étaient restés à la bibliothèque des Minimes de la place Royale, et qui sont déposés aujourd'hui à la bibliothèque nationale et à celle du Muséum d'histoire naturelle. La première collection, qui se trouve au cabinet des estampes *Ja*, 42-62, se compose de 21 vol. in-fol. et d'un in-4. Le seizième contient, avec une préface en latin, des dessins au trait, souvent fort exacts, d'animaux de diverses classes, parmi lesquels on remarque six Sauriens et un Serpent. En fait de Reptiles, il n'y a que des Ophidiens dans le dix-septième volume ; mais le vingt-unième, qui est intitulé *Tétrapodes*, renferme des portraits de Lézards et de Tortues. Des neuf volumes qui forment la seconde collection, celle qui fait partie de la bibliothèque du Jardin des Plantes, un seul offre encore quelques figures de Reptiles : c'est celui qui a pour titre : *Botanicum Americanum seu historia plantarum in Americanis insulis nascentium.* Enfin il existe un autre manuscrit de Plumier, qui est intitulé : *Zoographia Americana, pisces et volatilia continens, auctore R. P. C. Plumier,* dans lequel l'auteur a décrit et représenté, avec beaucoup d'autres animaux, et particulièrement des Poissons, plusieurs espèces de Chéloniens et de Batraciens, et donné l'anatomie du Crocodile d'Amérique, ainsi que celle d'une Tortue de mer. Mais on ignore ce qu'il est devenu à la vente des livres de Bloch, qui l'avait acheté dans un encan à Berlin, où, suivant M. Cuvier, il avait été porté par un Français au service de Prusse.

POURFOUR-DUPETIT, médecin, né à Paris, le 24 juin 1664, mort dans la même ville le 18 juin 1741.

Description anatomique des yeux de la Grenouille et de la Tortue (Mémoires de l'Académie des Sciences de Paris, 1755, page 142).

Q

QUOY (JEAN-RENÉ-CONSTANT), professeur à l'École de médecine navale de Rochefort, correspondant de

l'Académie des Sciences, est l'auteur, avec M. Gaimard, de la *Zoologie du voyage autour du monde
sur les bâtimens l'Uranie et la Physicienne*, de 1817
à 1820, *sous les ordres du capitaine Freycinet.* (Zoolog., 1 vol. in-4 avec atlas in-fol., 1824.)

R

RAFINESQUE SCHMALTZ (c.-s.), naturaliste
qui a long-temps habité la Sicile, et qui est maintenant établi aux États-Unis.

*Caratteri di alcuni nuovi generi e nuove specie di
animali e piante della Sicilia.* Palermo, 1810, 1 vol.
in-8 avec pl.

RATKE (JENS).
Beskrivelse over den Kneedrede Rooskilpadde
(Neue saml. ofdet norske Videnskaps selek. Sckrif.,
tome 1, page 255).

RAZOUMOWSKI.
Histoire naturelle du Jorat et de ses environs.
Lausanne, 1789, 2 vol. in-4, fig.

RETZIUS, naturaliste suédois, professeur à Lund,
en Scanie.
Auteur d'une édition fort augmentée du *Fauna
Suecica* de Linnæus.

RISSO (A.), naturaliste à Nice, de l'Académie de
Turin.
*Histoire naturelle des principales productions de
l'Europe méridionale et particulièrement de celles
des environs de Nice.* Paris, 1826, 5 vol. in-8 avec
figures.

Les Reptiles se trouvent dans le deuxième volume.

ROCHEFORT (N.), ministre protestant en Hollande.

Histoire naturelle et morale des Antilles de l'Amérique. Rotterdam, 1658.

ROUSSEAU (EMMANUEL), né en 1788, aide-naturaliste et chef des travaux anatomiques au Muséum d'histoire naturelle.

Anatomie comparée du système dentaire chez l'homme et les principaux animaux. Paris, 1827, in-8, 50 pl. grav., page 250, pl. 50.

RUPPEL (ÉDOUARD), naturaliste de Francfort.

Atlas zu der Reise in nordlichen Africa. Francfurt am Mein, 1827, in-fol.

La partie erpétologique de cet ouvrage est due à E. H. Van Heyden.

RUYSCH (HENRI), fils de Frédéric, célèbre anatomiste, mort avant son père.

Theatrum animalium. Amsterdam, 1718, 2 vol. in-fol.

Cet ouvrage est tout simplement une édition de celui de Jonston, à laquelle l'auteur a ajouté une copie des dessins de Poissons du Recueil de Renard et Valentin.

RYSTEDT (FRÉDÉRIC-MELCHIOR).

Fauna Americæ meridionalis. Dissert præsid. Thunberg. Upsaliæ, 1825, in-4.

S

SANDER (HENRI).

Beitræge zur Anatomie der Amphibien (In Seine klein schriften, 1 band., page 216.

SAVIGNY (JULES-CÉSAR), membre de l'Académie des Sciences.

Il a dirigé le dessin et la gravure des Reptiles (supplément) dans l'ouvrage de l'expédition française en Égypte.

SAY (THOMAS), naturaliste laborieux, établi aux États-Unis, qui sera souvent cité par la suite.

Notes on Erpetology (Silliman Journal of sciences, tome 1, page 256-265, 1818).

Notes on professor Green's paper on the Amphibia, published in the september number of the Journal of the Academy of natural Sciences of New-Yorck.

SCALIGER (JULES-CÉSAR), médecin italien, né en 1484, au château de Ripa dans le territoire véronnais, mort en France en 1558.

Exercitationum exotericarum libri XV de subtilitate ad Cardanum. Paris, 1557, in-8. — Francfort, 1592 et 1607, in-8.

Aristotelis historia de animalibus Scaligero interprete cum commentariis. Toulouse, 1619, in-fol.; publiée par les soins de Philippe-Jacques Moussar.

SCHEUCHZER (JEAN-JACQUES), médecin de Zurich, né en 1672, mort en 1733.

Historiæ naturalis Helvetiæ prolegomena. Zurich, 1700, in-4.

Οὐρεσιφοίτης *Helveticus, seu itinera Alpina tria, in quibus incolæ, animalia, plantæ, aquæ medicatæ, etc.; exponuntur et iconibus illustrantur.* Zurich, 1702, in-4. — Londres, 1706 ; Ibid, 1706, in-4.

Bibliotheca scriptorum historiæ naturalis omnium terræ regionum inservientium. Historiæ naturalis Helvetiæ Prodromus. Zurich, 1716, in-8 ; ibid, 1751, in-8.

Physica sacra iconibus æneis illustrata. Amsterdam, 1752, 5 vol in-fol.

Ce livre, qui est une explication de toutes les matières de physique et d'histoire naturelle qui se trouvent dans la Bible, intéresse l'erpétologie par le grand nombre d'espèces de Serpens qui y sont représentées.

SCHINZ (h.-t.), secrétaire de la Société d'histoire naturelle de Zurich.

Naturgeschichte und Abbildungen der Reptilien. Leipzick, 1833, 4 cahiers grand in-4.

Le même auteur a aussi traduit en allemand le règne animal de Cuvier.

SCHLEGEL.

Notices erpétologiques (Isis, tome 20, page 281).

SCHMIDT (franz-willibad).

Uber die Bœhmischen Schlangenarten (Abhandlungen der Bœhm. Gese., 1788, page 81).

SCHNEIDER (jean-gottlob), célèbre helléniste et naturaliste, né à Calm, près de Wurzen, en 1752, professeur à Francfort sur l'Oder, aujourd'hui à Breslau.

Amphibiorum physiologiæ specim. I et II. Zulli-chow, 1797, 2 cahiers in-4.

Amphibiorum naturalis et litterariæ fasciculus primus, continens Ranas, Calamitas, Bufones, Salamandras et Hydros, in genera et species descriptos notisque suis distinctos. Jenæ, 1799, in-8.

Fasciculus secundus, continens Crocodilos, Scincos, Chamæsauros, Boas, Pseudoboas, Elapes, Angues, Amphisbænas, Cæcilias. Jenæ, 1801, in-8.

SCHOTTI (P. GASPARD), jésuite.

Physica curiosa sive mirabilia naturalia. Paris, 1667, 2 vol. in-4

SCHWENKFELD (GASPARD), fondateur d'une secte religieuse, né en Silésie en 1490, mort à Ulm en 1561.

Theriotropheion Silesiæ, in quo animalium H. E. Quadrupedum, Reptilium, Avium, Piscium et Insectorum natura, vis et usus sex libris prestringuntur. Liegnitz, 1603, in-4. — Ibid, 1604, in-4.

SEBA (ALBERT), pharmacien d'Amsterdam, né en 1665, mort en 1756.

Locupletissimi rerum naturalium thesauri accurata descriptio et iconibus artificiosissimis expressio, per universam physices historiam. Amsterdam, 1734-1765, 4 vol. in-fol., avec 449 planches gravées, coloriées ou noires.

Cet ouvrage est un de ceux que les erpétologistes citent encore le plus souvent aujourd'hui, à cause du grand nombre de Reptiles et particulièrement d'Ophidiens qui s'y trouvent représentés.

Les figures, sans être fort exactes, sont néanmoins

assez reconnaissables, mais le texte étant écrit sans jugement ni critique, ne jouit d'aucune autorité.

SERRES (ÉTIENNE-RENAUD-AUGUSTIN), médecin en chef de la Pitié, membre de l'Académie des Sciences, né à Clayrac (Lot et Garonne), en 1780.

Anatomie du cerveau dans les quatre classes des animaux vertébrés, appliquée à la physiologie et à la pathologie. Paris, 1827, 2 vol. in-8, avec atlas in-4.

SHAW (THOMAS), théologien d'Oxford, mort le 15 août 1751.

Travels and observations relatives to several ports of Barbary and the Levant. Oxford, 1758-1746, in-fol., trad. en français. Lahaye, 1745, in-8.

SHAW (GEORGES), médecin anglais, aide-bibliothécaire du Musée britannique, mort en 1815.

Museum Leverianum, containing select specimens from the Museum of the late sir Aston Lever. London, 1792, in-4.

The naturalist's Miscellany. London, 1792 et suiv., in-4.

Nombreux Recueil de figures enluminées.

La plupart sont copiées, mais plusieurs aussi sont originales.

Zoology of New-Holland. London, 1794 et suiv., in-4.

Cet ouvrage est resté incomplet.

General Zoology. London, 1800 et suiv., 8 vol. in-8, avec des figures, la plupart copiées.

Le tome III, 1re et 2e partie, contient les Reptiles.

SLOANE (HANS), premier médecin du roi Georges I,

22.

président de la Société royale de Londres, né dans le comté de Down, en Irlande, le 16 avril 1660, mort en 1755.

A Voyage to the Islands Madera, Barbados, Nieves, Christophers and Jamaica, with the natural history of the herbs and trees, four footed beasts, Fishes, Birds, Insectes, Reptiles, etc., of the last of those Islands. London, 1707, 2 vol. in-fol. avec fig.

SONNERAT (PIERRE), naturaliste-voyageur, né à Lyon vers 1745, mort à Paris en 1814.

Voyage à la Nouvelle-Guinée. Paris, 1776, 1 vol. in-4 avec 120 pl.

Voyage aux Indes orientales et à la Chine, depuis 1774 jusqu'en 1781. Paris, 1782, 2 vol. in-4 avec 140 pl.

SONNINI DE MANONCOURT (CHARLES-NICOLAS-SIGISBERT), ingénieur, né en 1751, mort en Valachie en 1814.

Voyage dans la Haute et Basse-Égypte. Paris, 1799, 5 vol. in-8 avec un atlas de 40 pl.

SPARMANN (ANDRÉ), naturaliste et voyageur suédois, élève de Linnæus, né en 1748.

Voyage au cap de Bonne-Espérance, traduction française. Paris, 1787, 5 vol. in-8.

SPIX (JEAN), naturaliste bavarois, membre de l'Académie de Munich.

Species novæ Testudinum et Ranarum quas in itinere per Brasiliam annis 1817-1820 collegit et descripsit fasciculus. Monachii, 1824, in-4, pl. lithog., enluminées.

Species novæ Lacertarum, etc. Monachii, 1825, in-4, pl. lithog. enluminées.

Histoire naturelle des espèces nouvelles de Serpens, décrites d'après les notes du voyageur, par J. Wagler (en latin et en français). Munich, 1825, in-4, pl. lithog. enluminées.

STEDMANN (JEAN-GABRIEL), né en Écosse en 1748, mort à Tiverton en 1797.

Voyage à Surinam et dans l'intérieur de la Guyane.

STURM (JACOB), naturaliste et peintre allemand.

Deutschland Fauna. Nuremberg, 1807, 2 vol. in-8 avec d'excellentes figures.

Deutschland Fauna in Abbildungen nach der Natur mit Beschreibungen. Nurnberg, 1828, plusieurs cahiers in-12.

T

TOPSELL (EDWARD).

The history of four Beasts and Serpents. London, 1658, in-fol.

TOWNSON (ROBERT).

Observationes physiologicæ de Amphibiis : pars prima, de respiratione. Gœttingæ, 1794, in-4, fig.

Idem, *De respiratione continuatio, accedit, part.* 2, *de absorptione, fragmentum.* Ibidem, 1795, in-4, figures.

TREVIRANUS (G.-R.).

Sur les hémisphères postérieurs du cerveau des Oiseaux, des Amphibies et des Poissons (en allemand). (Dans le Zeitschrift fur Physiologie, par Tiedemann et Treviranus, tome 4, page 59, fig. 1 et 4, 1852.)

V

VALENTINI (MICHEL-BERNARD), médecin et naturaliste, né à Giessen en 1657, mort dans la même ville
en 1729.

Amphitheatrum zootomicum. Gissæ, 1720, in-fol.

VALENTYN (FRANÇOIS), pasteur à Amboine.

*Description de l'Inde orientale ancienne et nou-
velle.* Amsterdam, 1724-1726, 5 vol. in-fol.

De la page 262 à la page 297 du tome 3, on trouve
des détails sur les animaux.

VALMONT DE BOMARE (JACQUES-CHRISTOPHE),
né à Rouen en 1731, mort en 1807.

Dictionnaire d'histoire naturelle. Paris, 1765, 5 vol.
in-8. — Yverdun, 1768-1770, 6 vol. in-8. — Paris, 1775,
9 vol. in-8, et 1791, 15 vol. in-8.

VANDELLI (DOMINIQUE), naturaliste italien, directeur du cabinet de Lisbonne.

Floræ et Faunæ et Lusitanicæ Specimen (Memorias
da Academia real das Sciencias de Lisboa, tome 1, 1780-
1788. Lisboa, 1797, in-4.

VANDER HOEVEN (JEAN), professeur à Leyde.

*Handboek der Dierkunde, of Grondbeginsels der
naturlyke geschiednis von Het Dierenrijk.* Amsterdam, 1833, 1 vol. in-8 avec atlas.

Les Reptiles, de la page 270 à la page 550.

VOIGT (GOD.).

*Traduction en allemand de la seconde édition du
Règne animal de Cuvier.*

W

WAGLER.

De rebus naturalibus ac medicis quorum in scripturis sacris mentio fit. Helmstadt, 1681, in-4.

WAGLER (JEAN), auteur du système naturel des Amphibies (en allemand), dont nous avons donné un extrait dans ce volume, page 286.

Icones et descriptiones Amphibiorum. Munich, 1850, 2 cahiers in-fol.

Cet ouvrage est resté incomplet par la mort de l'auteur.

Explication des planches d'erpétologie contenues dans les deux premiers volumes du cabinet de Séba, avec des remarques critiques (Isis, 1833, 9ᵉ cahier, page 885).

WALCOTT (JOHN).

The figures and description exotic of animals comprised under the classes Amphibia and Pisces of Linnæus. London, 1788, 46 feuilles, fig. grav.

WATSON (FRÉDÉRIC).

The animal world displayed. London, 1754, 1 vol. in-8, fig.

WEISS (EMMANUEL).

Mémoire sur le mouvement progressif de quelques Reptiles (Académie helvétique, tome 5, page 575).

WHITE (JEAN), chirurgien de l'établissement anglais de Botany-Bay.

Journal of a voyage to new South Wales. London, 1790, 1 vol. in-4 avec 65 pl.

Il paraît que la partie zoologique de cet ouvrage a été rédigée par Jean Hunter, le célèbre anatomiste.

Dans la traduction française qu'on en a publiée, Paris, 1795, 1 vol. in-8, on a ajouté des notes inutiles, et supprimé l'histoire naturelle et les planches.

WIEDEMANN (GUILLAUME-RODOLPHE-CHRÉTIEN), habile anatomiste et chirurgien, né à Brunswick en 1770.

Archiv für Zoologie und Zootomie. Berlin, 1800-1805, 4 vol. in-8.

WIEGMANN (A.-F.).
Matériaux pour l'erpétologie (Isis, 1828, tome 22, page 564).

On trouve l'extrait de ce mémoire dans le Bulletin des sciences naturelles, tome 17, page 293, n. 835.

Zoologische Notizien (Isis, 1831, page 282).

WINDISCHMANN (CARL.).
De penitiori auris structurâ in Amphibiis. Bonæ, 1831.

WOLFF.
Abbildungen und Beischreibung merk vurde Naturgeschichte Gegenstende.

WORMIUS (OLAUS), célèbre médecin et littérateur danois, né à Arhusen, dans le nord du Jutland, le 15 mai 1588, mort en 1654.

Museum Wormianum, seu Historia rerum rariorum tàm naturalium quàm exoticarum, quæ Hafniæ Danorum in ædibus autoris servantur, variis et accuratis, iconibus illustrata. Leyde, 1655, in-fol.

WULF (JEAN-CHRISTOPHE).
Ichthyologia Borussica, cum Amphibiis. Regiomonti, 1765, in-8.

LIVRE TROISIÈME.

DE L'ORDRE DES TORTUES OU DES CHÉLONIENS.

CHAPITRE PREMIER.

DE LA DISTRIBUTION MÉTHODIQUE DES CHÉLONIENS EN FAMILLES NATURELLES ET EN GENRES.

Les Reptiles dont nous allons exposer l'histoire ont une organisation si complètement différente des autres animaux de la même classe, qu'on en a formé avec raison, et au grand avantage de la science, un ordre tout-à-fait distinct. Toutes les espèces connues avaient été réunies d'abord en un seul genre par Linné ; mais en observant avec plus de soin celles qu'on a successivement recueillies, en les comparant entre elles, on a bientôt reconnu qu'elles différaient beaucoup pour les formes, la structure, les habitudes et les mœurs. On a donc été conduit à les distribuer en un assez grand nombre de genres, qui ont été eux-mêmes rapportés à quatre petites familles correspondantes à trois des divisions principales déjà indiquées par Aristote et par Linné, d'après la configuration des pattes, et le genre de vie qui en résulte, ou auquel elles semblent être destinées. Les espèces qui habitent la mer, et qui ne peuvent pas marcher, ayant les pattes inégales en longueur, aplaties en nageoires et les doigts solidement réunis en une sorte de palette ; les Tortues aquatiques, des fleuves ou d'eau douce, dont les pattes sont palmées, à doigts distincts, mobiles, garnis d'ongles pointus, mais réunis entre eux, au moins à la base, par des membranes ; et enfin les Tortues terrestres, proprement dites, dont les pattes sont arrondies, comme tronquées ou terminées par un moignon au pourtour duquel on aperçoit seulement les étuis de corne qui correspondent aux extrémités des doigts, qu'ils enveloppent comme des sabots.

Déja Klein avait proposé de réunir tous ces animaux sous le nom général de *Testudinata,* expression latine que quelques auteurs ont conservée depuis sous celle de Testudinoïdes. Cependant c'est à M. Alexandre Brongniart qu'on doit la dénomination actuellement adoptée par la plupart des naturalistes. Dans cette nomenclature les quatre ordres principaux de la classe des Reptiles ont été désignés par des noms empruntés de la langue grecque, et qui correspondent à l'un des genres principaux que chacun d'eux comprend. C'est ainsi que le terme de CHÉLONIENS est dérivé de l'expression employée par Aristote pour désigner les Tortues (1).

Afin de faire mieux saisir les détails de mœurs et d'organisation que les animaux de cet ordre pourront nous offrir dans les généralités par lesquelles nous croyons devoir faire précéder l'histoire des Chéloniens, nous avons pensé qu'il serait utile de rappeler d'abord leurs caractères généraux et essentiels, en les met-

---

(1) ARISTOTE, Histoire des Animaux, liv. II, chap. 47. Χελώνη, χερσαία, θαλαττία, καὶ ἐμὺς.

tant en parallèle ou en opposition avec ceux qu'on
a assignés aux animaux des autres classes. Nous
indiquerons ensuite les motifs pour lesquels on a cru
nécessaire de diviser les Chéloniens en groupes naturels, ou en familles, dont les formes et les habitudes
sont, pour ainsi dire, dénotées par quelques caractères
extérieurs. Enfin pour avoir occasion de citer utile-
ment des exemples dans les modifications des parties
que peuvent présenter quelques espèces rapportées à
certains genres, et d'accoutumer d'avance aux dénominations employées pour désigner ceux-ci, nous
commencerons par exposer l'analyse détaillée de cette
distribution méthodique, en nous bornant cependant
à l'indication des caractères les plus importans, dont
nous finirons l'examen par un résumé qui se réduira
en une sorte de tableau synoptique.

On peut distinguer les Chéloniens de tous les autres
animaux vertébrés, en voyant le double bouclier constitué chez eux par les os extérieurs de l'échine, des
côtes et du sternum, qui sont presque à nu, et qui,
dans la région du tronc, ne permettent ordinairement
de mobilité qu'à la tête, au cou, à la queue et à une
grande portion des membres. Cependant, au premier
aperçu, ces animaux semblent liés aux vertébrés des
trois autres classes.

D'abord ils ressemblent à quelques Mammifères,
comme aux Tatous, aux Chlamyphores, aux Pangolins,
dont la peau, soit osseuse, soit garnie d'écailles épaisses,
devient également une cuirasse qui sert de refuge et d'a-
sile protecteur à l'animal au moment du danger. Mais
tous sont des Mammifères vivipares ; ils ont les os de
leur échine libres, non soudés aux côtes; et tous les
autres caractères de la classe, ceux qui sont tirés de la

présence des mamelles, du diaphragme, du mode de circulation, etc.

Quelques analogies dans l'organisation intérieure peuvent aussi lier les Chéloniens aux Oiseaux, dont ils s'éloignent évidemment par le genre de vie, les tégumens, le mode de respiration, de circulation. Il faut reconnaître en effet qu'il existe des rapports de structure dans la disposition et le jeu des mâchoires, la mobilité des vertèbres du cou, la soudure de celles du dos et des lombes, l'élargissement du sternum, la manière dont les os de l'épaule se joignent entre eux pour fournir une articulation au bras, et surtout par le mode de fécondation et de reproduction ovipare.

Parmi les Poissons, qui tous ont des branchies, et qui par là s'éloignent si évidemment des Tortues, il y a cependant quelques espèces, comme les Coffres ou Ostracions, les Loricaires, et les Hypostomes, dont tout le corps est protégé par des plaques osseuses, souvent soudées entre elles, et qui ne laissent de mouvement possible qu'aux parties qui font l'office de nageoires.

C'est seulement aussi sous le rapport de l'enveloppe solide, destinée à protéger le corps, que les Chéloniens semblent avoir quelques ressemblances, mais bien éloignées, avec plusieurs classes d'animaux invertébrés tels que les Crustacés, les Échinodermes et les Insectes dont les croutes calcaires ou cornées sont destinées à fournir des attaches aux organes du mouvement et à garantir les parties molles qui appartiennent à l'organisation intérieure.

Il est plus important de rappeler ici les caractères principaux, et en assez grand nombre, qui distinguent l'ordre des Tortues, des trois autres groupes d'animaux rangés dans cette même classe des Reptiles ; d'abord de tous les autres genres par la structure de leur squelette, dont les pièces qui constituent le tronc sont extérieures. Les vertèbres du dos, des lombes et du bassin étant soudées et solidement articulées, non seulement entre elles, mais avec les côtes et quelquefois avec le sternum, par de véritables sutures, ou unies par cette sorte d'engrenage que l'on nomme *synarthrose* ; le tout forme ainsi une sorte de boîte, de coffre solide, une carapace (*clypeus*), une voûte résistante, osseuse, sous laquelle peuvent se retirer, le plus souvent, en avant la tête et le cou, en arrière la queue, et sur les parties latérales les quatre membres. La partie inférieure du corps est également protégée par des pièces osseuses, correspondantes à un sternum, dont l'ensemble porte le nom de plastron (*pectorale*).

Cet ordre des Chéloniens diffère ensuite de ceux dans lesquels on a réuni les Sauriens et les Ophidiens, qui ont toujours les mâchoires armées de dents ou de pièces osseuses à nu. Quelques Sauriens cependant, comme les Crocodiles, semblent lier les deux ordres par plusieurs ressemblances dans l'organisation et les mœurs et surtout par les parties destinées à la reproduction ; en outre, quelques Chéloniens, à cou très gros et à queue très longue, comme l'Émysaure et les Chélydes, semblent former un anneau de cette liaison.

Quant aux Serpens, l'absence totale des membres, des paupières et du tympan, les organes de la reproduction doubles chez les mâles, établissent des dissemblances telles, qu'on ne pourrait les confondre ; il faut cependant avouer que la tête, par sa forme aplatie, la disposition des yeux et surtout par la longueur du cou, permet de comparer plusieurs espèces de la sous-famille des Pleurodères, les Chélodines par exemple, avec quelques espèces de Couleuvres.

Pour les Batraciens, il suffira de rappeler le défaut de métamorphose, l'absence absolue des ongles et des écailles, la brièveté des côtes, et surtout le mode de reproduction par lequel les œufs, à coque molle, sont presque toujours fécondés hors du corps de la mère, les mâles étant même privés d'un organe extérieur de la génération. Voilà un grand nombre de caractères propres à les distinguer d'avec les Chéloniens. Il y a cependant parmi les Anoures les genres Pipa, Cératophrys et Hémiphracte, qui par la nudité du corps, la forme de la bouche et des narines, les plaques osseuses qu'on observe sur leur dos, offrent une sorte de rapports avec les espèces de Chéloniens qui appartiennent aux genres Trionyx et Chélyde.

Avant de faire connaître avec détails, comme nous en avons l'intention, l'organisation toute particulière des animaux de cet ordre, nous croyons devoir indiquer les motifs qui ont engagé les naturalistes à rapprocher certaines espèces pour en établir des genres dont les formes et les habitudes étaient à peu près les mêmes; et ensuite comment ces genres ont pu être heureusement groupés, ou distribués en familles naturelles; puisqu'on a obtenu par ce procédé un moyen commode et utile d'en faciliter l'examen, et même d'en abréger l'étude, en la rendant plus complète.

La première observation a dû naturellement se diriger sur les différences que présentent les pattes des Chéloniens, dans leurs formes générales et dans la

disposition particulière des doigts qui les terminent ;
car c'est là que se trouvent, pour ainsi dire, inscrites les
habitudes et la manière de vivre des animaux, surtout
parmi ceux qui ont les os de l'échine à l'intérieur. On
a aussitôt reconnu que toutes les espèces de cet ordre
pouvaient être partagées en deux grandes sections pri-
mitives. Que dans l'une venaient se ranger toutes les
espèces dont les doigts sont tellement enveloppés par
la peau, que leurs mouvemens particuliers deviennent
impossibles ou qu'ils sont du moins excessivement
gênés ; que dans l'autre, au contraire, on pouvait placer
les espèces dont les doigts sont libres, et faciles à distinguer par la mobilité de leurs articulations.

Quand les doigts, qui constituent la plus grande
partie de chacune des pattes, sont à peu près privés
de mouvement, l'animal ne peut guère se servir des
membres que pour transporter la totalité de son
corps. Cette circonstance est très fâcheuse pour les
espèces qui vivent constamment et uniquement sur
la terre. Par cela même que les pieds, en proportion
de la grosseur et du poids relatifs du corps qu'ils supportent, sont faibles, courts et peu étendus, leur progression devient excessivement lente et difficile ; et en
effet leurs pattes ressemblent tout-à-fait aux pieds des
Éléphans, avec cette différence que les paumes ou les
plantes en sont moins molles, et que l'animal ne marche guère que sur les bords du limbe, dont le pourtour se trouve garni de lames, de pointes, ou de sabots
de corne qui indiquent à peu près la position des dernières phalanges. Telle est en effet la structure et le
caractère principal qui distinguent la première famille des Chéloniens, les véritables Tortues terrestres,

que l'on a nommées aussi CHERSITES (1), dont la carapace est très bombée et quelquefois même aussi
élevée en hauteur qu'elle présente de largeur.

Quoique l'immobilité presque absolue des doigts
soit un grand obstacle pour la marche, il n'en est pas
de même pour la natation. Aussi, malgré que les espèces de Chéloniens, qui atteignent les plus grandes
dimensions, soient à peu près dans ce cas, et que
leurs pattes soient aplaties, déprimées, étalées comme
des rames, ou des palettes allongées, on retrouve dans
leur structure, les os du poignet et du tarse et ceux
qui sont intermédiaires aux phalanges qu'on y rencontre elles-mêmes, mais sous une forme tellement
comprimée qu'on aurait peine à la reconnaître. Ces
espèces vivent toutes au milieu des mers ; elles ne
s'approchent des rivages que pour y pondre, et là leur
progression est des plus pénibles. D'abord leurs pattes
sont d'inégale longueur; elles sont si peu propres à
s'accrocher, que si l'animal est renversé sur le dos,
il éprouve la plus grande difficulté et souvent une
impossibilité absolue, pour se redresser et se replacer
sur le ventre. En général dans les espèces qui appartiennent à cette famille qu'on appelle les marines, ou
les THALASSITES (1), la carapace est très large, peu
bombée et cordiforme.

Toutes les autres espèces de Chéloniens laissent
apercevoir dans l'épaisseur de leurs pattes, la présence des doigts dont les phalanges sont mobiles,
quoiqu'elles soient réunies entre elles, le plus souvent,
par des membranes. Ces Tortues marchent, et le plus

---

(1) Χερσαῖος, χερσαινος, terrestre ; *in locis incultis nascens aut degens.*
(1) Θαλάσσιος, θαλάττιος, marin ; *in mari frequens.*

souvent nagent avec assez de facilité. Elles forment deux familles tout-à-fait distinctes par la structure générale, et par les habitudes.

Dans l'une, les mâchoires, dont les os sont presque à nu, sont recouvertes par un repli de la peau, qui remplit l'office de véritables lèvres charnues, exemple unique dans la classe des Reptiles. Chez toutes les espèces la carapace et le plastron sont recouverts d'une peau lisse, molle, coriace et tout-à-fait à nu. Le corps est fortement déprimé, et les bords en sont en général mous et flexibles. Le sternum est joint à la carapace par un cartilage : les pattes sont très aplaties, elles renferment cinq doigts, dont trois seulement sont armés d'ongles longs, droits et solides, ce qui les a fait d'abord désigner sous le nom de Trionyx. Toutes les espèces connues jusqu'ici vivent dans les grands fleuves des pays chauds; c'est pourquoi on les a nommées les Fluviales ou POTAMITES (1).

Enfin dans la seconde et dernière famille on a rangé un très grand nombre de genres, qu'on a même subdivisés en deux sous-familles, pour en faciliter l'étude. Tous ayant les doigts distincts et mobiles, à plus de trois ongles, ont aussi les mâchoires cornées et dépourvues de lèvres charnues. Comme les pattes sont munies d'ongles crochus, elles servent en général à la marche; mais de plus elles sont propres à faciliter le nager, car les doigts sont réunis entre eux par une membrane plus ou moins lâche; c'est ce qu'on nomme des pattes palmées. Toutes ces espèces peuvent vivre sur la terre et dans l'eau, recherchent les lieux humides, aquatiques, les marécages, ou les

---

(1) Ποτάμιος, ποταμὸς, fluvial, fleuve. *Fluvialis, amnicus.*

bords des petites rivières. La plupart plongent et nagent avec facilité, c'est ce qui leur a valu le nom de Paludines, ou d'ÉLODITES (1).

Comme nous venons de le dire, cette division réunit un très grand nombre d'espèces qui ont pu être facilement distribuées en deux sous-familles, d'après la manière dont la tête et le cou de ces animaux se placent entre la carapace et le plastron, au moment où la rétraction s'en opère, ainsi que celle des membres. La forme générale de la tête et la disposition des yeux se joignent encore pour autoriser cette sorte de distinction.

Dans l'une des sous-familles en effet, celle qu'on nomme les CRYPTODÈRES (2), ou à cou caché, la tête est conique, très élevée, souvent quadrangulaire, les yeux sont latéraux, le cou n'est pas très long, et il se brise ou se plie, pour ainsi dire en Z, pour faire rentrer la tête dans la ligne moyenne, au devant de la carapace, qui est peu échancrée sur les côtés.

Dans l'autre sous-famille, celle des PLEURODÈRES (3), ou à cou sur le côté ; la tête est généralement aplatie, déprimée, les yeux sont en dessus et quelquefois presque verticaux ; l'intervalle entre la carapace et le plastron est fort étendu dans le sens de la largeur, et a peu de hauteur verticale, et c'est dans cet intervalle que vient se loger le cou, en général allongé et aplati, qui se courbe et se contourne dans le sens horizontal.

---

(1) Ἕλος, marais; ἐλώδες, *in paludes qui versatur.*

(2) Κρυπτὸς, caché; *occultus, abditus, tegendus;* δείρη, cou; *collum anterius, cervix.*

(3) Πλευρὸν, de côté; *ad latus;* δείρη, cou.

Voilà donc quatre grandes familles dont les caractères sont assez nettement prononcés ; mais, d'après l'examen que nous venons d'en faire, l'ordre naturel n'est point indiqué, et les rapports que les espèces peuvent avoir les unes avec les autres et même avec celles des ordres qui suivent, ne seraient pas conservés. C'est pour obvier à cet inconvénient du système, que nous placerons dans l'ordre qui va suivre, l'énumération de ces familles et des genres qui s'y rapportent.

D'abord les Tortues terrestres, les véritables Tortues ou Chersites : la conformation de celles-ci conduit, d'une manière presque insensible, aux formes de plusieurs espèces aquatiques ou Élodites, par le genre qu'on a nommé Cistude, et qui est rapporté à la sous-famille des Cryptodères. L'un des genres placé le dernier dans ce groupe, mène également à la sous-famille des Pleurodères ; parmi celles-ci les Matamatas ou Chélydes, dont la carapace est très déprimée et dont les mœurs sont tout-à-fait aquatiques, les os des mâchoires presque à nu et le nez prolongé en trompe, semblent faire le passage aux Tortues molles ou Trionyx, autrement dites des fleuves ou Potamites. Enfin celles-ci ont beaucoup de rapports de mœurs et d'habitudes avec les Tortues marines, ou Thalassites, qui elles-mêmes, comme nous le dirons quand nous traiterons des Chélonées, paraissent avoir quelques ressemblances dans leur organisation avec les premiers Sauriens, ceux de la famille des Crocodiles.

Les Chersites, ou Tortues terrestres, ont pour caractères essentiels les particularités suivantes : 1_o les pattes courtes, arrondies en moignon, dont les doigts ne sont point distincts en dehors; $2°$ les mâchoires

23.

nues, cornées, tranchantes ou dentelées; 3° le tympan
visible; 4° les yeux latéraux, à paupière inférieure
plus haute que la supérieure; 5° la langue papilleuse.

Par toutes ces notes, les animaux de cette famille
diffèrent de ceux des trois autres groupes principaux.

D'abord des Thalassites, qui ont aussi les doigts immobiles, mais dont les pattes sont aplaties en nageoires. Ensuite des Potamites et des Élodites, dont les
doigts sont distincts et mobiles, surtout dans leurs
dernières articulations. Les mâchoires cornées et à nu
les éloignent des Potamites, qui ont les os à découvert
et des lèvres charnues. Le tympan visible les sépare
des Tortues marines et fluviales, chez lesquelles l'o-
reille est cachée sous la peau du crâne. La position des
yeux et la forme des paupières les fait reconnaître
d'avec les Élodites Pleurodères, qui ont, comme les
Cryptodères, les paupières à peu près égales en hauteur, les yeux étant verticaux chez les premières, ou
placés obliquement en dessus, comme dans les Potamites. Les papilles de la langue, dans ces espèces terrestres, offrent un caractère qui les éloigne des Élodites, chez lesquelles elle est lisse, quoique formant
des plis longitudinaux, et des Potamites, qui l'ont également unie à la surface et amincie sur les bords. La
forme de la carapace, qui est fort élevée, sert encore à
les distinguer de prime-abord des Thalassites, des
Potamites et de la plupart des Pleurodères; comme la
rétractilité de la tête et du cou sert à les faire reconnaître d'avec les Thalassites et d'avec ces mêmes Élodites à cou contourné et à carapace déprimée.

Les genres qu'on a jusqu'ici ralliés à la famille des

Chersites, présentent quelques caractères essentiels qu'on peut résumer ainsi : tous, à l'exception d'un seul genre, ont les pattes antérieures à cinq doigts distincts; ils sont en même nombre aux pattes postérieures, cependant on n'y voit réellement que quatre ongles. Parmi ces espèces, le plastron présente deux différences; ainsi il est mobile ou offre une sorte d'articulation en devant dans le genre *Pyxis*, tandis que toutes les pièces du sternum sont solidement soudées entre elles dans deux autres genres voisins, celui des *Tortues* proprement dites, dont la carapace est également formée d'une seule pièce, et celui des *Cinixys*, dont le bouclier offre une mobilité notable dans sa partie postérieure. Le seul genre des *Homopodes* n'a que quatre doigts à toutes les pattes, et chacun d'eux est garni d'un ongle (1).

Les Tortues qui vivent dans les lieux humides ou marécageux, et que nous désignons sous les noms de Paludines ou d'Élodites, peuvent être caractérisées d'une manière générale par les dispositions particulières des organes que nous allons énumérer : 1º les pattes plus ou moins étalées, à doigts au nombre de cinq, mobiles, le plus souvent réunis par des membranes ou palmés; 2º les mâchoires presque constamment cornées, tranchantes et à nu; 3º le tympan visible; 4º les yeux à paupières d'égale hauteur; 5º la langue à surface lisse; mais présentant des plis longitudinaux.

Ainsi les Tortues de cette famille se distinguent par

---

(1) L'ordre naturel semble devoir faire placer ces genres dans la série suivante : 1 Tortue (*Testudo*) ; 2 Cinixys; 3 Pyxis; 4 Homopode (*Homopus*).

les pattes, des Thalassites qui les ont en rames, et des Chersites, chez lesquelles les pieds sont semblables à ceux des Eléphans; le nombre de leurs ongles les éloigne des Potamites, qui n'en ont que trois, et dont les mâchoires sont osseuses, bordées par des sortes de lèvres. Le tympan distinct les fait séparer tout à la fois des Thalassites et des Potamites, qui l'ont caché. La hauteur à peu près semblable dans l'une et l'autre paupière externe sert encore à les distinguer des Chersites et des Thalassites; enfin la langue lisse à sa superficie; plissée en longueur et d'égale épaisseur, les fait mettre à part des Chersites, qui l'ont papilleuse, et des Potamites, qui l'ont beaucoup plus mince sur les bords.

Cette famille réunit beaucoup de genres qui forment réellement deux groupes naturels de sous-familles, dont la première distinction peut être faite par la simple inspection de la forme de la tête, de la situation des yeux, et par la manière dont cette tête et le cou qui la supporte se trouvent placés sous la carapace, quand l'animal en opère la rétraction.

En effet, chez les uns, la tête est conique, quelquefois presque aussi haute que large; les yeux sont alors placés sur les parties latérales, ou tout-à-fait de côté; le cou qui la supporte est court, gros, arrondi, enveloppé d'une peau lâche, non adhérente, qui forme autour de la tête une sorte de palatine engaînante, au moment où l'animal la retire sous la partie antérieure, dans la région moyenne de la carapace, et entre les pattes. De sorte que le cou, comme rompu et plié en Z, et la majeure partie de la tête se trouvent tout-à-fait cachés : ce qui leur a fait donner, comme nous l'avons dit, le nom de Cryptodères.

Chez les autres, la tête est plus large que haute ; elle est déprimée, les mâchoires sont en général beaucoup plus larges, moins cornées, et l'ouverture de la bouche est proportionnellement plus étendue ; les yeux sont plus rapprochés de la ligne médiane vers le dessus de la tête ; le cou est long, souvent très gros, légèrement déprimé pour venir se placer entre la carapace et le plastron, en se contournant latéralement au lieu de se briser, de se courber de haut en bas dans le sens de son axe longitudinal ; la peau qui le recouvre est adhérente aux muscles, et suit les mouvemens de la série des vertèbres. Tels sont les Pleurodères.

On s'est servi de la différence que présente la mobilité du plastron dans la première sous-famille, pour la subdiviser en genres. Parmi les espèces dont le sternum est formé de pièces articulées les unes sur les autres, il en est qui n'ont qu'une seule portion mobile, et c'est en avant du côté de la tête. Tel est le genre *Sternothère*, chez lequel on a d'ailleurs observé que chaque patte est armée de cinq ongles. Deux autres genres ont en outre la partie postérieure du sternum mobile, tantôt sur une seule et même charnière, tel est le genre *Cistude ;* tantôt les deux pièces mobiles du sternum se meuvent sur une troisième qui est fixe ; de sorte qu'il y a réellement deux charnières distinctes : c'est ce qu'on remarque dans le genre *Cinosterne.* Les autres espèces de Cryptodères ont le plastron formé d'une seule plaque non mobile ; tantôt il est étroit, prolongé dans la longueur, et traversé par une bande qui se porte vers la carapace ; de sorte que la tête, les pattes et la queue, qui est très longue, ne sont pas cachées par la carapace ; tel est le genre *Émysaure.* Tantôt ce plastron est large et ovale : c'est ce qu'on observe dans les

deux genres des *Émydes* et des *Podocnémydes*, dont
les plaques que l'on voit sous le sternum varient pour
le nombre, étant de douze chez les premières et de
treize chez les secondes (1).

La seconde sous-famille, celle des Pleurodères, a
fourni dans le nombre des ongles dont les pattes sont
armées, un moyen de séparer de suite les espèces qui,
avec d'autres caractères, n'ont présenté en particulier
que quatre ongles à tous les pieds : tel est le genre *Chélodine*. Les autres en ont cinq : tantôt aux pattes de
devant et à celles de derrière, comme les espèces du
genre *Pentonyx*; tantôt aux pattes antérieures seulement, car il n'y en a que quatre postérieurement ;
mais chez celles-ci, ou bien les narines sont prolongées
en une sorte de tube ou de trompe, comme dans le
genre *Chélyde* ou Matamata , et la tête est plate, considérablement déprimée, bordée de franges; ou enfin
les narines sont simples, le museau est arrondi, et
c'est alors le genre *Platémyde* (2).

Les Tortues qui ne vivent que dans les grands fleuves des pays chauds de l'Asie, de l'Afrique et de
l'Amérique, et que l'on a rangées dans la famille des
Potamites, sont tout-à-fait distinctes, par leurs formes et par leurs mœurs, de toutes les autres espèces
de l'ordre des Chéloniens. Voici leurs principaux caractères : d'abord leur carapace osseuse est cachée

---

(1) Voici l'indication de la série naturelle des six genres qui composent cette sous-famille : 5 Cistude; 6 Émyde ; 7 Émysaure; 8 Cy-
nosterne ; 9 Podocnémyde ; 10 Sternothère.

(2) C'est dans l'ordre suivant que ces genres paraissent devoir
être rangés pour former une série naturelle : 11 Platémyde; 12 Chélodine; 13 Pentonyx; 14 Chélyde.

sous une peau molle, nue, sans écailles, à bords libres et flexibles, détachés du sternum; secondement, la tête est revêtue d'une peau molle, sans apparence de tympan au dehors; les narines sont prolongées en une sorte de boutoir; les yeux sont obliques, presque verticaux; les mâchoires sont presque à nu, garnies en dehors de replis de la peau, qui simulent des sortes de lèvres flottantes et mobiles; la langue est épaisse, amincie sur les bords; le cou est long, cylindrique, rétractile, à peau lâche, non adhérente; enfin les membres aplatis et recouverts d'une peau sans aucune écaille, étant composés de cinq doigts, n'ont réellement que trois ongles, très forts, très solides, légèrement convexes en dehors, quoique presque droits, et ils sont canaliculés en dessous, suivant leur longueur. Ces ongles sont si remarquables qu'ils avaient fait donner au premier genre, qu'on a bien décrit, le nom de Trionyx, et que la famille a pu être désignée sous celui de *Trionychidées*.

Toutes les particularités que nous venons d'énumérer suffisent pour faire distinguer cette famille de tous les autres genres; les pattes palmées, à trois ongles, les séparent des Chersites qui les ont en moignon arrondi, et des Thalassites qui les offrent allongées en palettes. Les lèvres charnues qui garnissent les mâchoires, les dénotent, à la première inspection, comme étant différens de tous les Chéloniens. Cependant cette famille forme évidemment la transition naturelle des Élodites, d'un côté par la Chélyde ou Matamata, qui a les os des mâchoires presque à nu, la carapace molle et presque flexible, le nez prolongé en tube; et d'un autre côté, avec les Thalassites, et en particulier avec le genre Sphargis, par la nudité de la carapace et la vie tout-à-fait aquatique.

Deux genres seulement appartiennent à cette famille; ils ont entre eux la plus grande analogie; cependant la conformation du plastron est assez différente; puisque dans l'une les pattes ne sont pas rétractiles et ne peuvent être cachées entièrement sous la carapace, ce sont les *Gymnopodes*, ou le premier genre indiqué sous le nom de Trionyx.

Dans le second genre, les pattes peuvent se retirer sous le plastron, dont la peau offre quatre ouvertures recouvertes chacune d'une portion de peau libre, qui fait l'office d'un opercule, de sorte que l'animal peut rétracter toutes les parties de son corps sous la peau molle de la carapace, pour les abriter et les renfermer, comme dans une boîte, ce qui a fait nommer ce genre *Cryptopode* (1).

La quatrième et dernière famille comprend les Tortues marines, les plus grandes espèces, celles que nous désignons sous le nom de THALASSITES, qu'on a appelées aussi les Chélonoïdes. Elles peuvent être ainsi caractérisées : leur carapace est très déprimée, en forme de cœur; leur tête est pyramidale, terminée en avant par un bec crochu, garni ou recouvert de lames cornées, semblable à celui de certains Oiseaux de proie; leur tympan n'est pas visible, et elles n'en ont réellement aucune trace au dehors; leurs membres sont aplatis en manière de rames; les antérieurs sont beaucoup plus développés, et d'un tiers au moins

----

(1) Dans la série naturelle, les Trionyx forment le genre 15e, sous le nom de Gymnopode (*Gymnopus*), et celui qui suit ou le 16e, qu'on a appelé Cryptopus.

plus longs que les postérieurs; les nageoires ne peuvent pas être retirées sous la carapace; les doigts en sont très allongés, confondus dans la masse, non distincts au dehors, seulement on observe encore les traces d'un ou deux ongles sur le bord externe. Cette dernière circonstance de leur organisation les distingue de tous les autres genres; et par conséquent, des trois autres familles avec lesquelles il devient superflu de les comparer, quoiqu'il y ait cependant beaucoup d'autres caractères distinctifs.

D'après la forme de la carapace et la nature de ses enveloppes, on a partagé les espèces de cette famille en deux genres : les unes l'ont couverte d'une peau coriace, ce sont les *Sphargys* ou *Coriudes;* les autres l'ont couverte d'écailles cornées; on les désigne sous le nom générique de *Chélonées.*

Nous venons d'exposer la manière dont tous les animaux de l'ordre qui comprend les Tortues, peuvent être rangés les uns à la suite des autres, suivant leurs plus grandes affinités; nous les avons distribués méthodiquement selon la série naturelle que les observations faites jusqu'ici semblaient avoir indiquées. Pour diriger les recherches et faciliter la mémoire, nous allons maintenant appliquer à cet arrangement les procédés du système, ou les moyens que les naturalistes emploient si avantageusement en figurant dans un tableau analytique, la marche qui conduit, à l'aide de coupes dichotomiques, à la détermination des genres.

C'est une sorte de résumé, réduit à ses plus simples expressions, que nous présentons dans le tableau suivant :

1ᵉʳ TABLEAU SYNOPTIQUE

PREMIER ORDRE

Corps court, ovale, bombé, couvert d'une carapace

Pattes à doigts { immobiles, réunis en {	nageoires ou rames aplaties : IV. MARINES ou THALASSITES..........à carapace.......	
	moignons arrondis, garnis de sabots : I. TERRESTRES ou CHERSITES .... pattes à....	
mobiles, distincts; à mâchoires {	à lèvres charnues; trois ongles : III. FLUVIALES ou POTAMITES.............à plastron...	

	nues; à plus de trois ongles :
	    II. PALUDINES ou ÉLODITES
	      à tête et cou rétractiles ..... {
		au milieu et sous la carapace;
		à tête conique, yeux latéraux
		    CRYPTODÈRES :
		        à plastron...
		
		sur les côtés; tête déprimée;
		yeux en dessus :
		    PLEURODÈRES :
		        à ongles.....

DES REPTILES.

LES CHÉLONIENS.

et d'un plastron : quatre pattes : point de dents.

cornée, écailleuse.. 18. CHÉLONÉE.

couverte d'une peau coriace................................ 17. SPHARGYS.

cinq doigts, dont un sans ongles postérieurement ; plastron.. / non mobile : { d'une seule pièce. 1. TORTUE.

Carapace { mobile derrière.. 2. CINIXYS.

\ mobile antérieurement........ 3. PYXIS.

quatre doigts seulement, tous onguiculés.................. 4. HOMOPODE.

large, prolongé devant et derrière par des appendices formant la carapace.. 16. CRYPTOPODE.

étroit, sans appendices ; peau de la carapace libre flottante sur les bords.. 15. GYMNOPODE.

non mobile { étroit, cruciforme ; queue très longue........... 7. ÉMYSAURE.

large, ovale : à plaques au nombre de { douze............. 6. ÉMYDE.

treize............. 9. PODOCNÉMYDE.

mobile en avant { seulement ; cinq ongles à toutes les pattes........ 10. STERNOTHÈRE.

et en arrière { une charnière unique............. 5. CISTUDE.

deux charnières sur une pièce fixe... 8. CINOSTERNE.

cinq { en devant ; quatre derrière : tête.. { triangulaire : narines en trompe .... 14. CHÉLYDE.

obtuse : narines simples.......... 11. PLATÉMYDE.

à tous les pieds ; vingt-quatre plaques marginales........ 13. PENTONYX.

quatre à tous les pieds ; vingt-cinq plaques marginales........ 12. CHÉLODINE.

CHAPITRE II.

DE L'ORGANISATION ET DES MOEURS DES CHÉLONIENS EN GÉNÉRAL.

Déja nous avons indiqué les caractères des Reptiles Chéloniens ; mais nous reproduisons ici, pour les faire ressortir davantage, les particularités suivantes et tout-à-fait distinctives :

Corps à quatre pattes dont les formes sont variables et à doigts le plus ordinairement garnis d'ongles.

Tronc toujours plus large que haut, représentant en dessus une sorte de boîte résistante, formée par les vertèbres, et les côtes élargies, toutes soudées entre elles pour produire ainsi un bouclier, un test ou carapace solide, contenant en dedans les os de l'épaule et ceux du bassin ; protégé en dessous par un sternum large, solide, ou plastron osseux.

Tête, cou et queue mobiles, souvent rétractiles, ou se cachant en grande partie sous la carapace ; à mâchoires toujours sans dents ; des yeux à paupières toujours au nombre de trois ; jamais de cavité ou de conduit auditif externe libre ; narines antérieures ; simples ou tubulées ; langue charnue, déprimée, courte, épaisse.

Cloaque sous la queue, à orifice arrondi, plissé ; organe génital du mâle simple ; œufs ronds, à coque calcaire ; pas de métamorphose.

Cette conformation des Chéloniens, si différente dans son ensemble, et par quelques unes des modifications qu'elle présente, de celle des animaux qui appartiennent à la même classe, a dû exiger d'autres mœurs, déterminer d'autres habitudes ; de sorte que leur manière de vivre est, pour ainsi dire, obligée, et même dénotée d'avance par la disposition de leurs organes.

C'est pour arriver à cette connaissance, qu'à l'aide des observations fournies par l'étude de la structure, nous allons parcourir successivement, dans les animaux de cet ordre des Reptiles, les diverses fonctions qui seront examinées suivant la méthode que nous avons déja employée, et que nous avons l'intention de suivre dans tout le cours de cet ouvrage, en commençant par les organes du mouvement, dans leur structure et leur action, et par suite en étudiant ceux de la sensibilité, de la nutrition et de la reproduction.

Des Organes du Mouvement.

La forme si particulière du corps, dans les Tortues en général, dépend évidemment de la disposition de leur charpente osseuse, qui est en grande partie extérieure ; de sorte que tous les organes actifs de l'animal sont réellement protégés par une espèce de coffre ou de test, dont la carcasse est en dehors et peut recevoir, même souvent cacher entièrement la tête, le cou, les pattes et la queue ; ce qui leur a, dit-on, valu le nom sous lequel on les désigne (1). L'immobilité absolue de toutes les parties de ce tronc ; la longue persistance à l'état de repos, volontaire ou non, dont les Tortues sont douées ; la brièveté et le

_____

(1) *A testâ quâ tegitur, Testudo nomen habet,* Pline.

grand écartement réciproque de leurs pattes, qui ont beaucoup de force à employer non seulement pour soulever avec peine cette sorte de maison fort lourde, mais à la traîner lentement sur la terre, donnent à leur allure un caractère physiognomonique tout particulier.

On ne s'étonnera pas de retrouver dans les organes du mouvement chez les Chéloniens beaucoup de particularités qui les distinguent de tous les autres animaux vertébrés. Ce sont, il est vrai, les mêmes pièces qui composent leur squelette; mais elles ont été considérablement modifiées dans leurs formes, leurs jonctions, et même dans leurs usages.

Ainsi l'échine, qui porte la tête antérieurement, et qui se termine par la queue, n'est réellement mobile, le plus ordinairement, que vers ces deux extrémités. La partie moyenne correspondant au dos, aux lombes, et au sacrum, est formée d'os confondus et liés en une seule masse voûtée, à laquelle les côtes, considérablement élargies, se sont elles-mêmes réunies par des sutures engrenées, qui ont ainsi laissé la trace des pièces diverses qui leur correspondent.

Comme la région moyenne est la plus singulière, et que de ses formes dépend celle du reste du corps, nous allons en faire connaître la disposition d'une manière générale. Elle est composée, avons-nous dit, de vertèbres dorsales ou thoraciques, dont le nombre est presque constamment de huit; mais elles sont tellement jointes à celles des lombes ou du bassin, qu'on ne peut distinguer ces dernières que parce qu'elles donnent attache aux os des hanches ou coxaux. Ces vertèbres sont réellement composées d'un corps ou portion située à l'intérieur au devant, ou plutôt au des-

sous du canal rachidien, qui contient la moelle nerveuse. Ce corps est légèrement comprimé de gauche à
droite, rétréci au milieu, ou légèrement renflé aux deux
extrémités antérieure et postérieure, par lesquelles
il s'articule avec celles des vertèbres qui précèdent ou
qui suivent. C'est sur le point ou la ligne de cette
jonction, qui n'est souvent indiquée chez les jeunes individus que par une marque transversale, sans cartilage intermédiaire, que sont reçues, et toujours soudées chez les adultes, de petites avances étroites des
côtes. Cette série des corps vertébraux forme ainsi une
ligne continue le long de la partie moyenne concave
de la carapace. La portion supérieure ou intracanali-
culaire du corps de chaque vertèbre est légèrement
creusée sur la longueur, et porte deux lames minces
longitudinales, qui correspondent aux parties latérales
de l'arc osseux postérieur ou épineux des vertèbres.
Mais ici toutes les apophyses manquent, les transversales, les articulaires, et les spinales : le tout est rem-
placé par une large plaque, épaisse, solide, qui vient
former la portion centrale de la carapace. Ces plaques
sont constamment au nombre de huit, comme les vertèbres, mais on ne peut les distinguer que dans le
squelette, car dans l'état naturel elles sont cachées
sous de grandes plaques de corne ou d'écaille, polygones, plus ou moins épaisses, au nombre de quatre
seulement dans la plupart des espèces, ou par une
peau molle ou coriace, comme on l'observe chez les
Potamites et dans les individus du genre Sphargis. Les
vertèbres des Chéloniens présentent encore d'autres
particularités dans la région dorsale et sacrée. Elles
livrent bien passage, entre les lames des arcs postérieurs et les appendices des côtes, aux nerfs vertébraux

qui sortent du canal rachidien ; mais comme les côtes s'articulent chacune sur deux vertèbres différentes, la plaque qui forme la portion extérieure, ou qui revêt le canal vertébral, se prolonge en arrière, de manière que par ce bord postérieur chacune d'elles recouvre près d'un tiers de la partie antérieure du corps de la vertèbre suivante, et que la désarticulation des clefs de cette sorte de voûte devient presque impossible, même par la macération ou l'ébullition la plus prolongée, surtout dans les carapaces des Tortues adultes.

Au reste, la forme de ces vertèbres, la disposition de leur corps, et surtout celle de la superficie des plaques dorsales, varient à l'infini dans les genres et dans les espèces, et se trouvent pour ainsi dire moulées sous les écailles ou sous la peau qui les recouvre, et elles en conservent les empreintes.

La portion postérieure de la carapace est terminée par les vertèbres sacrées ou pelviales, au nombre de deux ou trois pièces ou segmens réunis entre eux très solidement du côté du dos ; mais dans la région concave, les corps de ces vertèbres et leurs masses ou apophyses transversales les font distinguer.

Les vertèbres du cou sont assez constamment au nombre de huit, quoique cette région soit sujette à varier en longueur ; mais dans ce cas, la différence est compensée par la plus ou moins grande étendue de chacune des pièces osseuses. On peut dire en général que les vertèbres cervicales ressemblent beaucoup à celles des Oiseaux ; elles permettent en effet des mouvemens analogues. Quoique très mobiles, la solidité de leur union réciproque est assurée d'abord par des ligamens nombreux, et favorisée par la disposition des apophyses obliques ou articulaires, et leur mobilité est rendue très facile, soit dans le sens latéral, par le défaut des apophyses transverses et par les échancrures que laissent les trous de conjugaison par lesquels sortent les nerfs trachéliens ; soit dans la direction verticale, par la non courbure et le peu d'étendue en longueur des apophyses épineuses postérieures, qui correspondent aux crêtes antérieures que chacun des corps porte en avant, et qui sont destinées aux attaches des muscles.

C'est surtout le mode d'articulation intervertébral qui dénote, dans les diverses espèces, la manière dont le cou peut être retiré sous la carapace ; tantôt dans le sens vertical, tantôt en se contournant latéralement. Dans les Élodites Cryptodères et dans les Chersites, quoique les articulations intervertébrales aient lieu à peu près comme dans les Serpens, c'est-à-dire par des surfaces concaves qui reçoivent des convexités enduites de cartilages, et qui sont recouvertes d'une membrane ou d'une capsule synoviale, il y a de très grandes différences dans chacune des vertèbres en particulier. Bojanus (1), qui les a fait complètement connaître dans les figures qu'il a données de l'anatomie de l'Émyde d'Europe, a assigné des caractères à chacune de ces vertèbres, qui sont très remarquables pour les suivantes.

La huitième vertèbre du cou, la dernière mobile sur la carapace, est reçue dans une cavité unique ; elle ne porte en effet en arrière qu'un condyle, tandis qu'en avant, son corps offre deux convexités correspondantes aux deux concavités de la septième vertèbre, qui est également creusée en avant de deux fosses pour recevoir

---

(1) Tabula xiv, fig. 51, 52, expliquées page 50.

24.

les deux condyles postérieurs de la sixième vertèbre,
laquelle a deux concavités en avant. On conçoit par là
qu'il doit y avoir deux condyles ou têtes convexes en
arrière de la cinquième ; mais celle-ci n'est creusée en
avant que d'une seule fossette ; car la quatrième, qui la
précède, porte devant et derrière un condyle unique,
et c'est un caractère remarquable. La troisième porte
en avant un condyle et en arrière un creux. La seconde,
qui est l'épistrophée, et qui porte l'os isolé qui correspond à l'apophyse odontoïde, la reçoit sur une petite
convexité ; mais elle est creusée en arrière pour s'ap-
puyer, comme nous venons de le dire, sur la troisième. Le petit os odontoïde qui vient s'articuler dans
l'arc de l'atlas ou de la première vertèbre cervicale,
offre une particularité, en ce que son extrémité supérieure s'élargit enforme de T, pour s'accrocher en haut
sur l'atlas, la tête étant fixée par son condyle à trois
faces, et se mouvant ainsi avec l'atlas sur cette petite
éminence comme sur un pivot. Reste donc la première
vertèbre, qui est composée de trois pièces distinctes,
même chez les adultes.

On voit en avant la fosse qui reçoit le condyle occipital à trois facettes et les deux arcs postérieurs qui n'ont
pas d'arête ou de crête postérieure, mais qui portent
deux apophyses transverses ainsi que les vertèbres suivantes. Telle est la structure remarquable de cette région, qui dénote d'assez grandes différences dans les
muscles destinés aux mouvemens de ces diverses pièces et qui sont très variables dans les espèces à cou
non rétractile, ou quand le mouvement s'opère latéralement, comme dans les Pleurodères de la famille des
Élodites.

Les vertèbres de la queue varient beaucoup en nombre, en longueur et même dans les formes, suivant les espèces. En général, comme les mâles ont cette région plus longue que les femelles, on remarque que ce prolongement est dû à l'étendue plus considérable du corps des vertèbres qui en font partie. Le nombre total varie de vingt à quarante. Elles vont en diminuant de grosseur ; celles de la base ressemblent aux pelviales, avec cette différence qu'elles sont tout-à-fait libres et indépendantes de la carapace, sous laquelle elles se meuvent. On y distingue un arc postérieur formé de trois ou quatre pièces qui entourent la moelle vertébrale, et qui correspondent aux lames des apophyses épineuses et aux transverses, dont les premières sont très élargies. On voit, en avant ou au dessous, le corps qui sert aux articulations ; l'anneau disparaît complètement dans les deux tiers de la longueur de cette portion rachidienne. Chaque os de la queue est alors réduit à un noyau osseux à peu près quadrilatère. C'est dans les Chélonées et les Chersites que la queue est la plus courte, et dans les Émysaures qu'elle offre le plus de développement. Outre la longueur et la largeur de la queue, qui supporte les organes génitaux chez les mâles, cette région offre dans quelques espèces des particularités notables. Ainsi, chez la Tortue grecque, toutes les dernières vertèbres coccygiennes semblent confondues en un seul os qui occupe un grand tiers de la queue, vers son extrémité, tandis que dans la femelle ces pièces sont mobiles.

Les côtes des Chéloniens sont tout-à-fait remarquables et différentes de celles de tous les autres animaux vertébrés. Elles ne servent plus du tout à la respiration, ni aux mouvemens, car toutes sont soudées entre elles et avec les vertèbres du dos, par des

articulations solides qui se pénètrent réciproquement
à l'aide des enfoncemens et des saillies inverses que
leurs bords présentent sur la tranche. Chacune d'elles,
considérée isolément, se compose d'une portion large,
ordinairement plus étroite de devant en arrière et
allongée de dedans en dehors. Leur courbure varie
suivant la convexité de la carapace dont elles font partie. Elles ont deux extrémités dont l'une est vertébrale
et l'autre sternale. La première offre deux points d'articulation distincts pour se joindre à trois vertèbres.
Par l'une, qui est plus étroite et à l'intérieur de la carapace, elle s'appuie sur le point de jonction de deux
corps ; et par l'autre, qui est beaucoup plus large, à
la portion dorsale élargie de deux autres vertèbres. Il
arrive de là, par exemple, que la deuxième côte se
joint en dedans aux corps de la première et de la seconde vertèbre, et en dehors aux portions dorsales élargies de la deuxième vertèbre et de la troisième. Cet engrenage est, comme nous l'avons déja indiqué, très
fermement retenu par des bords absolument de même
épaisseur : il en est de même des lames moyennes qui se
joignent entre elles par des sutures dentelées, quelquefois dans la totalité de leur longueur. D'après la forme
générale de la carapace, les côtes antérieures et les postérieures sont ordinairement plus larges et plus courtes.
C'est surtout par l'extrémité antérieure que les côtes des
Tortues présentent de grandes différences. Il faut savoir d'abord que la carapace de la plupart des Tortues
est bordée à sa circonférence par des pièces osseuses
qui répondent vraisemblablement à ces cartilages ou à
ces prolongemens osseux qui joignent le sternum aux
côtes chez les Oiseaux. Mais ici les pièces forment un
anneau complet, de sorte que plusieurs ne correspon-

dent pas aux côtes, puisque celles-ci sont au nombre
de huit et qu'il existe huit ou dix pièces surnuméraires
et quelquefois au-delà; cependant dans le plus grand
nombre des espèces les huit pièces latérales de chaque
côté reçoivent dans des cavités qui sont propres à chacune d'elles, et par un bord élargi, l'extrémité externe
ou sternale de la côte. De cette manière, tout le bord
de la carapace est formé par ces lames costo-sternales.
Dans les Thalassites et les Potamites, surtout lorsque
les individus sont encore jeunes, les côtes sont beaucoup plus étroites et non soudées entre elles vers les
extrémités sternales; tandis qu'au contraire elles le
sont constamment et dès le plus jeune âge chez les
Chersites et la plupart des Élodites. Chez les Trionyx,
ou plutôt dans toute la famille des Potamites, il n'y a
pas de ces pièces osseuses du limbe, que nous nommerons marginales. Dans la plupart des carapaces,
ces os limbaires ou marginaux sont au nombre de
vingt-cinq à vingt-six. Les moyennes antérieures sont
nommées *nuchales*, elles sont quelquefois impaires; il
en est de même de la postérieure, qu'on appelle *suscau-*
dale; les autres sont paires : deux ou trois antérieures
de chaque côté sont articulées sur le bord antérieur de
la première côte; de même pour les pièces paires voisines de la plaque suscaudale. Celles qui se joignent aux
côtes s'y soudent complètement; mais dans quelques
individus elles sont véritablement engrenées.

Au reste, les pièces osseuses du limbe qui correspondent aux cartilages costaux, quoique en nombre à
peu près constant, varient considérablement pour la
forme dans les familles, dans les genres et dans les
espèces; c'est ce que nous aurons le soin d'indiquer
aux articles qui les concerneront.

Le plastron des Chéloniens, qui est un véritable sternum extérieur très développé, présente les modifications les plus importantes : aussi la plupart des genres ont-ils emprunté leurs caractères et quelquefois leur nom, de ses formes et de ses usages variés. En général il couvre toute la partie inférieure de l'abdomen, et il vient occuper complètement l'espace que laisse transversalement la carapace dans sa plus grande largeur : à cet égard, il y a quelque analogie avec le sternum des Oiseaux, surtout chez les Palmipèdes. Nous verrons par la suite que les Crocodiles, beaucoup de Batraciens Anoures, ont aussi un sternum prolongé sur les viscères du ventre pour les protéger.

Le plus souvent le sternum est formé de neuf pièces, quatre paires latérales et une antérieure qui est symétrique ou impaire. Leurs formes varient à l'infini. On peut dire cependant que l'impaire est le plus souvent renfermée comme un coin entre les quatre antérieures. Pour en prendre une idée exacte, nous conseillerons de consulter les figures qu'en ont données, dans les ouvrages cités, MM. Cuvier (1) et Bojanus (2).

Dans toutes les Chersites et chez la plupart des Élodites, le sternum est solide dans sa totalité lorsque l'animal est adulte; mais dans les Thalassites et les Potamites, les pièces antérieures paires et les postérieures sont très grêles et étroites. Elles forment un cadre appuyé latéralement sur les pièces moyennes; elles sont plus larges et profondément dentelées, de

---

(1) Cuvier, Recherches sur les ossemens fossiles. In-4°, 1824. Tome v, 2ᵉ partie, p. 203, pl. XII et XIII.

(2) Bojanus, *Anatome Testudinis Europeæ*, pl. III, fig. 7, et IV, fig. 11.

manière à simuler, jusqu'à un certain point, dans les grandes espèces, cette portion élargie des cornes ou des bois de quelques Cerfs, comme dans les Daims et les Élans, et ce qu'on nomme des empaumures. A tel point qu'un géologiste a fait figurer dans l'histoire de la montagne de Saint-Pierre de Maëstreicht les restes fossiles d'une Chélonée comme des portions de bois d'Élan. Les Potamites ont le sternum non entièrement osseux au milieu; mais les plaques latérales, à l'opposé des Thalassites, sont beaucoup plus larges que longues.

C'est dans les Chersites, ou Tortues terrestres, que le plastron présente le plus de solidité et tout à la fois des différences plus notables. Ainsi dans toutes les espèces il est, comme nous venons de le dire, complètement osseux et en même temps uni à la carapace par une large surface, quelquefois légèrement mobile; mais le plus souvent tout-à-fait soudé par une symphyse. Presque toujours il offre une échancrure devant et derrière; quelquefois cependant il est tronqué ou prolongé en pointe et non arrondi, comme dans les Élodites.

Il en est à peu près de même pour l'articulation dans les Élodites Cryptodères, chez lesquelles le sternum est presque tout-à-fait immobile sur la carapace, à l'exception du genre Cistude. Cependant, les pièces qui le composent peuvent se mouvoir transversalement les unes sur les autres, comme sur une charnière. Ainsi, dans le genre Cinosterne, le plastron offre deux battans mobiles, l'un devant et l'autre derrière; mais il y a une pièce fixe, intermédiaire; de sorte qu'il existe réellement deux charnières. Dans la Sternothère, le plastron n'offre qu'un seul battant mobile. Dans la

Cistude, le plastron n'a qu'une articulation moyenne, et les battans sont mobiles sur une même et seule ligne transversale.

Parmi les Élodites Pleurodères, la forme et la composition du sternum présentent de grandes diffé-rences. Dans la Chélyde ou Matamata, le plastron est étroit, allongé, solidement articulé sur les pièces costales du limbe; en dessus, ou du côté de l'abdo-men, il offre une particularité en ce qu'il est soudé aux parties des os du bassin qui représentent l'ischion et le pubis.

Dans l'Émysaure, le plastron ne protége plus l'ab-domen que d'une manière très incomplète : il est étroit, terminé en avant et en arrière par une pointe enveloppée de la peau; il s'élargit dans la partie moyenne pour aller rejoindre les bords de la carapace.

Au reste, les différences les plus notables qu'offre le plastron, viennent de la manière dont il s'unit aux bords libres de la carapace. Ainsi, dans les Thalas-sites, il est continu aux pièces du limbe par de simples fibres cartilagineuses; chez les Potamites, le plastron est entièrement débordé par les lames flottantes de la peau du bouclier. Les Élodites offrent des modifi-cations suivant les genres. Chez la plupart des Crypto-dères, le bord externe du sternum se joint au limbe en formant avec lui un angle tranchant. Les Pleurodères varient beaucoup à cet égard ; mais dans les Chersites, le plastron est constamment uni à la carapace par des pièces larges, arrondies au point de leurs jonctions. Aussi l'a-t-on désigné par le nom de cruciforme.

Cette portion centrale du tronc étant, par sa con-formation tout-à-fait particulière et surtout par sa position, la cause des principales modifications que les Chéloniens présentent, et dans leurs mouvemens, et dans les organes actifs qui les produisent, nous croyons devoir en parler d'abord, pour étudier ensuite les parties du squelette qui forment les membres et les muscles qui en déterminent les mouvemens.

Toutes les pièces de l'échine, dans la région du dos et des lombes, étant soudées, et par conséquent immobiles, à l'exception, peut-être, de ce qui doit être dans les individus du genre Cinixys que nous n'avons pas eu occasion d'étudier, il en résulte qu'il n'y a réellement pas de muscles spinaux dans cette région. Cependant Bojanus a figuré un muscle qui, de l'intérieur de la carapace, attaché aux intervalles compris entre les côtes et les vertèbres sous leur bifurcation, vient, en se dirigeant de derrière en devant, se porter sur l'arc postérieur de la dernière cervicale, qu'il doit tendre à relever par ses contractions.

Les muscles du cou sont à peu près semblables à ceux des Oiseaux, et toute la puissance des autres muscles oblitérés semble s'être transportée sur cette région, qui est en effet la plus charnue et la plus mobile. Car c'est le support de la tête, que l'animal doit pouvoir diriger dans tous les sens possibles. Les animaux de cet ordre présentent une triple manière de mouvoir cette partie, suivant que la tête est toujours au dehors de la carapace, sans pouvoir y rentrer, ou suivant qu'elle est rétractile de deux façons ; tantôt de haut en bas, le cou se pliant deux fois en Z, d'abord au moyen de la dernière cervicale sur l'échine, dans la région du dos ; puis à la jonction de la quatrième vertèbre avec la cinquième. Dans le troisième mode, le cou peut se contourner latéralement à droite ou à gauche, comme nous l'avons déja indiqué, en parlant des Élodites Pleurodères.

Nous ne décrirons pas ici tous ces muscles. On les trouvera parfaitement indiqués dans les deux ouvrages de Meckel et de Bojanus (1), nous dirons seulement d'une manière générale qu'ils correspondent en grande partie à ceux des Mammifères. Nous les avons décrits nous-mêmes avec assez de soin, dans le premier volume des leçons d'Anatomie comparée de M. Cuvier (2), d'après une Chélonée. Les modifications sont d'ailleurs trop nombreuses pour qu'il soit possible de les exposer dans un ouvrage tel que celui-ci, où nous ne devons que faire connaître les formes de l'organisation générale et les mœurs.

Dans la plupart des espèces de Chéloniens on observe un muscle de la peau, excessivement développé, dans la région du cou. Il a des fibres disposées presque transversalement, et il donne à cette partie du corps un aspect tout-à-fait singulier, lorsqu'il est mis à nu par la dissection. C'est à ce muscle peaucier du cou, qui s'attache au crâne, aux mâchoires d'une part, et d'autre part à la carapace et au sternum, pour former ensuite une gaîne à fibres circulaires autour des muscles du cou, qu'est due cette disposition de la peau qui permet à la tête d'y rentrer et de s'en recouvrir comme d'une sorte de capuchon, pouvant se resserrer suivant la nécessité et le danger que peut prévoir l'animal.

---

(1) MECKEL (J.-F.), Traité général d'Anatomie comparée, traduction française, tome v, page 234. — BOJANUS, ouvrage cité, pl. XVII, XVIII, XIX et XX.

(2) Tome 1er, pag. 193 ct 238.

Les muscles destinés à mouvoir la queue sont analogues à ceux des Mammifères; ils sont propres à déterminer le redressement ou l'extension, la flexion ou l'abaissement, et les mouvemens latéraux. Ils varient, comme on le conçoit, d'après la longueur et le développement de la queue. C'est chez les Tortues terrestres qu'ils sont le moins développés, et dans les Émysaures, où leur énergie est plus apparente. Au reste, la grosseur et la force de la queue, qui sont plus remarquables chez les mâles, dépendent de la circonstance que le cloaque se trouve à sa base, et que c'est là où est logé l'organe unique qui sert à la transmission de l'humeur prolifique dans l'acte de la copulation.

On doit présumer que les muscles du bas-ventre sont peu développés chez les Chéloniens. Cependant quelques espèces, pouvant dans certains genres mouvoir les battans mobiles de leur plastron, des muscles assez forts produisent cet effet par leur contraction, mais souvent ils n'ont pas d'antagonistes; la seule élasticité des fibres ligamenteuses ramenant la pièce dérangée à son état primitif. Quelques uns aussi sont destinés à agir sur les os du bassin, quand cette partie est mobile, ce qui est le cas le plus ordinaire. Les Chéloniens offrent même une circonstance toute particulière; c'est qu'il reste chez eux une sorte de rudiment de diaphragme qui est à la vérité incomplet dans sa portion antérieure, où ses fibres viennent se perdre de l'un et de l'autre côté sur le péricarde et sur le péritoine; mais les poumons sont en arrière, et quelques expansions de ce muscle se fixent même à la plèvre qui recouvre ces organes.

Les membres des Reptiles Chéloniens diffèrent beaucoup par leur position, leurs formes et leurs mus-

cles, de ceux de la plupart des animaux vertébrés des
classes supérieures. D'abord, pour les membres antérieurs, la singulière situation des os de l'épaule dans
la cavité même des côtes, et leur attache sous la colonne vertébrale, est un exemple unique parmi les
animaux; il en est de même des os du bras qui se
trouvent ainsi renfermés dans la poitrine, entre le
plastron et les côtes. Bojanus (1) et M. Cuvier (2), ont
donné d'excellentes figures qui feront mieux comprendre les détails dans lesquels nous allons entrer.

Les os de l'épaule ressemblent jusqu'à un certain
point à un bassin. Ils paraissent formés de trois pièces;
deux supérieures, le plus ordinairement allongées,
grêles, dont l'une correspond à l'omoplate ou scapulum, et l'autre à une apophyse acromion excessivement
développée. Ces deux pièces se joignent pour faire par
tie de la cavité glénoïde; mais cette articulation se
trouve complétée par une troisième pièce qui correspond probablement à la clavicule. Cette portion
des os de l'épaule est la plus large, elle va surtout, en
s'étendant comme une lame, se joindre au plastron,
vers la région correspondante à la pièce impaire, qui
est la neuvième dont nous avons parlé. Dans les
Chersites cette portion est courte; elle n'a guère que
le tiers en longueur des deux autres pièces; dans les
Thalassites elle a plus du double en étendue, et proportionnellement elle est beaucoup plus étroite : chez
la plupart des Élodites Cryptodères elle est à peu
près égale en longueur. Son extrémité libre ou ster-

---

(1) Ouvrage cité sur l'anatomie de la Tortue, pl. VIII et XIV.

(2) Recherches sur les ossemens fossiles, tome v, 2e partie, pl.
XII, page 240.

nale est large, aplatie et simule l'omoplate des Mammifères ; dans les Potamites cette portion sternale est encore plus développée.

L'os du bras, dans tous les Chéloniens, paraît être contourné sur lui-même, et courbé sur sa longueur pour s'accommoder à la cavité de la carapace : il ressemble un peu à un fémur, par la saillie que fait en dehors la tête articulaire reçue dans la cavité des os de l'épaule, et surtout par le développement des tubérosités destinées à l'attache des muscles, et qui représenteraient ici un véritable trochanter. La partie moyenne de l'os est souvent aplatie. L'extrémité inférieure, celle qui est destinée à l'articulation des os de l'avant-bras, présente une poulie peu concave sur laquelle s'articulent en même temps le radius et le cubitus, chacun sur une sorte de condyle. Ces deux os de l'avant bras sont en général aplatis eux-mêmes, et ne peuvent se mouvoir l'un sur l'autre. L'os du rayon descend un peu plus bas du côté du carpe, il est souvent plus grêle que celui du coude, qui dans l'articulation humérale est plus élevé.

C'est principalement dans la région qui correspond à la main, que les Chéloniens présentent, comme il était présumable, les plus grandes différences dans les os. Chez les Thalassites toute la nageoire, déprimée, a laissé des traces d'aplatissement au poignet, au métacarpe et aux phalanges. Il y a jusqu'à neuf os au carpe ; deux fort larges sur une première rangée ; deux petits font une seconde rangée destinée à recevoir le pouce et le deuxième doigt, par l'intermédiaire de l'un des cinq os de la troisième rangée ; parmi ceux-ci il en est un plus gros, libre et hors de rang ; il est situé du côté du petit doigt ou du cubitus.

Les os des doigts sont plats, allongés, leur nombre varie dans les cinq doigts, il y en a quatre pour les trois intermédiaires, quoique de longueur diverse, puisque le troisième est le plus étendu, puis le quatrième et enfin le second. Le pouce et le petit doigt, qui ne diffèrent que pour la largeur, n'ont chacun que trois phalanges, en regardant comme telle l'os du métacarpe, ainsi que nous venons de le faire pour les autres doigts.

Dans les Chersites, ou Tortues terrestres, on trouve une disposition de la main tout-à-fait inverse. Quoique les os de l'avant-bras soient très larges, le carpe qui les suit n'est composé que de trois osselets : l'un, plus large et court, qui reçoit les trois doigts internes ; un autre semblable pour les deux externes ; le troisième est intra-articulaire ; il est enclavé au centre des quatre os, savoir : les deux de l'avant-bras et les deux du carpe. Les phalanges, qui sont excessivement petites et presque cubiques, sont chacune disposées sur trois rangées et au nombre de trois. Les os du métacarpe qui les soutiennent sont encore plus courts qu'elles-mêmes. C'est une conséquence de la forme rabougrie du moignon.

Chez les Élodites, les formes de la main varient ; mais les doigts étant généralement plus mobiles, le carpe et le métacarpe sont formés par des os mieux conformés pour le mouvement. Le nombre des phalanges est à peu près le même que dans les Chélonées, et les Potamites ne diffèrent que parce que les os onguéaux des trois doigts internes sont excessivement développés, et ont presque le double en longueur des phalanges qui les précèdent ; tandis que ces mêmes os qui terminent les deux doigts internes, sont excessìvément petits, parce qu'ils sont dénués d'ongles et caché dans l'épaisseur de la peau.

Nous indiquerons de suite les particularités que présentent les Chéloniens dans la composition des diverses régions de leurs membres postérieurs, qui ne diffèrent essentiellement des antérieurs que par la structure et la position des os du bassin.

Comme dans les Mammifères, on y observe les trois os de la hanche : l'iléon, l'ischion et le pubis, qui concourent à la formation de la cavité cotyloïde destinée à recevoir la tête du fémur. Celui de ces os qui se fixe solidement dans quelques cas, ou qui s'articule dans d'autres avec les vertèbres du sacrum, quelquefois avec la huitième côte, est l'os iléon. Cet os est court, large et épais dans la Chélyde Matamata et dans les Chersites ; mais en général c'est celui qui est le plus long : les os pubis et ischion sont dirigés vers le sternum ; ils se soudent entre eux en laissant au milieu de la largeur qu'ils présentent un espace libre ovalaire qui est le trou sous-pubien. Cependant dans les Thalassites et les Potamites, les ischions sont petits relativement aux pubis, et le trou sous-pubien est une grande ouverture. De tous les bassins de Chéloniens, celui des Chélydes est le plus remarquable, en ce qu'il unit le plastron d'une manière solide avec la partie postérieure de la carapace.

L'os de la cuisse pourrait être confondu au premier aspect avec celui d'un Mammifère ; il offre une tête, des trochanters, souvent une crête saillante destinée à l'attache des muscles qui meuvent cet os sur le bassin. Son autre extrémité se termine par un double condyle peu prononcé qui reçoit les deux petites cavités des os de la jambe. En proportion des os

REPTILES, I.   25

du bras correspondans, les fémurs sont plus longs chez les mêmes espèces, et un peu plus courbés dans le sens qui répond aux articulations supérieures et inférieures.

Quant aux os de la jambe, le tibia et le péroné, qui ont la plus grande analogie de forme et d'usage avec ceux de l'avant-bras, ils sont relativement plus allongés et un peu plus séparés l'un de l'autre.

Comme les os des pattes postérieures ont de grands rapports de forme et de structure avec ceux des mains, il n'y a pas d'autres différences que celles des proportions qui sont fort notables dans les Thalassites, dont les nageoires antérieures ont un développement double ou triple de celui des postérieures.

Les muscles destinés à mouvoir les diverses parties des membres, ont éprouvé des modifications importantes chez les Chéloniens, principalement ceux qui se fixent aux os de l'épaule et du bassin. Le développement excessif de ces os est en rapport avec le volume des faisceaux de fibres qui s'y fixent, soit pour y trouver de la résistance ou un point fixe, soit pour communiquer le mouvement. Ces muscles ont été parfaitement décrits et figurés par Bojanus (1) d'après l'Émyde d'Europe ; mais on conçoit qu'ils ont dû varier suivant que les pattes sont disposées en nageoires, ou qu'elles se terminent par des moignons, comme chez les Tortues terrestres.

On comprend que les muscles du bassin et de l'épaule, et même ceux du haut du bras et de la cuisse, doivent avoir leurs fibres souvent attachées aux os de la carapace ou du plastron ; de sorte que ce sont des

---

(1) Ouvrage cité, planches xv xvi, xviii, xix et xx.

muscles internes, analogues pour leurs attaches à ceux des Crustacés et des Insectes.

Il nous est impossible d'entrer dans ces détails, qui n'intéressent au reste que les anatomistes. Nous en avons donné davantage sur les os, parce que la structure de ces animaux peut faire reconnaître, dans les débris fossiles, des fragmens de parties qui dénotent à l'instant même le caractère et la nature de ces sortes de monumens qui ont transmis à la postérité les marques visibles des grandes catastrophes que notre globe a éprouvées. Car il est arrivé trop souvent que des portions de carapace ont été prises, en raison de leur courbure et de leurs sutures dentelées, pour des fragmens de crânes énormes ; que les omoplates, les pubis élargis ou les pièces dentelées du plastron de quelques Thalassites ont été regardés et décrits comme des merrains ou des empaumures d'énormes Cerfs : et de là des hypothèses sur la nature des terrains enfouis tantôt par une révolution volcanique, tantôt par un événement neptunien.

En définitive, les organes du mouvement chez les Chéloniens sont parfaitement d'accord avec leurs habitudes, et dénotent d'avance la différence de leurs mœurs et de leurs modes de progression.

Les Thalassites et les Potamites nagent facilement à l'aide de leurs bras et de leurs pattes postérieures changées en rames et douées d'une très grande force musculaire.

Les Chersites ne peuvent que se traîner lentement sur la terre ; elles périraient dans les eaux si elles vivaient dans leur voisinage : aussi ne les rencontre-t-on que sur des terrains très secs.

25.

Les Élodites sont pour ainsi dire intermédiaires ;
et parmi elles il est des espèces qui sont plus aquatiques que terrestres, et dont la structure indique
des habitudes inverses.

Nous l'avons déja dit, chez toutes les espèces, les
pattes sont trop éloignées du centre de pesanteur ;
elles sont trop courtes pour pouvoir soutenir long-
temps le poids du corps ; de sorte que ces animaux
se meuvent en se traînant, le plastron appuyé presque
toujours sur le sol, et à chaque mouvement de progression ils chancellent, et leur marche est incertaine
et d'une lenteur extrême.

Des Organes de la Sensibilité.

En traitant de l'organisation des Reptiles en général, nous avons fait connaître la disposition du système
nerveux et de chacun des sens en particulier, dans les
différens ordres. Nous n'aurons donc à exposer ici
que les modifications principales, offertes par les
espèces de Chéloniens qui nous présenteront les variétés les plus importantes.

Nous commencerons par rappeler que les animaux
de cet ordre, par la nature et la disposition bizarre
de leurs tégumens, paraissent privés, en grande partie, de la sensibilité extérieure, générale et passive,
car chez les espèces terrestres, et même dans le plus
grand nombre de celles qui vivent constamment dans
l'eau, le corps est protégé en dehors par une substance écailleuse, étalée en grandes plaques sur les
os ; cette matière est insensible par elle-même, puisqu'elle est privée de nerfs, et que, par conséquent,
elle doit recevoir peu d'influences de la part des

agens généraux de la nature, tels que celles de la lumière, de l'électricité, et surtout du calorique, dont elle n'est pas conductrice.

Nous répéterons également que l'action nerveuse intérieure, ce qu'on a nommé la sensibilité organique, semble, au contraire, développée à un très haut degré; de sorte que, dans quelques circonstances, les organes, malgré qu'ils aient été isolés de la masse de l'individu, conservent encore long-temps quelques unes de leurs facultés. En effet, l'irritabilité musculaire, celle dont nous pouvons mieux apprécier l'action, se manifeste par des mouvemens dans les extrémités et sur d'autres parties très charnues, plusieurs jours après la mort apparente de l'animal, et même dans quelques uns de ses membres lorsqu'ils sont séparés du tronc.

Il y a certainement des variétés nombreuses dans les formes et les proportions de la masse du cerveau, du cervelet et de la moelle nerveuse; mais ces différences n'offrent rien d'essentiel. Elles dépendent, en général, de la conformation de la tête plus ou moins étendue en hauteur ou en largeur, et encore la cavité du crâne ne participe-t-elle pas toujours à ce que semble indiquer l'apparence extérieure (1). L'origine des nerfs cérébraux, leur sortie du crâne et leur distribution dans les organes, ne nous ont rien offert de très important à noter ici. Bojanus (2) qui a suivi avec beaucoup de soins tous les détails de cette partie de l'organisation dans l'Émyde, et qui en a donné d'excel-

_____

(1) Voyez dans ce présent volume, pages 57 et 60.

(2) Ouvrage cité, planches xxii, xxiii, xxiv, et xxv, pages 95 et suivantes.

lentes figures, ne nous apprend rien de particulier à cet égard. Cependant comme ce travail est complet, il doit être consulté pour toutes les recherches anatomiques que l'on pourra faire ultérieurement sur les Chéloniens.

Quant aux organes des sens, les Reptiles dont nous faisons l'histoire offrent des particularités nombreuses que nous allons relater.

1° Le *Toucher*. La plupart des Chéloniens sont réellement ou paraissent au moins devoir être peu impressionnés par le contact matériel et passif des objets extérieurs, et même leur tact, ou leur toucher actif, est bien peu favorisé par la conformation des membres ou des autres appendices qui pourraient leur suppléer. Les tégumens qui correspondent au tronc sont le plus souvent entièrement osseux et recouverts de plaques cornées dont l'épaisseur et la disposition varient. Ces régions du corps, ainsi revêtues d'un épiderme insensible, sont presque à l'abri de l'action physique des corps qui les environnent et dont elles paraissent isolées. Les Potamites et les Sphargis ont seules la carapace et le plastron revêtus d'une peau coriace, épaisse, ridée, plus ou moins tuberculeuse. Dans tous les autres Chéloniens on voit les os de l'échine dorsale, lombaire et sacrée, les côtes, leurs prolongemens, et les pièces du sternum, couverts constamment de plaques de formes diverses, mais à peu près constantes pour la disposition et le nombre, de manière que les naturalistes ont désigné ces plaques sous des noms divers, et qu'ils ont empruntés des caractères de leur configuration et de leurs rapports réciproques, comme nous le ferons connaître bientôt.

Dans la plupart des Chéloniens les os de la tête

sont aussi immédiatement recouverts, soit par une peau très épaisse, soit par des écailles ou des plaques divisées en petits compartimens qui semblent être sertis entre eux par leurs bords. On n'aperçoit que les lignes de démarcation auxquelles on a donné des noms qui, pour la plupart, indiquent leur position sur les diverses régions du crâne, de la face des mâchoires, etc.

Les seules parties du corps recouvertes de la peau flexible, d'un véritable cuir, sont les régions du cou, de la queue, de la partie postérieure de l'abdomen et de l'origine des membres, quelquefois dans la totalité de leur étendue.

Cette peau est véritablement coriace, cependant on a suivi dans son épaisseur la distribution des nerfs, et il est évident qu'elle est sensible au contact et à l'action des irritans. Quelques genres parmi les Élodites Pleurodères, telles que les Chélydes, ont des lambeaux de leur peau flottans sous le cou, sous le menton, et même des sortes d'appendices charnus vers les oreilles; il faut remarquer que ce sont des espèces très aquatiques. Le prolongement des narines en une sorte de tube mobile chez les Potamites et dans la Matamata, peut aussi donner à ces animaux quelques impressions tactiles; mais son principal usage est, comme nous le verrons, de faciliter le mode de respiration aérienne, lorsque tout le corps est plongé sous l'eau.

Nous avons déja vu que les pattes des Chéloniens, comparées à celles des autres Reptiles, étaient le moins bien conformées pour procurer la tactilité. En effet, en examinant leur disposition dans les quatre familles, on reconnaît que chez les Thalassites les doigts sont aplatis, enveloppés d'une sorte de cuir épais, fibreux, souvent protégés par des plaques solides qui donnent à ces organes la forme d'une palette élargie qui fait l'office de rames. Dans les Potamites, ces mêmes pattes sont encore des nageoires, et quoique les doigts s'y distinguent mieux et que trois d'entre eux, et quelquefois quatre, soient munis d'ongles très longs et fort acérés, la peau qui les unit, et qui souvent les déborde, empêche qu'ils puissent s'appliquer sur la surface des corps, pour en explorer les qualités tangibles. Nous devons rappeler que les Chersites ou Tortues de terre ont les pattes plus mal conformées encore sous le rapport du toucher, puisque tous leurs doigts sont réunis en une seule masse informe en apparence, qui paraît être un membre tronqué, un véritable moignon difforme, qui fait que l'animal est pied-bot des quatre pattes. Il ne reste donc que les Élodites, chez lesquelles les doigts soient distincts et passablement mobiles; encore le plus souvent, entre les phalanges sont placées des membranes qui empêchent la patte de s'appliquer sur la surface des corps dont elle pourrait reconnaître la nature; ainsi, il est évident que les Chéloniens sont à peu près privés du sens du toucher actif.

Cependant, puisque nous venons de parler de la peau des animaux de cet ordre, nous saisirons cette occasion de faire connaître la nature particulière des plaques cornées qui recouvrent la carapace et le plastron. La matière qui les forme doit être sécrétée d'une manière régulière, car très souvent il reste sur leur superficie des lignes alternativement enfoncées et saillantes parfaitement disposées en quadrilles qui dénotent leur mode d'accroissement par ces sortes de

couches successives. Cette disposition est surtout remarquable dans les plaques carrées qui garnissent le
centre de la carapace dans les Tortues de terre. Nous
avons quelques raisons de croire que, chez quelques
Émydes au moins, cette matière cornée se renouvelle
en entier à certaines époques ; car sur un jeune individu que nous avons conservé vivant pendant plus de
trois années, nous avons vu s'opérer cette sorte de
mue, et quand toutes les écailles ont été détachées,
nous avons remarqué qu'il en existait d'autres en dessous beaucoup plus fines et mieux colorées. Peut-être
était-ce le résultat d'une maladie, car l'animal est
mort en effet quelques mois après. Quoi qu'il en soit,
cette matière cornée, cet épiderme singulier est composé d'une matière diversement colorée. C'est une
corne très-fine dans sa texture, remarquable par les
nuances diverses plus ou moins transparentes et régulières que prennent ses couleurs ; elle est, comme on
le sait, susceptible du plus beau poli en même temps
qu'elle résiste au frottement. C'est à cause de ces qualités précieuses qu'on la recherche dans les arts pour
en composer de petits meubles, ou pour en orner les
surfaces qu'elle rend imperméables. La chaleur la
ramollit, la rend flexible, et, quoique cassante, elle
résiste à la compression. Les lames que l'on emploie
sont extraites principalement du Caret, espèce de
Chélonée ou Tortue marine, chez laquelle cette matière est disposée par lames placées en recouvrement
les unes sur les autres, comme les tuiles d'un toit. Ces
plaques n'ont guère que deux à trois lignes d'épaisseur, et il n'est pas rare d'en rencontrer qui présentent
des altérations : ce qui dénote sans doute quelques

particularités dans la manière dont la sécrétion s'en est opérée.

Ces plaques sont à peu près disposées de la même manière dans toutes les espèces ; mais leur figure et leur étendue varient considérablement. Aussi s'en est-on servi avec avantage pour caractériser les espèces dans certains genres. C'est même afin de pouvoir exprimer ces différences qu'on a assigné des noms à chacune d'elles. Nous avons fait figurer sur les planches 11 et 12 de cet ouvrage la disposition des plaques de la carapace et du plastron, telles que nous allons les faire connaître.

On distingue sur la carapace de toutes les espèces qui l'ont couverte d'écailles, une portion centrale ou un disque. Elle est couverte de grandes plaques constamment au nombre de treize. S'il y a quelques variétés, elles sont accidentelles, quelques portions s'étant séparées ou réunies dans certains cas. Ce sont les plaques qu'on nomme *centrales*. L'autre portion, celle qui borde la carapace dans tout son pourtour, se trouve composée régulièrement à droite et à gauche de vingt-trois à vingt-cinq autres plaques dites *marginales* ou du limbe.

En apparence, ces plaques paraissent correspondre aux os qui composent la carapace. Cela est vrai jusqu'à un certain point, et cependant il y a des différences pour la manière dont ces lames sont disposées, par rapport aux os dont elles ne suivent pas les limites. Ainsi, de même que nous avons reconnu dans les lames postérieures de chaque vertèbre du dos les éminences correspondantes aux épines et aux apophyses transverses, qui anticipaient par derrière sur la vertèbre suivante, comme elles en étaient recouvertes dans la partie antérieure par celles qui les précédaient, de même aussi les plaques cornées recouvrent beaucoup plus de surfaces, et par là elles semblent destinées à consolider les sutures de plusieurs des pièces osseuses entre elles.

Ainsi, ordinairement, il y a cinq plaques impaires, régulières, symétriques, situées dans la partie moyenne et longitudinale, et ces lames sont dites *vertébrales*. On les distingue par leur ordre numérique : une centrale, qui est la troisième, deux antérieures et deux postérieures. Le plus souvent, ces plaques portent, comme nous l'avons dit, le nom de vertébrales, quoiqu'elles recouvrent une partie des lames costales. On conçoit que leur pourtour doit varier beaucoup. Le plus ordinairement, elles sont à six pans ou hexagones plus ou moins réguliers ; mais il en est qui n'ont que quatre ou cinq côtés. Ainsi ces plaques sont à peu près en nombre moitié de celui des vertèbres du dos et du sacrum. Ces plaques vertébrales sont unies devant et par derrière avec celles du limbe ou de la circonférence ; mais, sur les parties latérales, elles se joignent à d'autres grandes plaques centrales au nombre de quatre, rarement de cinq (1). Il y en a donc en tout huit. Chacune d'elles répond à deux ou trois côtes qu'elle recouvre en partie. C'est ce qui les a fait généralement désigner sous le nom de plaques *costales*.

Les plaques du limbe ou de la circonférence, celles

_____

(1) Parmi les Thalassites, les Chélonées dans les espèces dites l'une Caouane, l'autre de Dussumier, ont quinze plaques centrales au lieu de treize, ce sont deux plaques costales en surplus.

qui garnissent le pourtour de la carapace, sont, comme nous l'avons dit, en même nombre que les os qu'elles recouvrent, dix paires sur chaque bord : la médiane antérieure toujours impaire est dite *nuchale*, parce qu'elle correspond à la base du cou, qu'elle recouvre, et la postérieure, appelée *suscaudale*, est simple ou double. Les huit antérieures recouvrent une petite portion de la côte correspondante. Les deux postérieures répondent à la dernière plaque vertébrale.

Quand le plastron s'unit largement à la carapace, on voit de chaque côté, dans l'échancrure antérieure, une plaque dite *axillaire*, et une autre sur la lame postérieure dite *inguinale*.

Le plastron, ou l'ensemble des os qui composent le sternum, est également recouvert de plaques écailleuses plus ou moins épaisses, formant des compartimens très variables pour les figures. Leur nombre est presque constamment de douze, rarement de onze ou de treize; elles sont disposées régulièrement à droite et à gauche; de manière à laisser une ligne médiane en longueur. Il serait impossible d'assigner des formes à ces lames; elles varient quelquefois d'une espèce à l'autre, et dans le même genre, quoique leur disposition soit constamment semblable dans les individus d'une même espèce. Les plaques qui garnissent la partie moyenne antérieure du plastron sont dites les *gulaires*. Il est remarquable qu'on ne trouve plus dans ces pièces cornées, qui sont à peu près en même nombre que celles du plastron osseux, la portion impaire que nous avons dit exister toujours dans la partie intérieure. Il est notable encore que, dans le genre Chélonée, toutes les espèces ont au plastron, dans la portion par laquelle ce sternum s'unit à la carapace, quatre plaques cornées intermédiaires de chaque côté.

2° L'*Odorat*. Ce sens est généralement très peu développé chez les Chéloniens. Les organes qui lui sont assignés ont d'une part très peu d'étendue, et d'une autre, la respiration s'opère à de si longs intervalles, que les émanations des corps seraient rarement appréciées. D'ailleurs, on conçoit aisément que chez ces animaux, les occasions de faire usage de ce sens ne doivent pas se présenter souvent d'après leur genre de vie.

C'est sur la partie la plus antérieure du bec ou de la mandibule que sont placés les orifices des narines; ils sont très rapprochés l'un de l'autre et comme percés à l'extrémité du museau. Chez les Potamites et dans la Chélyde Matamata, l'orifice des narines est prolongé en une sorte de trompe courte et mobile que l'animal, à ce qu'il paraît, peut porter à la surface des eaux, entre les larges feuilles de quelques plantes naïades, au dessous desquelles il se trouve caché lorsqu'il épie dans l'eau les petits Oiseaux ou les Poissons dont il se nourrit. Chez tous les autres Chéloniens, les trous des narines sont percés presque directement dans les os de la face, et on n'aperçoit même pas de soupape charnue ou de membrane pour faire l'office de soupape. A la partie opposée, dans la bouche, les trous sont placés vers la partie moyenne de la voûte palatine, quelquefois même vers son tiers antérieur. Bojanus a très bien décrit cet organe (1). Les cavités nasales de l'un et de l'autre côté sont très petites; elles sont séparées complètement par une lame verticale du vomer et de

_____

(1) Page 139, planche xxvi, figures 144-146.

son cartilage de prolongement. La membrane pituitaire est molle, muqueuse, et le plus souvent colorée en noir. Le nerf olfactif s'y distribue en entier, et on y a aussi trouvé des rameaux de la cinquième paire, provenant de la branche ophthalmique. Il n'y a pas de sinus dans l'épaisseur des os, et à peine trouve-t-on des rudimens de cornets, l'os ethmoïde étant lui-même peu étendu.

5° Le *Goût*. Cet organe, chez les Chéloniens, est évidemment plus propre à la perception des saveurs que dans les autres Reptiles, et cela tient à cette circonstance que l'animal mâche réellement la nourriture et qu'il doit pouvoir savourer ses alimens. La langue est toujours épaisse, charnue, très motile et formée par des muscles nombreux; cependant elle ne sort pas de la bouche, dont elle remplit toute la cavité, et probablement elle est destinée à s'appliquer sur les arrière-narines, pour favoriser la déglutition de l'air dans l'acte de la respiration. Il y a des glandes salivaires et des nerfs provenant, comme dans les animaux supérieurs, du grand hypoglosse, du rameau lingual, de la cinquième paire et du glosso-pharyngien. D'ailleurs, la surface de cette langue offre d'assez grandes différences de texture dans les espèces de chacun des genres. Ainsi, dans les Thalassites, elle est lisse à sa surface; elle est longue, relativement à sa largeur, et son extrémité libre est arrondie. Dans les Potamites, comparativement à sa longueur, la langue est plus large, et quoique assez épaisse au milieu, elle s'amincit sur les côtés; sa surface est lisse ou très faiblement plissée, mais dans le sens longitudinal. Les Élodites ont la langue courte, triangulaire, molle et épaisse, et on remarque généralement beaucoup de plis dans sa longueur. C'est dans les Chersites que la surface de la langue présente le plus cette apparence villeuse ou papilleuse qui s'observe chez les animaux dont le sens du goût paraît être le plus parfait : la pointe en est aiguë, et l'épaisseur de la totalité est remarquable.

4° Le *sens de l'Ouïe*. Quoiqu'il n'y ait point d'oreilles apparentes chez les Chéloniens, l'organe n'en existe pas moins, et il est parfaitement développé. La caisse intérieure contient de l'air qui y pénètre par la gorge. Il y a un long osselet qui se rend de l'intérieur d'un canal osseux jusque sous la peau du crâne où son extrémité est élargie en une sorte de disque cartilagineux, et se confond avec la masse du tissu qui bouche cette sorte de conduit auditif. L'autre bout de cet osselet de l'ouïe, qui est grêle au milieu, pénètre dans la caisse et s'y élargit également pour remplacer l'étrier. On y trouve un rudiment de limaçon, des canaux sémicirculaires au nombre de trois, un labyrinthe, un véritable nerf acoustique et plusieurs rameaux nerveux accessoires.

Cependant en apparence, les Tortues ne paraissent pas douées de la finesse de l'ouïe. Il est vrai que la plupart n'ont pas la faculté de produire des sons : comme elles sont souvent placées dans l'eau, la transmission du bruit se fait peut-être d'une toute autre manière que chez les animaux aériens qui, pour la plupart, ont un conduit auditif interne, souvent augmenté au dehors par un cornet acoustique qu'ils peuvent diriger vers les lieux d'où partent les sons. Enfin tous les Chéloniens sans exception sont privés non seulement de ce cornet, mais même de tympan extérieur.

5° La *Vue*. Toutes les espèces connues dans l'ordre des Chéloniens sont douées de ce sens ; il est

même mieux organisé que chez beaucoup d'autres
Reptiles. Sa disposition est à peu près analogue à celle
qu'on remarque dans la classe des Oiseaux, et c'est
une singularité dans ces rapports, en raison de la
grande différence du séjour habituel des uns dans
l'air et souvent à de hautes régions, tandis que les
autres sont évidemment fixés à la surface de la terre
et des eaux.

Les orbites, dans lesquelles les yeux sont placés et
protégés le plus souvent par un cadre osseux complet,
sont situées sur les parois latérales de la mandibule,
le plus souvent en avant de la cavité crânienne et en
arrière des fosses nasales. Dans le plus grand nombre
des genres, on remarque sur la tête, dépouillée de
ses parties molles, que les orbites sont percées d'outre
en outre en ligne droite, sans cloison interorbitaire.
Dans la Chélyde Matamata, les orbites sont très petites; elles touchent l'ouverture des fosses nasales et
sont placées tout-à-fait en avant sur le devant du museau. Dans les autres Élodites Pleurodères, qui ont
aussi la tête déprimée, comme écrasée, les fosses orbitaires sont alors dirigées de manière que l'axe de l'œil
soit porté en dessus. Cuvier a donné sur la planche
XI de la seconde partie du cinquième volume de
ses Recherches sur les ossemens fossiles, d'excellentes
figures des parties que nous décrivons.

L'œil des Chéloniens est toujours muni de trois
paupières : deux extérieures, qui font partie des tégumens communs, mais dont les proportions varient
dans les différens ordres; et une paupière interne ou
nyctitante, à peu près comme dans les Oiseaux. Il y a
des muscles destinés à les mouvoir, semblables à ceux
des autres animaux.

Le globe de l'œil est généralement arrondi ; mais il est placé de manière que son bord interne devient antérieur, et que par conséquent c'est par derrière, ou du côté du cou, que correspond l'angle externe des paupières. Sa surface est recouverte d'une membrane muqueuse ou conjonctive sur laquelle arrivent les larmes sécrétées par deux glandes lacrymales très bien développées, et placées l'une en avant sur le globe même, celle-ci est plus petite ; l'autre en arrière est plus grosse et plus allongée : les granulations qui les forment sont très distinctes.

On trouve dans la structure du globe de l'œil toutes les parties constituantes de celui des Oiseaux ; il y a même dans l'épaisseur du bord de la sclérotique des lames osseuses, placées en recouvrement les unes sur les autres, de manière à former un cercle complet. C'est vers ce point que viennent se terminer les tendons des quatre principaux muscles qu'on appelle droits, et dont la position est tout-à-fait changée.

Chez la plupart des espèces l'iris, dont la couleur varie d'un individu à un autre de la même espèce, quoiqu'on ait cru distinguer par les nuances différentes de cette partie le mâle d'avec la femelle, l'iris présente une ouverture centrale pupillaire, de forme arrondie et rarement linéaire, quoique plusieurs espèces soient réellement nocturnes et lucifuges.

On a cru remarquer que le cristallin, dont la forme est toujours lenticulaire, était cependant plus épais dans les espèces tout-à-fait aquatiques, comme les Thalassites et les Potamites.

Bojanus, dans la planche XXVI de son ouvrage et dans les explications qui l'accompagnent, a parfaitement fait connaître la structure de l'œil dans l'Émyde d'Europe; cette organisation se retrouve avec quelques légères différences dans les autres espèces du même ordre.

Quoique les yeux des Chéloniens soient de petite dimension, on ne peut cependant se refuser à reconnaître qu'ils sont aussi parfaits que dans la plupart des autres animaux vertébrés, et que même, parmi leurs organes des sens, la vue est peut-être celui qui présente les dispositions les plus favorables à la perception des qualités des corps extérieurs.

Des Organes de la Digestion.

Les Reptiles Chéloniens faisant peu de mouvemens et les exécutant lentement, n'étant pas obligés d'employer l'adresse ou la force pour se procurer la nourriture qui se présente le plus souvent elle-même à leurs besoins, il en résulte que ces animaux mangent très peu, et qu'ils ne prennent absolument de substances alimentaires qu'en raison de leurs pertes : ce qui les fait regarder comme des êtres très sobres. D'ailleurs, leurs tégumens, revêtus d'écailles imperméables à l'eau et s'opposant à toute exhalation perspiratoire, les Tortues n'éprouvent pas la nécessité naturelle d'avaler des liquides. Dans quelques circonstances, forcées par l'excessive chaleur ou par le froid de se renfermer complètement dans leur carapace, comme certains Mollusques dans leurs coquilles, les Tortues, surtout celles de terre ou de la famille des Chersites, tombent dans une sorte d'engourdissement ou de léthargie pendant lequel on ne leur voit exécuter aucun mouvement : ce qui leur permet de garder une abstinence volontaire ou forcée pendant des espaces de temps con-

sidérables, qu'on croit même avoir été prolongés au
delà d'une année. Ce fait était déja connu par Aristote;
mais depuis il a été constaté par Rédi, Blaës, Gautier,
et nous-mêmes avons pu le vérifier sur une espèce de
Chélodine, rapportée vivante de la Nouvelle-Hollande,
par Péron. Cependant, comme nous le verrons plus
tard, les espèces qui vivent dans l'eau ont peut-être
d'autres moyens de faire pénétrer ce liquide dans leur
corps.

Les espèces de quelques genres parmi les Thalassites et plusieurs Chersites, ne mangent uniquement
que des végétaux; tandis que les Potamites et plusieurs
Élodites se nourrissent d'animaux divers, quelques-
unes de ces dernières mêlent même les deux sortes
d'alimens, suivant que les circonstances les y obligent
ou les leur fournissent plus abondamment.

Nous allons indiquer successivement la disposition
des voies digestives, en suivant l'ordre naturel de la
fonction pour la préhension des alimens et leur broie-
ment ou leur division plus ou moins complète, pour
la déglutition, la digestion stomacale et intestinale
avec leurs annexes, et enfin pour la défécation.

Nous n'aurons pas besoin de rappeler que la bouche
des Chéloniens diffère de celle de tous les autres Reptiles par la disposition des mâchoires, tant inférieure
que supérieure, qui sont presque entièrement à nu,
recouvertes seulement de lames cornées qui, dans la
plupart des espèces, ressemblent au bec des Oiseaux,
parce que les bords en sont tranchans. L'inférieure est
reçue ordinairement par le bord de la supérieure, qui
la recouvre dans toute son étendue, quand ces pièces
sont rapprochées. Toutes les Thalassites, les Chersites

26.

et la plupart des Élodites Cryptodères sont dans ce cas. Il n'y a de différences notables que pour les Potamites, dont la bouche se trouve munie, le long de l'une et de l'autre mâchoire, d'une sorte de repli charnu représentant des lèvres qui cachent en effet les os quand les mâchoires sont complètement rapprochées; et dans quelques genres des Pleurodères, comme les Chélodines, dont les mâchoires sont aplaties sur leurs bords correspondans aux alvéolaires, et surtout dans la Chélyde Matamata, qui offre encore cette arcade plus plate en dessus et plus arrondie vers la symphyse médiane.

Le mode de l'articulation de la mâchoire inférieure avec le crâne présente aussi une particularité importante qu'il est bon de rappeler ici. Comme l'os carré, que l'on a nommé assez improprement l'os du tympan, est entièrement soudé au temporal, au lieu d'être mobile comme dans les Oiseaux et la plupart des autres Reptiles, à l'exception des Batraciens, la mâchoire inférieure se meut sur lui par une double facette condylienne qui s'oppose à tout mouvement de protraction, de rétraction et de latéralité; de sorte que cette articulation est des plus fixes et des plus solides. Aussi, quand les animaux de cet ordre ont saisi un corps, comme leurs muscles élévateurs sont fort développés dans cette région des mâchoires; il est presque impossible de leur faire lâcher prise, et, soit dit par occasion, c'est un moyen que l'on a employé souvent pour transporter à plusieurs lieues de distance de fort grosses Tortues auxquelles on avait fait saisir un bâton par le milieu, tandis que deux hommes se chargeaient de les soulever ainsi.

Une apophyse coronoïde très courte, qui est presque

toujours une pièce distincte de la mâchoire inférieure, se trouve placée à peu de distance de l'articulation postérieure et donne attache au muscle crotaphite ou temporal formé de plusieurs faisceaux distincts qui correspondent peut-être en partie au masseter : tous s'insèrent d'autre part sous la large voûte des os de la joue, derrière la fosse orbitaire. Un autre muscle inter-ne, correspondant aux ptérygoïdiens, agit également pour produire le même effet du rapprochement des mâchoires. Un seul petit muscle, placé en arrière de l'articulation, s'étend de la tubérosité mastoïdienne à l'extrémité de la mâchoire, et sert à la faire abaisser : c'est l'analogue du digastrique.

La langue, outre son muscle propre et l'hyoglosse, est déterminée dans ses mouvemens par les génio-hyoïdiens, qui la portent en avant; par les mylo-hyoïdiens, qui la font appliquer sur la voûte du palais, et par les omo-hyoïdiens et hyo-maxillaires, qui la portent en arrière. Car, ainsi que nous l'avons déja an-noncé, la langue des Chéloniens est peut-être une des plus complexes, si on compare son organisation à celle de la plupart des autres Reptiles.

Cuvier, dans son ouvrage sur les ossemens fossiles, a figuré, sur la planche xii de la seconde partie du cin-quième volume, les os hyoïdes de plusieurs genres de Tortues, et l'on voit qu'ils varient considérablement pour la forme. Ils portent le plus ordinairement de quatre à six cornes ou appendices destinés aux attaches des muscles qui, par cela même, doivent présenter de très grandes variétés dans leurs formes et leurs pro-portions.

On a observé des glandes sublinguales et salivaires

avec des canaux destinés à porter le liquide qu'elles sécrètent dans l'intérieur de la bouche. Bojanus en a
aussi donné des figures (1).

Nous savons qu'il n'y a ni voile du palais, ni épiglotte chez les Tortues, et que la cavité de leur bouche
est disposée de manière que l'air qui y pénètre par les
narines doit s'y trouver renfermé en petites quantités
successives, qui, par l'acte de la déglutition, opéré
principalement par les muscles de l'os hyoïde, sont
forcées de passer dans l'ouverture de la glotte, laquelle
est située à la base de la langue, mais dans un espace
qui peut s'allonger ou se raccourcir; que là, vers la base
de la langue, on remarque un repli qui fait l'office
d'épiglotte dans l'acte de la déglutition. C'est en effet
ainsi que les animaux peuvent avaler les solides et en
même temps opérer, par un autre mécanisme, la déglutition de l'air, qui prend la route de la trachée pour
arriver aux poumons.

L'œsophage a beaucoup de longueur dans les Tortues; il règne le long du cou et varie comme lui en
étendue. Il est placé au dessous de la trachée, et mène
de l'arrière-bouche à l'estomac. Nous avons déja dit
que dans les Thalassites, on trouve ce conduit garni
intérieurement de pointes cartilagineuses dont les
bords libres sont dirigés en arrière vers l'estomac, et
qu'on présumait que l'usage de ces appendices était de
s'opposer au retour de la matière alimentaire : ce qui
est assez singulier, car toutes ces espèces se nourrissent
de varecs et de plantes marines qu'on désigne, même

---

(1) Bojanus, Ouvrage cité, pl. xvi, fig. 66, H, et pl. xxvi, n⁰ˢ 140
et 141.

dans les parages où elles habitent, sous le nom général
d'herbes à la Tortue. Dans plusieurs individus d'espèces diverses de Chersites et d'Elodites que nous
avons disséqués, nous n'avons plus rencontré ces
pointes, qui sont si remarquables dans les Chélonées
en particulier.

L'estomac, dans la plupart des espèces que l'on a
examinées, n'a présenté d'autres différences entre
l'œsophage et le reste du tube intestinal, que parce
qu'il est situé en travers et légèrement dilaté. On n'y
distingue réellement ni cardia, ni pylore à l'extérieur,
et ce n'est que par leurs relations avec les organes voisins qu'on en a décrit les régions, et surtout après l'a-
voir ouvert; car alors on distingue à l'intérieur un petit
bourrelet charnu et une disposition de la tunique interne, qui est comme maillée dans le duodénum, tandis que l'estomac laisse voir la continuation des plis
longitudinaux qui existent le long de l'œsophage.

Tout le reste du tube digestif et forts étendu et présente un grand nombre de circonvolutions; son diamètre est très rétréci vers le point où il aboutit au
cœcum ou plutôt au rectum, car il n'y a qu'un seul gros
intestin très court. On observe là une petite valvule
qui doit s'opposer à la rétrogradation des matières qui
ont parcouru les intestins, et à l'autre extrémité, cette
dernière portion du tube vient se terminer dans le
cloaque, où aboutissent également les organes génitaux dans les deux sexes, les bourses anales et le méat
urinaire de la vessie.

Le foie est généralement très volumineux; il est
composé de deux lobes principaux, l'un à droite et
l'autre à gauche. C'est entre ces deux lobes et sur leur
convexité que se trouve le péricarde, et par conséquent

le ventricule du cœur. C'est sous le lobe droit et dans son épaisseur qu'est logée la vésicule du fiel. On y reconnaît un canal cystique et un cholédoque qui aboutissent au duodénum. On a décrit aussi un pancréas avec ses canaux et une rate. Celle-ci est arrondie et placée entre le cœcum et le pancréas, dans l'épaisseur du mésentère.

De la Circulation.

Bojanus a décrit et figuré tous les vaisseaux des diverses parties dans la Tortue, artères, veines et lymphatiques. Il en a donné d'excellentes figures qu'il sera toujours nécessaire de consulter (1).

Déja, en traitant de l'organisation des Reptiles en général, nous avons fait connaître la structure du cœur des Tortues, page 162. Nous n'aurons donc pas besoin d'y revenir ici; mais nous présenterons quelques détails sur leur circulation. Rappelons d'abord que le mouvement du cœur s'opère très lentement; et quoique son ventricule ait plusieurs loges, et même quatre en réalité, deux veineuses et deux artérielles, la totalité du sang qu'elles compriment n'est pas obligée de traverser les poumons, comme dans les Oiseaux et dans les Mammifères.

En général, le ventricule est plus large que long; il occupe la région inférieure du péricarde, et il reçoit les oreillettes et les gros vaisseaux, par sa base qui est en avant, ou du côté de la tête. Le mécanisme de son action est assez compliqué. Bojanus a figuré avec beaucoup de détails cette organisation, sur la planche

(1) Ouvrage cité, pl. xxx, n° 179; pl. xxvi, n° 154.

xxxvii de son ouvrage. Il a fait connaître le jeu de
ses valvules qui sont renforcées par de petites lames
osseuses, placées dans leur épaisseur. On voit que les
veines pulmonaires ou artérieuses aboutissent à l'o-
reillette gauche, comme la grosse veine générale se
rend dans celle de droite. Ces deux oreillettes ont
leurs parois minces, faibles, membraneuses et très
dilatables; cependant on y distingue des faisceaux de
fibres musculaires, comme réticulées, destinées à en
produire la contraction. Il n'y a pas de soupape vers le
point où arrivent les veines pulmonaires ou artérieuses dans cette oreillette gauche; mais on en voit
une à l'entrée du ventricule correspondant. Les veines caves ou générales se réunissent pour former un
sinus commun qui aboutit à l'oreillette droite; il se
trouve là deux valvules représentant des paupières
qui, par leur rapprochement, s'opposent au retour
du sang dans la route où il a trouvé passage, au moment où l'oreillette droite se contracte.

Quoique les ventricules du cœur paraissent ainsi distincts, ils communiquent réellement entre eux. En
effet le sang contenu dans la cavité gauche, qui reçoit
qui celui a été artérialisé dans les poumons, passe par
une ouverture pratiquée dans la cloison, et vient
ainsi se mêler avec le sang veineux. Cependant la plus
grande portion de ce fluide est dirigée vers les troncs des
artères dites aortes, et au contraire le sang veineux
est poussé par une autre portion du ventricule dans
les artères pulmonaires, qui sont, comme nous l'avons
dit, des vaisseaux destinés au sang noir.

Il nous est impossible d'entrer ici dans le détail de
la distribution des vaisseaux; il suffira de dire qu'il y
a des artères, des veines et des vaisseaux lymphati-

ques, et que leur répartition est à peu près la même que dans les autres Reptiles.

De la Respiration. La structure des poumons des Chéloniens et la manière dont le sang les pénètre et en revient lorsqu'il a été soumis à l'action de l'atmosphère ; la nécessité dans laquelle se sont trouvés ces animaux d'employer la déglutition à l'acte de la respiration, en raison de l'immobilité des côtes et de leur soudure entre elles, avec les vertèbres et avec les os du sternum ; la disposition de la glotte, celle des arrière-narines, des cellules pulmonaires, et la manière dont les bronches s'y ramifient, ont été exposées à la page 174 de ce volume, de sorte que nous n'avons pas besoin d'y revenir.

La masse des poumons, qui est très volumineuse, est située au dessus du péritoine, hors de sa cavité, sous la carapace ; le muscle du diaphragme la recouvre en avant et en arrière. Ces poumons sont placés de l'un et de l'autre côté, sous le muscle qui répond au transverse du bas-ventre. Comme leur capacité est considérable, l'animal peut y admettre et y conserver une très grande quantité d'air, aussi peut-il plonger des heures entières, et vivre dans une atmosphère non respirable et même nuisible, pendant un très long espace de temps.

La plupart des espèces n'ont réellement pas de voix. Nous avons eu très souvent occasion d'exciter de grosses espèces de Chersites, et parmi les Élodites des Émydes diverses et des Émysaures, le seul son que nous leur ayons entendu produire est un soufflement ou une expiration légèrement bruyante et prolongée ; nous répéterons cependant que quelques observateurs ont parlé des cris des Potamites, et des plaintes bruyantes de quelques individus du genre que l'on a même désigné à cause de cette particularité sous le nom de Sphargis (1). Mais les Tortues ne se mettent pas en communication les unes avec les autres par la voix; aussi les regarde-t-on comme tout-à-fait muettes.

Des Sécrétions. Nous avons eu déja occasion de parler des humeurs que sécrètent les Chéloniens, d'abord dans les généralités relatives à l'organisation des Reptiles, et ensuite en traitant des diverses fonctions; ainsi, de l'humeur des larmes à l'article de la vue; de la salive, de la bile, du suc pancréatique, en exposant les détails de la digestion. Ce que nous avons dit sur l'exhalation, la perspiration, la graisse et l'urine, dans l'exposé des fonctions, doit naturellement se reporter ici.

Nous avons bien indiqué à la page 204 l'existence de certaines poches, placées à la base de la queue et s'ouvrant dans le cloaque, que l'on désigne sous le nom de vésicules anales; mais comme leur développement est considérable dans les Chéloniens, et qu'elles se retrouvent dans la plupart des autres Reptiles, nous devons leur donner une plus grande attention. On les observe dans l'un et dans l'autre sexe : il paraît qu'il s'opère une sorte d'excrétion dans les parois mêmes des membranes, car il n'y a aucun conduit destiné à mener l'humeur qu'elles contiennent dans cette sorte de réservoir, qui s'ouvre lui-même de chaque côté par une fente longitudinale dans l'intérieur du cloaque, ou dans la cavité commune aux canaux péritonéaux, au rectum, aux organes génitaux doubles chez les mâles, comme chez les femelles, à la vessie ou aux urétères.

_____

(1) Σφαραγίζω, je crie à plein gosier; *distento gutture sonum edo.*

Nous savons de plus que l'eau dans laquelle plongent ces animaux est attirée dans ce cloaque ; peut-être est elle absorbée en partie, peut-être sert-elle aux mouvemens, comme on le sait pour d'autres animaux qui prennent aussi de l'eau dans le dernier intestin garni de branchies, et qui nagent en repoussant cette eau brusquement ; c'est ce qui s'observe dans les larves des Libellules, et ce que Townson a aussi indiqué dans ses recherches sur l'absorption, où il raconte qu'ayant placé deux Tortues vivantes dans de l'eau colorée, il vida, à l'aide d'un tuyau, la cavité du cloaque qui était remplie de ce liquide, dont la teinte faisait reconnaître la nature.

De la Génération. Les mâles sont en général plus petits que les femelles ; la fécondation n'a lieu qu'une fois dans l'année ; l'accouplement ou le rapprochement des individus de sexes divers est une sorte de monogamie ; l'organe mâle est unique, il est composé d'un corps fibreux qui enveloppe un tissu vasculaire, dit caverneux, sillonné dans sa longueur et très érectile ; il est muni de muscles protracteurs qui le font sortir de la cavité du cloaque, où il peut rentrer et rester renfermé à toute autre époque. Cet organe varie pour la forme et les proportions dans les diverses espèces. C'est le long du sillon qu'il présente, que coule la liqueur spermatique qui lui est fournie par les canaux déférens, lesquels sont eux-mêmes la continuité des canaux testiculaires qui vont aboutir à l'épididyme.

Les organes femelles offrent aussi des trompes utérines, de véritables oviductes qui se rendent au cloaque, d'une part, et qui, de l'autre, se terminent par un pavillon plus ou moins frangé. Les grappes d'œufs que contiennent les ovaires, y déposent successivement les germes qui viennent s'y placer à la suite les uns des autres pour y recevoir l'enveloppe crétacée et solide, dans l'intérieur de laquelle on trouve le germe, l'albumine et le vitellus.

Nous verrons par la suite de quelle nature se trouvent ces humeurs contenues dans l'œuf, et les modifications que la ponte semble présenter suivant les diverses espèces.

CHAPITRE III.

DES AUTEURS QUI ONT ÉCRIT SUR LES CHÉLONIENS.

Nous avons l'intention de faire connaître dans ce chapitre les ouvrages principaux qui sont relatifs à l'histoire des Tortues. Nous n'indiquons pas les titres des livres dont les auteurs ont été énumérés parmi ceux qui ont traité de la zoologie en général, ou de la classe des Reptiles, parce que nous en avons déja parlé. Nous rappellerons seulement leurs noms, qui seront cités bien souvent par la suite ; tels sont ceux de Linné, de Lacépède, de Daudin, de Cuvier, d'Oppel, de Merrem, de Shaw, de Wagler, de Spix, etc.

Trois sections diviseront ce chapitre ; dans la première nous rangerons les auteurs dont les ouvrages sont spécialement consacrés à l'histoire des Tortues qu'ils ont décrites d'une manière générale ; ce sont les chélonographes principaux.

Nous ferons connaître dans la seconde section les mémoires ou les descriptions spécialement destinés à quelques genres ou à certaines espèces.

Enfin, la troisième section sera destinée à l'indication des ouvrages ou des mémoires qui renferment des faits anatomiques et physiologiques observés sur une ou sur plusieurs espèces de Tortues.

§ 1ᵉʳ. *Chélonographes principaux.*

Quatre auteurs principaux se sont occupés de l'ordre des Tortues. On conçoit que, d'après la série des dates, ceux qui ont écrit en dernier lieu ont dû profiter des observations publiées précédemment, de sorte que leurs ouvrages ont successivement gagné par les recherches et les découvertes qui se sont opérées dans cet intervalle de temps ; nous allons les indiquer dans l'ordre chronologique de leurs publications. Ce sont quatre Allemands.

Le premier est WALBAUM (Jean-Georges), né en 1724, dans le duché de Brunswick ; il avait fait ses études à Gœttingue sous Haller ; c'est là qu'il fut reçu docteur en médecine. Il est mort en 1799. Il a rendu de très grands services à la zoologie. Il a donné une très belle édition de l'Ichthyologie d'Artédi, qu'il a beaucoup augmentée. Il a également soigné et revu avec détails une édition de Klein, et beaucoup de mémoires d'histoire naturelle ; malheureusement ces derniers sont en langue allemande. Son plus grand ouvrage sur les Reptiles est intitulé : *Chelonographia oder beschreibung einiger Schildkrœten;* il a été publié à Lubeck et à Leipzick en 1782. C'est un petit volume in-4°, avec une planche gravée. Il a aussi publié sur quelques Tortues des mémoires qui ont été insérés parmi ceux des naturalistes de Berlin; l'un d'eux, sous forme de Lettre à Bloch, a pour titre, *Brief du dosen*

Schildkrœte betreffend; et deux autres : *Beschreibung der Spenglerischen, — Der furchichten Riesenschild-krœte.*

Le second auteur spécial, par ordre chronologique, est SCHNEIDER (Jean Gottlob), très érudit et savant naturaliste dont nous avons déja indiqué les principaux ouvrages sur la physiologie et l'histoire naturelle, et les belles éditions d'Oppian, d'Élien, a publié à Leipzick, en 1783, in-8° de 305 pages, une histoire générale des Tortues en allemand avec des planches, sous ce titre : *Allgemeine Naturgeschichte der Schildkrœten, nebst einem systematischen Verzeichnisse der einzelnen arten,* et plusieurs autres mémoires dans le Magasin de Leipzick, et parmi ceux des naturalistes de Berlin, également en langue allemande.

Vient en troisième lieu l'ouvrage de SCHOEPF (Jean-David), médecin bavarois, voyageur naturaliste, mort en 1800. Il avait entrepris un très grand ouvrage sur les Tortues, mais il n'a pu le terminer. Il est écrit en latin. Il n'en a paru que six cahiers in-4° qui comprennent 31 planches. Il a été publié à Erlangen de 1792 à 1801. M. Schweigger avait le dessein de le continuer; son titre est *Historia Testudinum iconibus illustrata.* Les planches en sont bonnes en général, et seront souvent citées par nous.

Le quatrième auteur général est un jeune et savant botaniste de Kœnisberg, professeur d'histoire naturelle dans cette ville et directeur du jardin botanique. SCHWEIGGER (Auguste-Frédéric), qui a publié de très beaux mémoires sur différens points de botanique et de zoologie dans les archives de Kœnisberg, et parti-

culièrement un ouvrage général sur les animaux invertébrés, 1 vol. in-8° de près de 800 pages, imprimé en
1820 à Leipzick. Il s'était livré d'une manière particulière à l'étude de la zoologie. Il a suivi nos cours au
Muséum d'histoire naturelle de Paris, en 1808 et 1809,
époque à laquelle il présenta à l'Institut de France,
au mois de mai, le prodrome de sa Monographie des
Tortues. Il avait beaucoup voyagé dans l'intérêt de la
science, pour visiter les principaux musées de l'Europe, où il avait fait dessiner les espèces de Tortues qui
n'étaient pas figurées dans l'ouvrage de Schoëpf. Il fut,
malheureusement pour la science, assassiné par un
guide pendant un voyage qu'il faisait en Italie.

C'est dans le volume des archives de Kœnisberg pour
l'année 1812, qu'il a publié le prodrome de sa Monographie des Tortues en latin. Comme c'est le dernier
ouvrage général sur ce sujet, et qu'il renferme l'état
de la science à cette époque, nous nous proposons de
le faire connaître ici dans une courte analyse : ce recueil étant d'ailleurs fort rare en France.

Dans une préface, l'auteur annonce qu'il avait établi, dans le mémoire présenté à l'Institut, le genre
Amida, dont il avait tracé les caractères positifs
lorsque les commissaires de l'Institut firent leur rapport ; mais M. le professeur Geoffroy, qui avait déja
reconnu la nécessité de former ce genre d'après une
espèce qu'il avait rapportée et observée en Egypte, publia son mémoire sur les Tortues molles, auxquelles
il imposa le nom de *Trionyx* (1). Notre jeune auteur se

---

(1) Annales du Musée d'Hist. nat., tome XIV, page 15, fig. 4.

loue en particulier de l'accueil bienveillant qu'il a reçu à Paris de la part des naturalistes, qui lui ont procuré toutes les facilités pour se livrer à ses études favorites.

Dans un avant-propos, l'auteur examine la structure du squelette des Tortues. Il établit que, d'après la manière dont les os se développent chez les différens genres, il convient de commencer l'arrangement naturel par les Tortues molles, qui semblent faire le passage aux espèces marines, de même que celles-ci mènent successivement aux aquatiques et aux terrestres. Il adopte en cela l'opinion de Blumenbach. Comme les caractères sont tirés de la forme des pièces osseuses, il les décrit d'abord pour montrer que les genres se distinguent surtout par les os de la carapace, du sternum et des pattes ; puis il établit les différences que présentent les plaques qui recouvrent ces parties dans les divers genres, qu'elles servent même à distinguer.

Le second chapitre est consacré à l'énumération des Tortues, qu'il considère comme formant un ordre, celui des Chéloniens de M. Brongniart. Il en présente les caractères naturels tirés de l'organisation ; il les trace de la manière la plus concise. Chacun des genres, au nombre de six, qui sont ceux des Trionyx, des Chélonées, des Chélydres et des Chélydes, des Émys et des Tortues, se trouve ensuite exposé d'après les caractères naturels, indiqués par le genre de vie et d'habitation, et enfin par des notes essentielles.

Sept espèces sont rangées dans le genre Trionyx, chacune d'elles porte une phrase spécifique avec l'indication de la principale figure ou de la description qui en a été donnée, des observations sur le pays dans lequel on les a recueillies, sur les connaissances déja acquises, et même sur les variétés.

Schweigger place dans le genre Chélonée six espèces et beaucoup de variétés ; il l'établit sur des caractères très précis. Il en fait deux sous-genres, dont le premier correspond au genre Sphargis. Il y rapporte également les trois espèces dont les carapaces et les parties osseuses des plastrons ont été trouvées dans l'état fossile.

Le genre Chélydre, traité de la même manière, ainsi que celui des Chélydes, ne comprennent qu'un très petit nombre d'espèces. Le premier, dont nous avons changé le nom en celui d'Émysaure, à cause de la trop grande analogie de consonnance avec celui des Chélydes, que nous avions nous-mêmes établi, et qui a été adopté par l'auteur, ne comprend que deux espèces ; tandis qu'une seule, qui est la Matamata, est rangée dans le second.

Dans cet arrangement, quarante-quatre espèces sont rapportées aux Émydes, et leurs descriptions sont présentées avec autant de précision que celles qui précèdent.

Enfin, dans le septième genre, qui comprend les Tortues terrestres, il y a dix-sept espèces décrites avec beaucoup d'annotations importantes.

L'auteur, dans un troisième chapitre, donne des descriptions infiniment plus détaillées des espèces tout-à-fait nouvelles et de quelques unes de celles qui étaient jusqu'à cette époque beaucoup moins connues. Chacune d'elles est examinée avec détail ; les proportions en sont indiquées. Nous aurons soin de relater ces espèces lorsque nous en présenterons l'histoire.

Enfin, dans un quatrième chapitre que M. Schweigger a intitulé : *Illustration des synonymes*, il a cherché à débrouiller toutes les difficultés que peuvent présenter les descriptions diverses d'une même espèce faites par les auteurs. C'est un travail de recherches extrêmement précieux qui a dû exiger beaucoup de peine, et que l'auteur a exécuté avec une grande attention, en suivant une méthode constamment régulière, qui est de commencer l'exposé des citations par ordre de date, c'est-à-dire en indiquant d'abord les auteurs les plus anciens, et en descendant successivement jusqu'aux plus nouveaux.

§. 2. *Chélonographes spéciaux qui n'ont traité que des espèces d'un même genre, ou de quelques unes en particulier.*

Nous mettons au premier rang, parmi ces auteurs, M. Thomas BELL, médecin et naturaliste anglais, professeur d'anatomie comparée au Guy's Hospital à Londres, lequel a commencé l'histoire complète d'une monographie des Tortues, dont il n'a paru encore que trois livraisons composées chacune de quatre feuilles de texte et de cinq planches lithographiées et parfaitement coloriées. Le texte est en anglais (1). C'est sans contredit le premier ouvrage dans cette partie de l'erpétologie. Il est admirablement exécuté, et le petit nombre de descriptions qui nous sont parvenues, sont faites avec une précision et une exactitude que nous ne pouvons trop louer. Il est fâcheux pour la science que nous n'ayons pu profiter de l'ensemble de ce travail. D'ailleurs, l'auteur avait déjà publié d'excellens

---

(1) A Monograph of the Testudinata, By Thomas BELL. F. R. S. in-fol.

27.

travaux sur les Tortues, dans le Journal zoologique, d'abord sur trois nouvelles espèces de Tortues de terre (1), ensuite sur le genre *Hydraspis* (2), sur ceux des *Pyxis* et *Kinixys* (3), sur les espèces à battans mobiles, et enfin sur les caractères de l'ordre, des familles et des genres parmi les Tortues (4). L'auteur adopte le nom TESTUDINATA au lieu de Chéloniens. Il expose les caractères naturels et anatomiques de l'ordre qu'il divise en deux sous-ordres, les Digittés et les Pinnés. Trois familles sont rangées dans le premier sous-ordre, savoir : les TESTUDINIDÉS, qui sont terrestres herbivores, dont il donne les caractères; il y place les trois genres *Testudo*, *Pyxis* et *Kinixys*. La seconde famille, sous le nom d'ÉMYDES, qui sont carnivores, fluviatiles ou lacustres, et dont les caractères sont comparativement exprimés de manière à les faire bien distinguer, comprend deux divisions, suivant que le plastron est mobile ou qu'il est immobile. Les espèces à sternum mobile sont rapportées à trois genres *Terrapène*, *Sternothère* et *Kinosterne*; il y a quatre autres genres inscrits également parmi les espèces à plastron immobile; ce sont ceux des *Hydraspis*, *Émys*, *Chélonure* et *Chélyde*.

La troisième famille des Digités est celle des *Trionychidées*, qui sont fluviatiles et carnivores, dont il présente aussi les caractères essentiels, et il n'y inscrit que le genre *Trionyx*.

---

(1) Zoological Journal, n° xi, page 419.

(2) *Ibidem*, n° xii, 1828, page 514.

(3) *Ibidem*, tome xv, page 592, fig. pl. xvi, xvii.

(4) *Ibidem*, tome xii, page 515.

Le second sous-ordre, celui des espèces à pattes en nageoires, PINNATA, comprend deux familles : la première, celle des SPHARGIDÆ, ne renferme qu'une espèce unique qui forme un genre; la seconde est celle des CHÉLONIDÉS, qui ne consiste également qu'en un seul genre, où sont réunies plusieurs espèces.

On voit que cette division est absolument la même que celle de Fitzinger et de Merrem, mais le docteur John-Edward GRAY en avait aussi consigné les bases, en 1825, dans les Annales philosophiques, septembre, n° 57, page 193.

Après ces travaux importans de Bell, nous n'avons guère de monographies de genres de Chéloniens que celle de M. le professeur Geoffroy Saint-Hilaire, qu'il a insérée dans les Annales du Muséum d'histoire naturelle, tome XIV, page 15, sous le titre de Mémoire sur les Tortues molles, nouveau genre sous le nom de Trionyx. Nous avons déja vu que Schweigger avait établi les caractères de ce genre, en 1809, dans le Mémoire qu'il avait présenté à l'Institut, où il l'avait désigné et caractérisé sous le nom d'*Amyde*, emprunté de Galien. M. le professeur Geoffroy a donné aussi une très bonne figure et une description très détaillée de la Trionyx du Nil ou de l'Égypte dans le grand ouvrage sur ce pays, page 115 à 120.

Un autre travail important sur les Tortues est celui de SPIX (Jean), naturaliste bavarois, dont nous avons déja fait connaître le grand ouvrage in-4, publié à Munich, en 1824, sur la zoologie du Brésil. L'une des sections, écrite en langue latine, fait connaître par des descriptions et des figures lithographiées, assez bien enluminées, les espèces nouvelles de Tortues en même

temps que celles des Grenouilles, qui ont été observées dans cette partie du monde (1).

Les autres écrits sur les Chéloniens se rapportent
aux descriptions ou aux observations particulières qui
ont été faites sur quelques espèces; nous aurons occasion de les citer en parlant de chacune d'elles; mais
nous pouvons dire d'avance quels sont, parmi ces auteurs, ceux qui ont fourni à la science quelques connaissances importantes, et nous les indiquerons dans
l'ordre des genres auxquels les espèces observées se
rallient.

Ainsi, sur les Sphargis ou Tortues marines à cuir,
nous citerons dans l'ordre alphabétique :

AMOREUX, médecin de Montpellier, qui a consigné,
en 1799, dans le Journal de physique de l'abbé Ro-
zier, tome II, page 65 à 68, des Observations sur une
Tortue à cuir, prise dans les parages du port de Cette.

BODDAERT (Pierre), de Flessingue. Relation d'une
Tortue à cuir que des pêcheurs avaient trouvée dans la
mer de Toscane, 1761, Gazette de Santé, n° 6.

BORLASE, qui dans son Histoire naturelle des Cornouailles, 1758, in-fol., a figuré, planche 27, cette
Tortue, et qui l'a fait connaître, page 285.

DELAFONT, dont les observations sur un individu
observé à l'embouchure de la Loire, près de Nantes,
en 1729, sont consignées dans les Mémoires de l'Académie des Sciences, page 8.

FOUGEROUX DE BONDAROI avait également parlé de
cette espèce en 1765, comme on le voit page 44 de
l'Histoire de l'Académie des Sciences pour cette an-

(1) Spix et Martius, Ouvrage déjà cité dans ce volume, page 340.

née-là. Observations sur une Tortue prise sur les côtes de Bretagne, et qu'on croit originaire de la Chine.

GRAVENHORST a établi deux espèces dans ce genre, en 1829, dans l'ouvrage sur le Musée de Ratisbonne, premier cahier in-fol. *Deliciæ Musei Vratislaviensis.* On en trouve une analyse dans le Bulletin des Sciences naturelles, tome XXI, page 145, n° 93.

VANDELLI, directeur de l'Académie de Lisbonne, dans une lettre adressée à Linné, et imprimée à Padoue, en 1761, décrit cette espèce et la fait connaître par une figure.

Nous citerons parmi les écrivains qui ont publié des observations sur quelques espèces de Chélonées, etc., d'abord sur la Tuilée (*C. imbricata*):

BROWN, dans son Histoire de la Jamaïque, en anglais, sous le nom de Hawksbill Turtle, page 164.

DAMPIER, dans son Voyage autour du monde, tome I, page 135 et suiv. Les traducteurs français ont décrit cette espèce sous le nom de Bec à Faucon.

DUTERTRE, dans son Voyage aux Antilles, LABAT et ROCHEFORT, ainsi que FERMIN, l'ont fait connaître sous le nom de Caret.

KNORR la désigne de même dans ses *Deliciæ naturæ*, tome II, page 124, et la représente à la planche 50.

THUNBERG, professeur à Upsal, a décrit la Chélonée du Japon, 1787, dans l'ouvrage danois qui a pour titre : Vetensk. akad. nya handlingar, page 177.

Toutes les autres espèces de Chélonées ont été aussi le sujet d'observations particulières que nous ferons connaître en détail, aux articles que nous leur consacrerons ou que nous avons déjà indiqués, tels que le Voyage de BRUCE en Abyssinie; l'Histoire naturelle

de la Caroline par CATESBY; la Dissertation allemande sur les parties externes et internes de la
Caouane, publiée en allemand, à Nuremberg, en 1781,
in-4 avec dix planches, par GOTTWALD (Christophe).

Les Tortues molles, que nous nommons les Potamites, ont été également le sujet de recherches et de
descriptions faites par quelques naturalistes; nous citerons :

BARTRAM. Voyage dans les parties du sud de l'Amérique septentrionale, traduit de l'anglais, 1779, 2 vol.
in-8. Philadelphie, 1784, page 176, planches 4 et 5.

BODDAERT, *Epistola de Testudine cartilaginea*,
in-4, fig. Amsterdam, 1770.

FORSKAEL. *Faun. Arab.* C'est l'espèce qui vient du
Nil, qui, décrite d'abord sous le nom de *Triunguis*,
a fourni celui du genre Trionyx que M. le professeur
GEOFFROY a nommé *Ægyptiacus*, et qu'il a figuré
dans le tome XIV des Annales du Muséum, et ensuite
dans la description de l'Égypte, Histoire naturelle,
tome I, pl. I.

LE SUEUR (Charles - Alexandre), naturaliste, l'un
des collaborateurs de Péron, dans l'expédition du capitaine Baudin autour du monde, et actuellement fixé
dans l'Amérique du nord, a publié dans le tome XV
des Mémoires du Muséum d'histoire naturelle de Paris, en 1827, une note et des figures sur deux nouvelles espèces de Trionyx des environs de New-Harmony, dans l'Amérique septentrionale.

OLIVIER, dans son Voyage en Perse, tome III,
page 153, a décrit une espèce de l'Euphrate qu'il a
figurée planche 41.

PENNANT (Thomas), dans les Transactions philosophiques pour 1771, vol. 61, partie première; dans la

Zoologie britannique, et dans le Supp. of art. Zoolog.
p. 78, a fait, un des premiers, connaître l'une des
espèces que l'on a décrites sous le nom de *ferox*.

Parmi les Élodites, un grand nombre d'espèces ont
été aussi le sujet de descriptions particulières qu'il
deviendrait inutile d'indiquer ici d'une manière spéciale. Nous ne parlerons que des auteurs qui ont fait
connaître quelques espèces intéressantes dans les
genres Émysaure, Chélyde ; les genres Hydraspis,
Pyxis, Kinixys, Sternothyre, établis dans ces derniers temps, ne seront indiqués qu'aux chapitres
particuliers qui leur seront consacrés.

Le genre Emysaure, que Schweigger a nommé Chélydre, et qui ne comprend que deux espèces, a donné
lieu à deux descriptions particulières, l'une par LINNÉ,
dans le Musée du prince Adolphe Frédéric, et l'autre
par SCHWEIGGER, dans un Mémoire particulier et
d'après un individu du Muséum d'Histoire naturelle de
Paris, que nous avons vu vivant et fait figurer.

FLEMING, en 1822, a décrit ce genre sous le nom
de *Chelonura* dans un ouvrage anglais, publié à Édim-
bourg en 2 volumes in-8, sous le titre de *Philosophie
de la Zoologie*.

M. SAY, de Philadelphie, dont nous citerons plus
bas un grand travail sur les Tortues d'Amérique, a
aussi parlé de cette espèce.

La Chélyde Matamata a été d'abord et successivement décrite par :

FERMIN, dans son Histoire naturelle de la Hollande
équinoxiale, page 51, sous le nom de Raparapa, qu'on
lui donne à Surinam.

BRUGUIÈRE, médecin de Montpellier, l'auteur du
Dictionnaire des Vers, dans l'Encyclopédie méthodi-

que, mort en 1799, à son retour de Perse. Description d'une nouvelle espèce de Tortue de Cayenne ; Journal d'Histoire naturelle de Paris, n° 7, 1792, page 253, avec une excellente figure in-4, sous le n° 13.

BARRÈRE l'a également décrite et il a indiqué ses mœurs dans son Essai sur l'Histoire naturelle de la France équinoxiale, page 60. Paris, 1741, in-12.

Enfin, comme naturalistes spéciaux qui ont fait connaître quelques individus du genre Tortue, nous citerons :

PERRAULT, qui a donné la figure et la description de la Tortue des Indes dans les Mémoires in-fol. de l'Académie des Sciences de 1666 à 1669, partie 2e du tome III, page 177.

MARGRAFF, qui, en 1648, a donné, dans le livre intitulé : *Historiæ rerum naturalium Brasiliæ*, in-fol., page 241, une figure assez exacte quoique gravée sur bois, et une description de la Tortue géométrique.

CETTI (Francisco), qui, dans son Histoire de Sardaigne déja citée, a fait connaître, tome III, page 9, l'espèce de Tortue de terre laquelle est évidemment celle qu'on nomme la Grecque, qui a été également décrite par BRUNNICH, dans les Dépouilles de la mer Adriatique, page 92.

Un grand nombre d'autres auteurs ont fait connaître des espèces diverses, ou bien ils ont présenté des observations critiques sur la détermination des espèces. C'est ainsi qu'on trouve dans l'Isis, tome XXI, 1828, page 1150, un Mémoire de KAUP qui critique le travail de SPIX, relatif à la détermination des Tortues qui ont été décrites dans la Faune Brésilienne. On en trouve un extrait dans le tome XVIII du Bulletin universel des Sciences naturelles, n° 69.

Quant aux auteurs qui ont fait des descriptions ou
des observations spéciales, nous les présenterons dans
l'ordre alphabétique de leurs noms comme les suivans.

Bartram, dans son Voyage au sud de l'Amérique
septentrionale, dont le titre a été indiqué à l'occasion
des Potamites, a fait connaître la Tortue Polyphème,
page 18, *Travels. through Carol,* etc.

Bell (Thomas), outre son grand ouvrage sur la
monographie des Tortues, a inséré plusieurs Mémoires importans dans des recueils périodiques que
nous avons cités au commencement de cet article,
page 420, sur les Tortues à battans ou sternum mobile; sur de nouvelles espèces de Terrapènes, telles
que celles qu'il a nommées *Carolina, Maculata;* sur
des Tortues terrestres, telles que *Pardalis, Actino-
des, Tentoria,* et sur les nouveaux genres qui se trouvent décrits dans le grand travail qu'il publie actuellement.

Bloch, qui a inséré dans les Mémoires des naturalistes de Berlin, tome VIII, page 18 de la deuxième
partie, un très bon Mémoire sur les Tortues à battans
mobiles.

Nous devons encore répéter le nom de Brown, déja
cité pour avoir décrit une espèce de Chélonée, mais
qui a donné de bonnes observations dans ce même
ouvrage sur l'histoire naturelle de la Jamaïque,
page 466, relativement à l'*Emys centrata.*

Gautier, dans ses Observations sur l'histoire naturelle, in-4, Paris, 1757, tome I, partie troisième,
page 15, a donné la description de la Tortue à marqueteries, et il l'a figurée sur la planche 100.

Gray (J. Edward), naturaliste attaché au Muséum
britannique, a inséré dans les *Spicilegia zoologica*

la description d'une Tortue qu'il a fait connaître sous le nom spécifique de *Bellii*.

HAGSTROEM (Johan. Otto) a fait connaître dans les Nouveaux actes de l'Académie de Stockholm (Vetensk. Acad. Handling), 1784, page 47, n° 6, l'espèce de Tortue grecque qu'il a désignée sous le nom de *Pusilla*.

HARLAN, médecin, naturaliste, professeur à Philadelphie, a donné, tome v, page 88 du Journal of the Acad. of naturalist. of the Sciences, la description de la Tortue à pieds d'éléphant, *Elephantopus*.

HERBST (Johan. Friederich Willem), prédicateur à Berlin, a donné en 1784, dans le Recueil (*Neue Schwedische Akadem. abandlungen*, des observations sur une Tortue des Indes orientales.

On trouve dans le Zoological, journal anglais, tome IV, page 325, des détails sur la Tortue à marqueterie. (*Note taken during the examination of a specimen of Testudo tabulata*), par HOLBERTON (Thomas-Henri).

KOLBE, dans son Voyage au Cap de Bonne-Espérance, tome II, page 198, a parlé d'une espèce de Tortue carrelée, qui est l'Homopode aréolé et qui paraît être la même que celle dont LACAILLE a parlé dans la relation de son voyage au Cap, page 350.

LE CONTE, naturaliste, officier d'artillerie au service des États-Unis, a donné une Monographie complète de toutes les Tortues de l'Amérique du Nord dans les Annales du Lycée d'histoire naturelle de New-Yorck, tome III, page 91 à 131.

LE SUEUR, dont nous avons cité le nom en parlant des Trionyx de New-Harmony, a décrit l'Émyde géographique dans le Journal cité plus haut, tome I, page 86, planche 5; son Mémoire a pour titre :

An account of an American species of Tortoises, not noticed in the system.

MARGRAV (André-Sigismond), dans les nouveaux Mémoires de l'Académie de Berlin pour 1770, p. 1, a fait, un des premiers, connaître l'Émyde d'Europe sous le titre suivant : *De Testudine aquarum dulcium nostrarum regionum, seu Testudine orbiculari.*

MICHAHELLES a publié en 1829, dans le Journal allemand l'Isis, cahier 12, page 1295, un Mémoire sur une nouvelle espèce de Tortue d'Espagne qui appartient au genre que Wagler a fait connaître sous le nom de *Clemmys*, parce que le plastron est solidement fixé à la carapace.

On trouve dans l'ouvrage anglais publié par PORTER (David), sous le titre de *Journal of a cruise made to the pacific Ocean, in the st. fregate Essex*, dans les années 1812 à 1814, de la page 161 à 221, des détails sur la Tortue Éléphant.

SAY (Thomas) a donné, dans le tome IV du Journal de l'Académie des Sciences naturelles de Philadelphie pour l'année 1825, un Mémoire très curieux sur les Tortues terrestres et d'eau douce de Philadelphie. Il y a fait mention de la Chélonure ou Émysaure, des Trionyx, d'un grand nombre d'espèces d'Élodies Cryptodères, dont une, indiquée sous le nom de *Biguttata*, est peut-être une simple variété de la Cistude d'Amémérique. Son travail est analysé dans le tome VI du Bulletin des Sciences naturelles de M. Férussac, page 271, sous le n° 217 (bis); il y a des détails très curieux sur les mœurs des diverses espèces de Chéloniens.

STOBOEUS (Kilian) a publié dans les Actes de littérature et des Sciences de Suède pour 1730, page 8, la description d'une Tortue terrestre qui paraît être la Géométrique, qu'il a appelée *Tesselata*.

STEDMAN (Jean-Gabriel), écossais, dans la relation de son voyage à Surinam, tome II de la traduction française, page 257, a fait connaître la Tortue à marqueteries sous le nom de *terrestris Surinamensis*.

STUBBE (Henri), qui avait été, en 1661, à la Jamaïque, a publié en 1669, dans les Transactions philosophiques, page 493, des observations faites sur des Tortues.

Enfin il y a dans les Mémoires des naturalistes de Berlin plusieurs descriptions faites par WALBAUM, en langue allemande, de quelques espèces de Tortues, en particulier de celle de Spengler, tome VI, page 122, planche 3.

Nous allons citer ici les noms et les titres d'ouvrages de quelques auteurs qui ont écrit sur les Tortues, mais dont nous ne connaissons pas les ouvrages, quoique nous les ayons trouvés cités; tels sont DUHAMEL du Monceau, qui a inséré des observations sur les Tortues dans les Mémoires de l'Académie des Sciences de Paris.

IPEREN (Josua Von) qui a publié en hollandais dans les Mémoires de Flessingue, VI deel., page 820, un Mémoire sous le titre suivant : *Bericht Wegens eene Schildpodde von de Kust Van Zeeland.*

ROESEL (Auguste-Joseph).

Die Schildkrote oder einige teile derselben Versteinest Geffunden Werden tinius gemeinutz abandlungen, n⁰ 12.

Enfin un Mémoire contenant des recherches archéologiques de MAURER (Félix), inséré sous forme de Lettre dans le tome IV des Transactions philosophiques, page 178, avec figures sur l'invention de la Lyre, d'après les passages des auteurs grecs, etc.

§. 3. *Des Auteurs qui ont publié des Ouvrages ou des Mémoires sur l'organisation des Chéloniens.*

Nous distinguerons deux sortes d'écrivains qui se sont occupés de l'organisation des Chéloniens. Les uns n'ont fait connaître que leur structure en général, ou même se sont bornés à en décrire quelques points, nous les appellerons anatomistes; les autres ont fait des recherches ou des observations sur les fonctions, nous les désignerons sous le titre de physiologistes.

Nous ne parlerons pas ici des ouvrages généraux sur l'anatomie comparée dans lesquels les diverses modifications que les organes ont dû éprouver chez les Chéloniens se trouvent nécessairement indiquées, tels sont en particulier les livres importans publiés par Cuvier et Meckel; notre intention est de faire connaître les auteurs monographes sur l'anatomie et sur la physiologie des Tortues.

Parmi les anatomistes, il en est qui ont traité de toutes les parties de l'organisation; tels sont en particulier, 1 Perrault et surtout 2 Bojanus. D'autres n'ont donné que des descriptions succinctes des organes qu'ils ont observés dans quelques espèces, tels sont les auteurs dont les noms suivent : 3 Blasius, 4 Caldesi, 5 Coiter, 6 Gottewald, 7 Severino, 8 Valentini, 9 Velschius. Plusieurs auteurs même ne se sont occupés que de quelques régions ou de quelque système d'organes. Ainsi les uns n'ont parlé spécialement que du squelette dans son ensemble, tel que 10 Lachemund, 11 Cuvier; d'autres de la tête osseuse, comme 12 Brouwn, 13 Gautier, 14 Guthrie, 15 Merck, 16 Spix, 17 Ulrich, 18 Wiedemann.

1. PERRAULT (Claude) a donné, dans les premiers Mémoires de l'Académie royale des Sciences de Paris, dans les volumes qui ont été publiés de 1666 à 1699, tome III, partie 2ᵉ, page 172, une description très détaillée de la grande Tortue terrestre, qu'il a regardée comme provenant de la côte de Coromandel. Il y a joint deux planches, l'une qui représente l'animal et qui est plutôt remarquable par le paysage, que par le dessin de la Tortue ; sur la seconde on voit figurés les organes de la circulation, le cœur, le foie, les organes génitaux de l'espèce mâle, et beaucoup de détails que le texte fait connaître parfaitement. Ce travail a été traduit en latin et inséré dans l'ouvrage de Valentini, dont nous parlerons ci-après.

2. BOJANUS (Louis-Henri), médecin et professeur d'anatomie comparée à Vilna, mort en 1828, est sans contredit le premier et le principal auteur anatomiste. Il a fait ses recherches sur une seule espèce qui est la Cistude d'Europe ; il a peint lui-même et donné la description de toutes les parties en un volume in-fol., publié à Vilna en 1819 et 1821, sous le titre d'*Anatome Testudinis Europeæ*, avec trente-une planches dont neuf sont doubles et au trait pour faciliter la pose des signes et des lettres de renvoi. C'est un ouvrage admirablement exécuté dans son ensemble et dans ses détails. Le texte est en latin ; c'est une simple explication des planches ; mais il y a tant d'ordre dans l'indication des parties, qui sont représentées par les mêmes signes et par la fidélité des renvois explicatifs, qu'il n'y a peut-être aucun autre livre d'anatomie mo-

nographique qu'on puisse lui comparer pour la perfection. Malheureusement l'auteur ne s'est livré à aucune vue ou explication physiologique.

3. BLASIUS ou BLAES (Gérard), médecin d'Amsterdam, dans son Recueil, imprimé en 1681 dans cette dernière ville, sous le titre d'*Anatome animalium figuris variis illustrata*, a inséré non seulement des traductions des travaux de ses prédécesseurs, tels que de Severino, Coiter, Velschius, dont nous parlerons ceux plus tard; mais il a donné de plus, à la page 118, une description anatomique de la Tortue terrestre, et il a fait représenter ses parties intérieures à la planche XXX, page 416 de ce même ouvrage.

4. CALDESI (Giovanni) a publié à Florence, en 1687, un petit volume in-4° de 91 pages seulement, avec neuf planches, sous ce titre : *Osservazioni anatomiche intorno alle Tartarughe maritime d'acqua dolce, e terrestri.*

5. COITER (Volcherus) a publié en 1575, dans un volume in-fol. imprimé à Nuremberg, comme Supplément aux Leçons de Fallope, des explications tirées de l'anatomie des animaux; et là se trouvent quelques observations sur l'anatomie de la Tortue grecque. Blasius en a donné un extrait à la page 304 de l'ouvrage que nous avons indiqué plus haut.

6. GOTTWALD (Christophe), cité par un grand nombre d'auteurs, a publié en 1781, à Nuremberg, un petit ouvrage in-4°, avec figures; mais nous ne le connaissons pas; nous savons seulement qu'il a pour titre : *Physikalisch anatomische Bemerkungen über die Schildkrœten.*

7. SEVERINO (Marc-Aurèle) a donné, à la page 320 de la *Zootomia Democritea*, en 1645, une anatomie

bien succincte, ou ses observations sur la structure d'une Chélonée ou Tortue Marine.

8. Valentini (Michel-Bernard), qui a publié, en 1720, une compilation de tout ce qui avait été écrit jusqu'alors sur l'anatomie des animaux, en un volume in-fol., avec figures, a réuni dans cet ouvrage les descriptions de Perrault, § 54, page 214; celles de Blasius, page 225; de Fabri, page 227; et de Severino, page 230.

9. Velschius (George-Jérôme) a donné en 1649, dans les Mémoires des Curieux de la Nature, centurie 1re, observat. 47$_e$, page 62, l'anatomie de la Tortue des bois. Ces observations ont été reproduites à la page 304 de l'ouvrage de Blasius, cité plus haut.

D'autres anatomistes, avons-nous dit, ont étudié particulièrement le squelette : le premier qui ait fixé l'attention sur la singularité de sa structure, et qui en a donné une figure, est

10. Lachmund (Frédéric), qui, en 1673, publia dans les Éphémérides des Curieux de la Nature, décade 1re, an iv et v, page 240, une observation et une figure très informe, mais qui cependant a été souvent reproduite, de la carapace ouverte d'une Cistude, avec ce titre : *Testudo ex suo scuto, ut vulgus putat, exire non potest.*

11. Cuvier (George) est celui de tous les naturalistes qui a le mieux et le plus complètement fait connaître l'ostéologie des Tortues dans ses *Recherches sur les Ossemens fossiles*, 2$_e$ édition, 1824, tome v, 2e partie, in-4; page 175 pour les Tortues vivantes, et 220 pour les espèces fossiles. A la planche xi, sont représentées les têtes des différens genres; sur la xii, les os hyoïdes et les plastrons; et sur les trois sui-

vantes, les carapaces des espèces vivantes et fossiles. C'est le travail le plus important qui ait été publié sur ce sujet.

12. Brown (Henri) a inséré dans les Nouveaux Actes des curieux de la Nature, tome xv, page 201, planches lxiii et lxiv, des observations sur un squelette de Tortue fossile, sous ce titre : *Testudo antiqua eine subwaser Gypse von hohen unter gegangen.*

13. Gautier (Jean-Antoine), en 1757, a donné dans sa collection de planches d'Histoire naturelle en couleur, sous le format in-4°, planche 34, des observations anatomiques sur la tête de la Tortue.

14. Guthries. On trouve sous le nom de cet auteur dans le Zoolog. Journal, tome iv, page 322, un Mémoire sur la tête d'une Tortue terrestre ; il a pour titre : *Observations on the structure of the head of Testudo indica.*

15. Merck (Jean-Henri). On n'a de cet auteur qu'une très grande estampe dessinée et gravée par F. Gout en 1785, qui représente, sur de grandes dimensions, la tête d'une Tortue franche des Indes.

16. Spix (Jean), Bavarois, déja cité pour son grand ouvrage sur les Reptiles du Brésil, a publié une dissertation sous le titre de *Cephalogenesis*, dans laquelle il donne des descriptions et des figures de la tête de plusieurs espèces de Chéloniens.

17. Ulrich (Aug.-Léopold.), médecin à Jena, a publié une dissertation particulière sur les os de la tête, en 1806, in-4°, avec deux planches gravées; elle est intitulée *Annotationes quædam de sensu ac significatione ossium capitis speciatim de capite Testudinis.*

18. Wiedemann a décrit dans les Archives zoologi-

28.

ques, vol. ɪɪ, cah. 3, page 181, les os de la tête de la Tortue à marqueteries (*Testudo tabulata*).

19. M. Geoffroy Saint-Hilaire a décrit, dans les Annales du Muséum, tome xɪv, page 16, et dans sa Philosophie anatomique, page 104, les os qui composent le sternum ou le plastron des Tortues.

Tels sont les principaux ouvrages sur l'ostéologie des Chéloniens ; c'est la partie de leur organisation qui a été le plus étudiée. Vient ensuite la fonction circulatoire, dont les premières idées ont été provoquées par la description du cœur de la Tortue, publiée en 1651 par Fabri (Joseph), dans l'Histoire du Mexique par Hernandez, mais qui est devenue l'objet des recherches et des observations d'un grand nombre d'anatomistes, et qui a donné lieu à de grandes discussions entre les célèbres anatomistes Duverney et Méry ; mais ensuite Baglivi et Bussière s'en sont aussi occupés ; nous allons faire connaître leurs travaux.

20. Duverney (Joseph), membre de l'Académie des Sciences, professeur au Jardin du roi de Paris, a publié en 1699, dans les Mémoires de l'Académie des Sciences, pages 34 et 227, une dissertation ayant pour titre : *Description du cœur de la Tortue ;* et dans ses OEuvres anatomiques, tome ɪɪ, page 458 à 488.

21. Méry (Jean), dans les mêmes Mémoires pour 1703, page 345, a inséré plusieurs dissertations sur le même sujet ; d'abord, l'Examen des faits observés par Duverney ; puis, Réponse à la critique de M. Duverney ; enfin, Description du cœur d'une Tortue de mer et de celui d'une Tortue de terre d'Amérique.

22. Bussière (Paul) a inséré dans le volume XXVII

des Transactions philosophiques, page 170, un Mémoire qui a pour titre : *Anatomical description of the heart of the land Tortoises from America.*

23. BAGLIVI (Georges) avait déja, en 1700, publié dans ses ouvrages, et en particulier dans celui qui a pour titre en latin, *sur la Fibre motrice*, une dissertation qu'il a ainsi intitulée : *De Circulatione sanguinis in Testudine experimenta, cum ejus animalis cordis anatome.*

Nous avons peu de dissertations particulières sur les organes de la respiration des Chéloniens, cependant nous citerons Parsons, Méry et Bonvicini.

24. PARSONS (James) a fait connaître la structure de la trachée-artère, dans le volume LVI des Transactions philosophiques, page 203, *An account of some peculiar advantages in the structure of the asperæ arteriæ and in the land Tortoise.*

25. MÉRY, déja cité, a donné dans les Mémoires de l'Académie des Sciences, d'abord tome I, page 430, des observations sur un sac ou lobe des poumons de la Tortue de mer, et ensuite tome II, page 75, une dissertation intitulée : Pourquoi le fœtus et la Tortue vivent très long-temps sans respirer.

26. BONVICINI (Giuseppe) a publié en italien, dans le tome XVII des *Opuscoli scelti*, page 212, une lettre *sulla voce della Testuggine.*

Sur les organes des sens nous ne pouvons citer qu'une dissertation particulière, c'est celle de

27. POURFOUR DUPETIT, qui a donné en 1737, dans les Mémoires de l'Académie des Sciences de Paris, page 142, la *Description anatomique des yeux de la Tortue.*

Sur la température, nous ne connaissons que celle de notre défunt beau-frère,

28. DELAROCHE (François-Michel), qui a fait connaître en 1808, dans le nouveau Bulletin des Sciences de la Société philomatique, n° de juillet, des expériences sur la température propre d'une Chélonée franche, observée par lui à Iviça, l'une des îles Baléares.

28 (bis). ENT (Georges), savant médecin et habile anatomiste anglais, avait inséré en 1691, page 533, des observations curieuses sur le poids comparé d'une Tortue terrestre, lorsqu'en automne elle était sur le point de se cacher dans la terre pour y passer l'hiver, et lorsqu'elle en sortit au printemps suivant.

29. Nous citerons encore quelques observations curieuses sur une maladie des écailles de la Tortue, faites par GUETTARD (Jean-Étienne), insérées en 1766 dans les Mémoires de l'Académie des Sciences de Paris, page 59, ainsi indiquées : Observations sur l'écaille d'une Tortue garnie dans son milieu d'une cheville osseuse.

Les organes génitaux, les œufs et la génération elle-même, ont donné lieu à quelques recherches dont nous allons indiquer les titres et les auteurs.

30. GEOFFROY SAINT-HILAIRE, professeur au Muséum, a donné, dans les Mémoires de cet établissement, tome xv, page 46, la description et la figure, planche 2, de l'*Appareil urétro-sexuel de la Tortue à boîte.*

31. TREVIRANUS (Godefroy-Reinhold), professeur à Brème, a publié en 1827, page 282, *Zeitschrift für Physiologie,* tome ii, un *Mémoire sur les organes génitaux mâles des Tortues en général et de l'Émys-serrata en particulier.*

32. GEOFFROY (Isidore), fils, membre de l'Académie des Sciences, de l'Institut, a publié, avec M. *Martin Saint-Ange*, docteur en médecine, dans les Annales du Muséum pour 1828, pages 153 et 201, des Recherches anatomiques sur deux canaux qui mettent la cavité du péritoine en communication avec les corps caverneux chez la Tortue femelle.

33. FÉRY a inséré, en 1828, dans le tome XXI de l'Isis, une observation curieuse d'œufs qui ont été pondus ou expulsés par l'oviducte excisé d'une Tortue.

34. HELBIG (Jean-Otton), en 1680, avait donné dans ses observations sur les choses curieuses observées aux Indes, imprimées dans les Éphémérides d'Allemagne, an IX et X, à la page 463, une petite note sur la génération des Tortues.

35. TOWNSON (Robert), déjà cité à la page 341 de ce volume, a consigné dans ses observations sur la respiration des Reptiles, de curieuses remarques sur la faculté absorbante dont jouissent les Tortues par certaines parties de leur corps.

FIN DU TOME PREMIER.

TABLE MÉTHODIQUE

DES MATIÈRES

CONTENUES DANS CE PREMIER VOLUME.

LIVRE PREMIER.

DES REPTILES EN GÉNÉRAL ET DE LEUR ORGANISATION.

Généralités : des noms de Reptiles et d'Erpétologie.   1
Développemens des caractères essentiels de ces ani-
    maux.   3
Division de la classe en quatre groupes : les Tortues,
    les Lézards, les Serpens et les Grenouilles.   7
Tableaux de leur classification en quatre ordres : les
    Chéloniens, les Sauriens, les Ophidiens et les Ba-
    traciens.   10
Organisation et mœurs des Reptiles, étudiées d'après
    leurs quatre fonctions principales.   11

CHAPITRE Ier.

DE LA MOTILITÉ CHEZ LES REPTILES.

Considérations générales sur cette faculté.   12
Des divers mouvemens que produisent les Reptiles
    des différens ordres.   13
De la structure de leurs parties solides.   22
Des os de l'échine et de leurs articulations.   23

De la tête et de sa composition.   24

De la poitrine et des côtes.   26

Du sternum.   29

Du sacrum et de la queue.   31

Des membres en général.   33

De l'épaule, du bras, de l'avant-bras et de la patte
  antérieure.   34

Du bassin, de la cuisse, de la jambe et de la patte
  postérieure.   35

Des muscles en général.   40

De ceux du tronc, des membres et de la peau.   41

Résumé des mouvemens généraux que produisent les
  Reptiles.   45

CHAPITRE II.

DE LA SENSIBILITÉ CHEZ LES REPTILES.   49

Considérations sur cette faculté, sur les nerfs et le
  système nerveux.   50

Des enveloppes solides et membraneuses des nerfs. 52

Des os du crâne.   53

De l'encéphale et de la moelle épinière.   60

Du nerf grand sympathique.   63

Des organes des sens.   64

Du toucher, des tégumens et des doigts.   66

Du goût et de la langue.   79

De l'odorat et des narines.   82

De l'audition et de l'oreille.   88

De la vision et des yeux.   94

CHAPITRE III.

DE LA NUTRITION CHEZ LES REPTILES.   104

Considérations générales sur cette fonction.   105

De la digestion.   110

De la bouche, des mâchoires et des dents. 112

De la langue. 122

De l'hyoïde. 123

Des glandes salivaires. 128

De la déglutition et de la digestion stomacale. 132

De l'estomac et des intestins. 138

Du foie. 142

De la rate, du pancréas. 143

Du cloaque chez les Reptiles. 145

Résumé des particularités des organes de la digestion dans les différens ordres des Reptiles. 148

De la circulation. 154

Des deux sortes de circulations générale et pulmonaire. 167

Du cœur et de sa structure particulière. 151

Des principaux vaisseaux. 165

De la respiration. 166

Des deux sortes de respirations pulmonaire et branchiale. 167

Des poumons dans chacun des ordres. 172

Du mécanisme variable de l'acte respiratoire. 174

De la voix. 184

De quelques facultés annexes de la respiration. 187

De la chaleur animale. 189

De l'absorption de l'air et de l'eau. 193

De l'exhalation et de la transpiration. 195

Des sécrétions en général. 196

Des reins et de l'humeur qu'ils sécrètent. 198

De la graisse. 201

Excrétions diverses, matières grasses, acides, odorantes. 203

De la reproduction des membres et autres parties perdues. 206

CHAPITRE IV.

DE LA PROPAGATION.   210

De la génération considérée d'une manière générale. 212
— Dans chacun des ordres en particulier.   213
— Chez les Batraciens.   215
— Chez les Chéloniens et les Crocodiles.   218
— Chez les autres Sauriens et les Ophidiens.   219
— Des ovaires et des œufs.   222

LIVRE SECOND.

INDICATION DES OUVRAGES GÉNÉRAUX RELATIFS A L'HISTOIRE DES REPTILES.

Des auteurs principaux, classificateurs, méthodistes
ou systématiques, qui ont écrit sur les Reptiles,
rangés dans l'ordre chronologique.   225
     Aristote.   226
     Pline le naturaliste.   229
     Gesner.   232
     Aldrovandi.   233
     Jonston et Ray.   234
     Linné.   235
     Klein et Laurenti.   238
     Scopoli.   242
     Lacépède.   243
     Brongniart (Alexandre).   244°
     Latreille.   247
     Daudin.   250
     Cuvier.   252
     Duméril et Oppel.   258
     Merrem.   262
     De Blainville.   266

Gray. 267

Haworth. 273

Fitzinger. 276

Ritgen. 283

Wagler. 286

Muller. 298

Liste par ordre alphabétique des auteurs généraux qui n'ont pas publié d'ouvrages systématiques ou méthodiques. 303

LIVRE TROISIÈME.

DE L'ORDRE DES TORTUES OU DES CHÉLONIENS.

CHAPITRE Iᵉʳ

DE LA DISTRIBUTION MÉTHODIQUE DES CHÉLONIENS EN FAMILLES NATURELLES ET EN GENRES.

DE LA DISTRIBUTION MÉTHODIQUE DES CHÉLONIENS EN FAMILLES NATURELLES ET EN GENRES. 344

Caractères généraux des Reptiles de cet ordre. 347

De leur division en quatre familles naturelles. 351

Des Chersites ou Tortues terrestres. *ibid.*

Des Thalassites ou Tortues marines. 352

Des Potamites ou Tortues fluviales. 353

Des Élodites ou Tortues paludines, subdivisées en deux sous-familles : les Cryptodères et les Pleurodères. 354

Résumé général de cette classification en familles et de leur distribution en genres. 355

Tableau synoptique de cette classification. 365

CHAPITRE II.

DE L'ORGANISATION ET DES MOEURS DES CHÉLONIENS.

DE L'ORGANISATION ET DES MOEURS DES CHÉLONIENS. 366

Des organes du mouvement. 367

Des organes de la sensibilité. 388

Du toucher et des tégumens. 390

De l'odorat. 397

Du goût. 398

De l'ouïe. 399

De la vision. 450

Des organes de la digestion. 402

Des organes de la circulation. 408

Des organes respiratoires. 410

Des organes des sécrétions. 411

Des organes de la génération. 412

CHAPITRE III.

DES AUTEURS QUI ONT ÉCRIT SUR LES CHÉLONIENS. 513

§ 1er. Des Chélonographes généraux. 414

Walbaum, Schneider, Schœpf, Schweigger. 415

§ 2. Des Chélonographes spéciaux qui n'ont écrit
que sur quelques genres ou quelques espèces. 419

Sur un ou plusieurs genres : Bell, Geoffroy Saint-
Hilaire, Spix. 420

Sur quelques espèces de Thalassites : Amoreux,
Boddaert, Borlase, Delafont, Fougeroux de Bon-
daroi, Gravenhorst, Vandelli, Brown, Dampier,
Dutertre, Knorr, Thunberg, Bruce, Catesby,
Gottwald. 421

Sur des Potamites : Bartram, Boddaert, Forskael,
Geoffroy, Le Sueur, Olivier, Pennant. 424

Sur des Élodites : Schweigger, Fleming, Say, Fermin, Bruguière, Barrère. 525

Sur des Chersites : Perrault, Margraff, Cetti, Kaup. 426

Liste alphabétique des auteurs qui n'ont donné que
des observations détachées sur quelques espèces. 427

§ 3. Des auteurs qui ont publié des Ouvrages ou des Mémoires sur l'anatomie ou la physiologie des Chéloniens. 431

1° Des Anatomistes généraux : Perrault, Bojanus, Blasius, Caldesi, Coiter, Gottwald, Severino, Valentini, Velschius. 432

2° Des Anatomistes spéciaux :

Sur le squelette : Lachmund, Cuvier, Brown, Gautier, Guthries, Merck, Spix, Ulrich, Wiedemann, Geoffroy Saint-Hilaire. 434

Sur la circulation, la respiration, la voix : Fabri, Duverney, Méry, Bussière, Baglivi, Parsons, Bonvicini. 436

3° Des Auteurs qui ont écrit sur quelques points de la physiologie des Chéloniens : Delaroche, Guettard, Treviranus, Isidore Geoffroy, Féry, Helbig, Townson. 438

FIN DE LA TABLE.